PS

Photoshop CC

2020 从入门到精通

谭雪松 郭万军 高国毅 ◆ 编著

U0392138

化学工业出版社

·北京·

内 容 简 介

本书通过全彩图解＋视频讲解的方式，系统地介绍了Photoshop CC 2020软件的使用方法和操作技巧。

全书共分10章，内容包括初识Photoshop CC 2020、图层的基本概念与应用、图像的各种选择技巧与移动工具应用、图像的修饰与修复、绘画工具及各种图像修改工具的应用、渐变颜色的设置与填充、绘制和调整路径、文字的输入与编辑、通道和蒙版的应用技巧、色彩校正方法和各滤镜命令的功能及特效制作方法等。

书中在讲解工具和命令时，穿插了很多功能性的小案例及综合性的设计案例，可以使读者在理解工具命令的基础上加强练习，进而举一反三。同时，本书配套了案例的高清教学视频，扫码即可边学边看，还附赠所有案例素材，方便读者学习实践。

本书内容翔实，图文并茂，非常适合PS初学者、各行业设计人员自学使用，也可用作职业院校和培训学校相关专业的教材及参考书。

图书在版编目（CIP）数据

Photoshop CC 2020从入门到精通 / 谭雪松，郭万军，高国毅编著. — 北京：化学工业出版社，2022.1
　ISBN 978-7-122-35959-9

　Ⅰ. ①P… Ⅱ. ①谭… ②郭… ③高… Ⅲ. ①图像处理软件 Ⅳ. ①TP391.413

中国版本图书馆 CIP 数据核字（2021）第 246801 号

责任编辑：耍利娜　　　　文字编辑：蔡晓雅　师明远　　　　美术编辑：王晓宇
责任校对：宋　玮　　　　装帧设计：水长流文化

出版发行：化学工业出版社（北京市东城区青年湖南街 13 号　邮政编码 100011）
印　　装：北京缤索印刷有限公司
787mm×1092mm　1/16　印张 26　字数 551 千字　2022 年 5 月北京第 1 版第 1 次印刷

购书咨询：010-64518888　　　　　　　　　　　售后服务：010-64518899
网　　址：http://www.cip.com.cn
凡购买本书，如有缺损质量问题，本社销售中心负责调换。

前言

Photoshop自推出之日起就一直深受广大平面设计人员及计算机图像设计爱好者的喜爱。本书以基本功能讲解和典型实例制作相结合的形式介绍Photoshop CC 2020中文版的使用方法和技巧。

本书针对初学者的实际情况，以介绍实际工作中常见的平面设计作品为主线，深入浅出地讲述了Photoshop CC 2020软件的基本功能和使用方法。在讲解基本功能时，对常用的功能选项和参数设置进行了详细介绍，并在介绍常用工具和菜单命令后，安排了一些较典型的实例制作，使读者达到融会贯通、学以致用的目的。在实例制作过程中给出了详细的操作步骤，读者只要根据提示一步步操作，就可以完成每个实例的制作，同时轻松地掌握Photoshop CC 2020软件的使用方法。

本书的一大特色是扫码看视频，先看再练，轻松学习，使读者采取一种全新的方式高效地学习Photoshop CC 2020，既能观看视频又能模仿操作。全书视频内容非常丰富，反复观看这些视频并跟随练习，能迅速掌握Photoshop CC 2020。

全书分为10章，各章的主要内容如下。

- 第1章：初识Photoshop CC 2020，介绍软件的界面及基本操作。
- 第2章：介绍选择和变换对象的基本方法和技巧。
- 第3章：介绍绘图工具的用法及常用图像修复方法。
- 第4章：介绍图层的基本操作和常用辅助工具的用法。
- 第5章：介绍渐变填充的方法及简单图形修饰工具的用法。
- 第6章：介绍文字工具的用法和矢量绘图的方法与技巧。
- 第7章：介绍通道和蒙版的概念及使用方法。
- 第8章：介绍图像颜色调整命令的功能及使用技巧。
- 第9章：介绍基础滤镜的效果及其应用。
- 第10章：介绍滤镜组的使用方法。

本书适合PS初学者及在软件应用方面有一定基础并渴望提高的人士，想从事平面广告设计、图案设计、产品包装设计、网页制作、印刷制版等工作的人员及计算机美术爱好者。本书也可以作为Photoshop培训教材及高等院校学生的自学教材和参考资料。

本书在编写过程中力求严谨细致，但由于时间和精力有限，书中难免有不足之处，望广大读者批评指正。

编著者

扫码下载案例素材

目录

第1章　Photoshop CC 2020基础知识

第2章　选择和变换对象

第 3 章　绘图与图像修复

第4章 图层管理和辅助工具

第5章 渐变填充和修饰图形

第 **6** 章　文字工具和矢量绘图

第7章　通道和蒙版

第8章　图像颜色调整

第 9 章 使用基础滤镜

第 10 章 使用滤镜组

Photoshop CC 2020基础知识

Photoshop即PS，全称Adobe Photoshop，是一款用户量极多的图像处理软件，也是设计师的必备软件之一。随着无纸化设计的推广和普及，Photoshop既是画笔又是纸张，为数字化绘图提供了方便快捷的设计手段。

1.1 图像基础知识

图像是自然景物的客观反映，是人类认识世界的重要源泉。照片、绘画、地图、传真、卫星云图、影视画面、X光片及心电图等都是图像。

1.1.1　色彩的种类

色彩是影响平面设计作品质量的关键要素。每一种颜色都有特殊的颜色性质，合理地运用色彩，能给人带来良好的心理感受，增强作品的感染力。

1.1.1.1 RGB三原色

自然界中的白色光是由红（red）、绿（green）、蓝（blue）3种波长不同的色光组成的，即RGB三原色。

（1）颜色的吸收与反射

平时看到物体为红色是因为绿色和蓝色波长的光被物体吸收，而红色的光线被反射到人们的眼睛里。

同样的道理，物体为蓝色是因为绿色和红色波长的光线被物体吸收；物体呈绿色是因为蓝色和红色波长的光线被物体吸收。

（2）颜色混合

RGB3种原色中的任意两种原色相互叠加都会产生间色：红和绿混合成黄色、红和蓝混合成洋红色、蓝和绿混合成青色。由于这3种原色按相同比例相互混合会形成为白色，因此又称为"加色法三原色"。

平常所说的7色或6色光谱也是通过三原色得到的。图1-1所示的色环说明了光源色组合成其他颜色的原理。

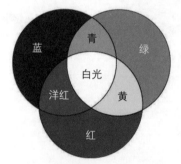

图1-1　光源色加色法颜色混合色环

1.1.1.2 印刷色

印刷品上的颜色是通过油墨显现的，不同颜色的油墨混合产生不同的颜色效果。

油墨本身并不发光，它是通过吸收（减去）一些色光，而把其他色光反射到人们的眼睛里产生颜色效果。洋红、青色、黄色称为"减色法三原色"。

印刷制版是通过4种颜色进行的，即洋红（magenta）、青色（cyan）、黄色（yellow）和黑色（black）。图1-2所示的色环说明了印刷色组合成其他颜色的原理。

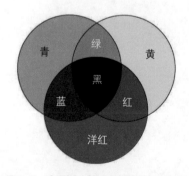

图1-2　印刷色减色法颜色混合色环

1.1.2　色彩三要素

色彩具有3种属性，即色相、明度、彩度。三者之间既相互独立，又相互关联、相互制约，共同形成一种颜色或一组色彩关系。

1.1.2.1　色相

色彩是由于物体上物理性的光反射到人眼视神经上而产生的感觉。

色相是颜色的面貌，取决于反射光或透射光的波长。波长不同，产生的色彩不同，如红、蓝、黄、绿等。红色波长最长，紫色波长最短。

通常把红、橙、黄、绿、蓝、紫和处在它们各自之间的红橙、黄橙、黄绿、蓝绿、蓝紫、红紫这6种中间色，共12种色作为色相环，如图1-3所示。

图1-3　色相环

1.1.2.2　明度

明度是指色彩的亮度，由于物体反射同一波长的光亮有所不同，使色彩的深浅（明暗）有了差别。

计算明度的基准是灰度测试卡，如图1-4所示，黑色为0，白色为10，在0～10之间等间隔的排列为9个阶段。

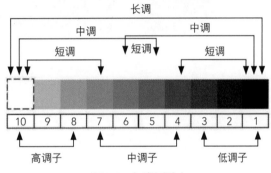

图1-4　灰度测试卡

1.1.2.3　彩度

彩度是指色彩的鲜艳度或色彩呈现的完整程度，可以用数值来表示。在色彩中加白、加黑或加与色相明度相同的灰，都可使彩度降低。各种色彩不仅明度不同，彩度值也不相同，红或黄的彩度最高，蓝、青、绿的彩度较低。

1.1.2.4　色彩应用

生活中在使用色彩时注意以下要点。

- 明度高的颜色有向前的感觉，明度低的颜色有后退的感觉。
- 暖色有向前的感觉，冷色有后退的感觉。
- 高纯度色有向前的感觉，低纯度色有后退的感觉。
- 色彩整有向前的感觉，色彩不整、边缘虚有后退的感觉。
- 色彩面积大有向前的感觉，色彩面积小有后退的感觉。
- 规则形有向前的感觉，不规则形有后退的感觉。

1.1.3 矢量图和位图

根据存储方式的不同，电脑图形或图像可分为位图和矢量图两大类。

1.1.3.1 位图

位图由很多色块（像素）组成，将位图放大一定的倍数后，可以较明显地看到一个一个的方形色块，如图1-5所示。

组成位图的色块叫作像素，像素是构成位图的最小单位。位图中的每一个色块就是一个像素，且每一个像素只能显示一种颜色。

（a）放大前　　　　　　　　　　（b）放大后

图1-5　位图

✦ 要点提示

位图比较适合制作具有细腻、轻柔缥缈的特殊效果的图像，一般Photoshop制作的图像都是位图。

对于位图来说，组成图像的色块越少，图像就会越模糊，但如果组成图像的色块较多，则存储文件时所需要的存储空间就比较大。

1.1.3.2 矢量图

矢量图由线条和色块组成。对矢量图进行缩放时，无论放大多少倍，图形仍能保持原来的清晰度，且色彩不失真。图1-6所示即为原图与放大后的矢量图对比效果。

矢量图适用于编辑色彩较为单纯的色块或文字，如Animate、Illustrator、PageMaker、FreeHand及CorelDRAW等绘图软件创建的图形都是矢量图。

（a）放大前　　（b）放大后

图1-6　矢量图

矢量图形的大小与图形的复杂程度有关，与图像的大小无关。简单的图形所占用的存储空间较小，复杂的图形所占用的存储空间较大。

1.1.4 像素、分辨率与图像尺寸

在图像中，像素、分辨率与图像尺寸是3个重要的概念。

1.1.4.1 像素

像素（pixel）是构成图像的最小单位。位图是由很多个色块组成的，位图中的每一个色块就是一个像素，且每一个像素只显示一种颜色。

像素也是组成数码图像的最小单位，一幅标"1024像素×768像素"的图像，其长边有1024个像素，宽边有768个像素，是一幅具有近80万个像素的图像（1024×768 = 786 432）。

1.1.4.2 分辨率

分辨率（resolution）是用于描述图像文件信息的术语，表述为单位长度内的点、像素或墨点的数量，通常用"像素/英寸"和"像素/厘米"表示。

（1）分辨率的含义

分辨率的高低直接影响图像的效果，使用太低的分辨率会导致图像粗糙，在排版打印时图片会变得非常模糊，而使用较高的分辨率则会增加文件的大小，并降低图像的打印速度。

修改图像的分辨率可以改变图像的精细程度。对以较低分辨率扫描或创建的图像，在Photoshop中提高图像的分辨率只能提高每单位图像中的像素数量，而不能提高图像的品质。

（2）图像分辨率

图像分辨率使用的单位是PPI（pixel per inch，每英寸所表达的像素数量）。

在Photoshop系统中新建文件时，默认的分辨率为72PPI，这是满足普通显示器显示图像的分辨率。

在广告设计中，不同用途的广告对分辨率的要求也不同，例如，印制彩色图像时分辨率一般为300PPI，设计报纸广告时分辨率一般为120PPI，发布于网络上的图像分辨率一般为72PPI或92PPI，大型灯箱喷绘图像分辨率一般不低于30PPI。以上数值读者可以根据实际情况灵活运用。

（3）打印分辨率

打印分辨率使用的单位是DPI（dot per inch，每英寸所表达的打印点数）。

PPI和DPI两个概念经常会出现混用的现象。从技术角度说，PPI只存在于屏幕的显示领域，而DPI只出现于打印或印刷领域。

1.1.4.3 图像尺寸

图像文件的大小以千字节（KB）和兆字节（MB）为单位，它们之间的换算关系为1024KB = 1MB。

图像文件的大小是由文件的尺寸（宽度、高度）和分辨率决定的。图像文件的宽度、高度和分辨率数值越大，图像也就越大。

1.1.5 常用色彩模式

色彩模式是指同一属性下不同颜色的集合。它使用户在使用不同颜色进行显示、印刷或打印时，不必重新调配颜色而可以直接进行转换和应用。

系统为用户提供的色彩模式主要有RGB模式、CMYK模式、Lab模式、Bitmap模式、Grayscale模式和Index模式等。每一种模式都有自己的使用范围和优缺点，并且各模式之间可以根据处理图像的需要进行转换。

（1）RGB模式（光色模式）

RGB模式下的图像由红（R）、绿（G）、蓝（B）3种颜色构成，大多数显示器均采用此种色彩模式。

（2）CMYK模式（4色印刷模式）

CMYK模式下的图像由青（C）、洋红（M）、黄（Y）及黑（K）4种颜色构成，主要用于彩色印刷。在制作印刷用文件时，最好保存成TIFF格式或EPS格式，这些都是印刷厂支持的文件格式。

（3）Lab模式（标准色模式）

Lab模式是Photoshop的标准色彩模式，也是由RGB模式转换为CMYK模式的中间模式，其特点是在使用不同的显示器或打印设备时所显示的颜色都是相同的。

（4）Bitmap模式（位图模式）

Bitmap模式的图像由黑白两色组成，图形不能使用编辑工具，只有灰度模式才能转变成Bitmap模式。

（5）Grayscale模式（灰度模式）

Grayscale模式的图像由具有256级灰度的黑白颜色构成。一幅灰度图像在转变成CMYK模式后可以增加色彩。如果将CMYK模式的彩色图像转变为灰度模式，则颜色不能恢复。

（6）Index模式（索引模式）

Index模式又叫图像映射色彩模式，该模式的像素只有8位，即图像只有256种颜色。

1.1.6 色彩的应用

每一种颜色都有其自身的颜色性质，不同的色彩给人的心理感受也是不同的，在平面设计中合理地运用色彩，能给人带来良好的心理感受，从而达到捕捉人们注意力的目的。

1.1.6.1 色彩的冷暖

色彩的冷暖是通过人们的知觉和心理感受产生的，这是人们在生活中慢慢积累的一种心理经验。如人们看到红色、橙色时都有一种温暖的感觉，因为红色和橙色都是一种刺激性很强、引人兴奋并能留下深刻印象的色彩，往往和火、太阳等联系在一起。

人们看到蓝色、紫色时就会产生寒冷的感觉，因为蓝色、紫色往往和夜空、海水、冰、雪等联系在一起，所以在平面设计中要以所要表现的主题来确定是采用冷色还是暖色。

1.1.6.2 色彩的平衡

平面设计中经常会遇到这样的情况：明度较浅的颜色与明度较深的颜色搭配在一起时，浅色感觉很轻，而深色感觉很重，这是因为色彩在视觉上有轻重的感觉。

色彩的轻重感是因色彩的明度高低而产生的，例如相同明度的两种色彩搭配时，彩度较高的颜色在视觉上感觉较轻。平面设计中的颜色平衡就是把这种轻重悬殊很大的颜色合理搭配，使之在设计中让人感觉舒服、稳定。

在设计时还要注意平衡轻色与重色的关系，以及膨胀色与收缩色的关系。如图1-7所示，面积同样大小的浅黄色和红色，在视觉上红色比浅黄色有重量感。如图1-8所示，面积同样大小的黄色和青色，在视觉上黄色有膨胀感，青色有收缩感。

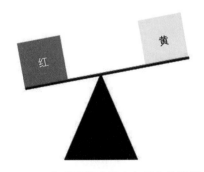

图1-7　色彩平衡中轻色与重色的比较

图1-8　色彩平衡中膨胀色与收缩色的色性比较

1.1.6.3 色彩的华丽与朴素

在色彩体系中，彩度较高的颜色会显得华丽，彩度较低的颜色则显得朴素。在无彩色体系中，黑、白、灰显得朴素，金、银显得华丽。

1.1.6.4 色彩的象征和联想

根据人们的生活经验和对色彩的心理感受，每种颜色都有一定的象征性。

- 红色：代表爱情、活力、通俗、豪华、行动，把它运用在商品广告设计中会使商品显得新鲜，充满活力，给人一种光明愉快的感觉。在广告中成功的例子很多，如可口可乐、肯德基、麦当劳等的广告。
- 橙色：也是使人激奋的色彩。橙色代表活泼、热闹、欢迎、温馨，一般用在食品类的广告中。
- 黄色：是一种欢快的色彩，带有少许的兴奋性质。在广告中以食品类用得最多。
- 绿色：是介于冷暖两色的中间色彩，象征宁静、青春、和平、自然、安全、纯情。在广告中的成功例子有富士胶卷包装设计等。
- 蓝色：代表宁静、清爽、理智、保守等，在药品及冷冻食品类广告中用得较多。
- 紫色：代表神秘、高贵、威严，是很难运用的色彩。在女性化妆品广告中用得较多。
- 白色：是纯洁的颜色，代表和平、清洁、无污染，运用时要注意其易玷污性。
- 黑色：用于表现高级、雄壮、高雅、朴素、有深度等强烈的个性特点。
- 银色：是带金属光泽的色彩，代表冷静、优雅、高贵等，其印刷成本较高，因此多在高级物品及礼品的包装上使用。
- 金色：是带金属光泽的色彩，属于暖色系，代表富贵、华丽、丰富、气派等，也是印刷成本较高的色彩，一些高级物品（如酒、烟及各式礼盒等）使用最多。

1.2 Photoshop CC 2020的界面

Photoshop CC 2020作为专业的图像处理软件，其应用领域非常广泛，从修复照片到制作精美的图片，从工作中的简单图案设计到专业的平面设计或网页设计，该软件几乎都有涉及。本节介绍这个功能强大的软件的操作界面。

1.2.1　　Photoshop CC 2020 的启动与退出

下面讲解Photoshop CC 2020软件的启动与退出操作。

1.2.1.1　启动Photoshop CC 2020

在计算机中安装了Photoshop CC 2020后，在Windows界面左下角的 按钮上单击鼠标左键，在弹出的【开始】菜单中选取【所有程序】/【Adobe Photoshop CC 2020（64 Bit）】命令。

系统开始初始化软件，如图1-9所示，稍等片刻即可启动Photoshop CC 2020，进入工作界面，如果之前曾经进行过一些文档操作，界面中将显示这些文档，如图1-10所示。

图1-9　启动界面

图1-10　初始界面

此时还不能看到软件的全貌，这是因为还没有打开能操作的文档，很多设计工具还没有显示出来，单击左侧的 打开 按钮，从弹出的【打开】对话框中导入一张图片，此时Photoshop CC 2020的工作界面如图1-11所示。

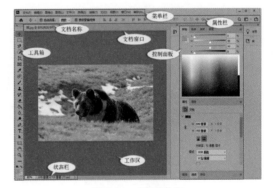

图1-11　界面布局

1.2.1.2　退出Photoshop CC 2020

退出Photoshop CC 2020主要有以下几种方法。

- 在Photoshop CC 2020工作界面窗口标题栏的右上角有一组控制按钮，单击 ✕ 按钮，即可退出Photoshop CC 2020。
- 执行【文件】/【退出】命令。
- 利用快捷键，即按Ctrl + Q组合键或Alt + F4组合键退出。

✦ 要点提示

退出软件时，系统会关闭所有的文件，如果新建的文件或打开的文件编辑后没有保存，那么系统会给出提示，让用户决定是否保存。

基础训练：改变工作界面外观

启动Photoshop CC 2020软件后，默认的界面窗口颜色为黑色，利用菜单命令可修改界面颜色。

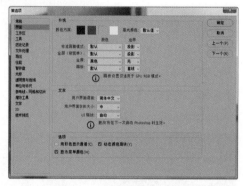

步骤解析

① 执行【编辑】/【首选项】/【界面】命令，弹出图1-12所示【首选项】对话框。

② 单击对话框上方【颜色方案】选项右侧的颜色色块，界面的颜色即可改变。

③ 确认后单击 确定 按钮，退出【首选项】对话框。

图1-12 【首选项】对话框

1.2.2 Photoshop CC 2020 的设计环境

Photoshop CC 2020的界面按其功能可分为菜单栏、属性栏、工具箱、控制面板、文档窗口（工作区）、文档名称选项卡和状态栏等几部分，如图1-11所示。

1.2.2.1 菜单栏

菜单栏中包括【文件】【编辑】【图像】【图层】【文字】【选择】【滤镜】【3D】【视图】【窗口】和【帮助】共11个菜单。

单击任意一个菜单，就会弹出相应的下拉菜单，带有 ▶ 符号的菜单项中又包含若干个子命令，选择任意一个子命令即可实现相应的操作。

某些菜单项带有一串字母代表该命令的快捷键。例如【文件】菜单中的【关闭】命令后有"Ctrl + W"，表示同时按下键盘上的 Ctrl 键和 W 键即可执行【关闭】命令。

菜单栏右侧的3个按钮用于控制界面的显示状态或关闭界面。

- 单击【最小化】按钮 ▬ ，工作界面将变为最小化状态，显示在桌面的任务栏中。单击任务栏中的图标，可使Photoshop CC 2020的界面还原为最大化状态。

- 单击【还原】按钮 ⧉ ，可使工作界面变为还原状态，此时 ⧉ 按钮将变为【最大化】按钮 ▢ ，单击 ▢ 按钮，可以将还原后的工作界面最大化显示。

✦ 要点提示

无论工作界面以最大化显示还是还原显示，只要将鼠标光标放置在标题栏上双击鼠标左键，同样可以完成最大化和还原状态的切换。当工作界面为还原状态时，将鼠标光标放置在工作界面的任一边缘处，待其变为双向箭头形状时拖曳，可调整窗口的大小；将鼠标光标放置在标题栏内拖曳，可以移动工作界面在Windows窗口中的位置。

• 单击【关闭】按钮 ✕ ，可以将当前工作界面关闭，退出Photoshop CC 2020。

在菜单栏中单击最左侧的Photoshop CC 2020图标 **Ps** ，可以在弹出的下拉菜单中执行移动、最大化、最小化及关闭该软件等操作。

基础训练：自定义快捷键

在实际操作中，使用快捷键非常方便快捷，但是并不是每一个软件都预设了快捷键，用户可以根据需要为某个命令设置快捷键。

① 执行【编辑】/【键盘快捷键】命令，打开【键盘快捷键和菜单】对话框，找到需要设置快捷键的命令，如【图像】/【调整】/【亮度/对比度】命令，如图1-13所示。

② 单击该命令右侧的文本框，在键盘上按下需要设置的按键，如同时按下 $\boxed{Shift}$ 、$\boxed{Ctrl}$ 和 $\boxed{M}$ 键，将快捷键设置为"$\boxed{Shift}$ + $\boxed{Ctrl}$ + $\boxed{M}$"，如图1-14所示，然后单击 确定 按钮。

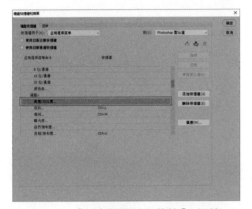
图1-13 【键盘快捷键和菜单】对话框

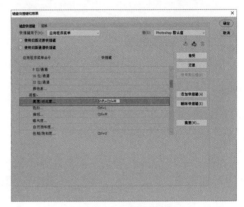
图1-14 设置快捷键

1.2.2.2 工具箱

工具箱位于界面左侧，上面以小图标形式提供了各种图形绘制和图像处理工具。

将鼠标指针移动到任一按钮上时，该按钮将亮化显示，单击该按钮可将其选中并使用。鼠标指针在工具按钮上停留一段时间，其右下角会显示该工具的名称及相关信息，如图1-15所示。

右下角带有黑色三角形 ◢ 的为工具组，它包含其他同类工具，将鼠标指针放置在按钮上按下鼠标左键不放或单击鼠标右键，即可显示出工具菜单，如图1-16所示。

移动鼠标指针至展开工具组中的任意一个工具上单击鼠标左键，即可将其选择，如图1-17所示。

图1-15 显示的按钮名称

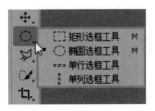
图1-16 显示出的隐藏工具

图1-17 选择工具

> ✨ **要点提示**
>
> 　　将鼠标指针放置在工具箱上方的灰色区域 ▮▮▮▮ 内，按下鼠标左键并拖曳鼠标光标即可移动工具箱的位置。单击 ▶▶ 按钮，可以将工具箱转换为双列显示。

1.2.2.3 属性栏

属性栏中显示了工具箱中当前选择工具的参数和选项设置。

在工具箱中选择不同的工具，属性栏中显示的选项和参数也各不相同。图1-18所示为套索工具属性栏，其具体用法将在稍后章节中详细介绍。

图1-18　套索工具属性栏

1.2.2.4 控制面板

Photoshop CC 2020提供了数量众多的控制面板，利用它们可以对当前图像的色彩、大小显示、样式及相关的操作等进行设置和控制。

控制面板通常位于窗口右侧，并且可以堆叠在一起。单击面板名称栏即可切换到相应面板，然后设置其中的参数。

从堆叠的面板中拖动面板名称栏即可移动面板位置，使之与其他面板分离。

如果要将分离的面板与其他面板堆叠在一起，可以拖曳分离的面板到堆叠面板附近，出现蓝色边框时松开鼠标左键即可完成操作，如图1-19和图1-20所示。

 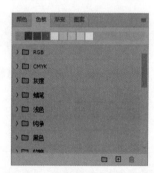

图1-19　分离的【色板】面板　图1-20　堆叠的【色板】面板

1.2.2.5 文档窗口和文档名称

Photoshop CC 2020允许同时打开多个图像窗口，每创建或打开一个图像文件，工作区中就会增加一个图像窗口，如图1-21所示。

食品.jpg @ 50%(RGB/8#) ×　水果.jpg @ 100%(RGB/8#) ×

图1-21　打开的图像文件

（1）基本操作

单击其中一个文档的名称，即可将此文件设置为当前操作文件。

- 按 Ctrl + Tab 组合键，可按顺序切换文档窗口。

- 按 Shift + Ctrl + Tab 组合键，可按相反的顺序切换文档窗口。

将鼠标光标放置到图像窗口的名称处按下鼠标左键并拖曳，可将图像窗口从选项卡中拖出，使其以独立的形式显示，如图1-22所示。此时，拖动窗口的边线可调整图像窗口的大小；在标题栏中按下鼠标左键并拖动鼠标光标，可调整图像窗口在工作界面中的位置。

图1-22　以独立形式显示的图像窗口

✦ 要点提示

　　将鼠标光标放置到浮动窗口的标题栏中按下鼠标左键并向选项卡的位置拖动，当出现蓝色的边框时释放鼠标左键，即可将浮动窗口停放到选项卡中。

（2）标题栏

图像窗口最上方的标题栏，用于显示当前文件的名称和文件类型。

- 在@符号左侧显示的是文件名称。其中"."左侧是当前图像的文件名称，"."右侧是当前图像文件的扩展名。
- 在@符号右侧显示的是当前图像的显示百分比。
- 对于只有背景层的图像，括号内显示当前图像的颜色模式和位深度（8位或16位）。如果当前图像是个多图层文件，在括号内将以","分隔。","左侧显示当前图层的名称，右侧显示当前图像的颜色模式和位深度。

如图1-22所示，标题栏中显示"风景.jpg@66.7%（RGB/8#）"，表示当前打开的文件是一个名为"风景"的JPG格式图像，该图像以66.7%显示，颜色模式为RGB模式，位深度为8位。

图像窗口标题栏的右侧有3个按钮，其功能与工作界面右侧的按钮相同，只是工作界面中的按钮用于控制整个软件，而此处的按钮只用于控制当前的图像文件。

1.2.2.6　状态栏

状态栏位于图像窗口的底部，用于显示图像的当前显示比例和文件大小等信息。在比例窗口中输入相应的数值，就可以直接修改图像的显示比例。

单击状态栏右侧的 ▷ 按钮，弹出文件信息菜单，该菜单用于设置状态栏中显示的具体信息。

1.2.2.7 工作区

当图像窗口都以独立的形式显示时，后面显示出的大片灰色区域即为工作区。工具箱、各控制面板和图像窗口等都处在工作区内。

在实际工作过程中，为了有较大的空间显示图像，经常会将不用的控制面板隐藏，以便将其所占的工作区用于图像窗口的显示。

> ✨ **要点提示**
>
> 按 Tab 键，即可将属性栏、工具箱和控制面板同时隐藏；再次按 Tab 键，可以使它们重新显示出来。

基础训练：控制面板的显示与隐藏

在图像处理工作中，为了操作方便，经常需要调出某个控制面板、调整工作区中部分控制面板的位置或将其隐藏等。熟练掌握其操作，可以有效地提高工作效率。

步骤解析

① 选择【窗口】菜单，将会弹出下拉菜单，该菜单中包含Photoshop CC 2020的所有控制面板。

> ✨ **要点提示**
>
> 在【窗口】菜单中，左侧带有 ✓ 符号的命令表示该控制面板已在工作区中显示，如【图层】和【颜色】；左侧不带 ✓ 符号的命令表示该控制面板未在工作区中显示。

② 选择不带 ✓ 符号的命令，即可使该面板在工作区中显示，同时该命令左侧将显示 ✓ 符号；选择带有 ✓ 符号的命令，则可以将显示的控制面板隐藏。

> ✨ **要点提示**
>
> 反复按 Shift + Tab 组合键，可以将工作界面中的所有控制面板在隐藏和显示之间切换。

③ 控制面板显示后，每一组控制面板都有两个以上的选项卡。例如，【颜色】面板中包含【颜色】和【色板】两个选项卡，单击【色板】选项卡，即可以显示【色板】控制面板，这样可以快速地选择和应用需要的控制面板。

基础训练：控制面板的拆分与组合

为了使用方便，以组的形式堆叠的控制面板可以重新排列，包括向组中添加面板或从组中移出指定的面板。

步骤解析

① 将鼠标光标移动到需要分离出来的面板选项卡上，按下鼠标左键并向工作区中拖曳鼠标光标，状态如图1-23所示。

② 释放鼠标左键，即可将要分离的面板从面板组中分离出来，如图1-24所示。

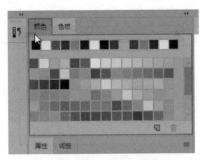

图1-23 拆分面板

图1-24 分离后的面板

✦✧ 要点提示

将控制面板分离为单独的控制面板后，控制面板的右上角将显示 ◀◀ 和 ✖ 按钮。单击 ◀◀ 按钮，可以将控制面板折叠，以图标的形式显示；单击 ✖ 按钮，可以将控制面板关闭。其他控制面板的操作也都如此。

将控制面板分离出来后，还可以将它们重新组合成组。

③ 将鼠标光标移动到分离出的【颜色】面板选项卡上，按下鼠标左键并向【调整】面板组名称右侧的灰色区域拖曳，当出现图1-25所示的蓝色边框时释放鼠标左键，即可将【颜色】面板和【调整】面板组合，如图1-26所示。

图1-25 拖曳鼠标状态

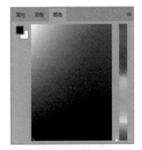

图1-26 合并后的效果

✦✧ 要点提示

在默认的控制面板左侧有一些按钮，单击相应的按钮可以打开相应的控制面板；单击默认控制面板右上角的双向箭头 ▶▶，可以将控制面板隐藏，只显示按钮图标，这样可以节省绘图区域以显示更大的绘制文件窗口。

1.2.3　不同的屏幕模式

单击工具箱底部的【更改屏幕模式】按钮 🖵，在弹出的菜单中可以选择不同的屏幕模式。

1.2.3.1 标准屏幕模式

该模式为默认的屏幕模式，可以显示菜单栏、标题栏、滚动条和其他屏幕元素。

在标准屏幕模式下，按下 Tab 键可以切换为只显示菜单栏的界面，如图1-27所示。再次按下 Tab 键即可恢复到标准屏幕。

1.2.3.2 带有菜单栏的屏幕模式

该模式为可以显示菜单栏、50%灰色背景、没有标题栏和滚动条的全屏窗口，如图1-28所示。

1.2.3.3 全屏模式

在该模式下，菜单栏、工具箱和控制面板全部隐藏，只显示黑色背景和图层窗口，如图1-29所示，此时可通过快捷键进行设计操作。

将鼠标光标指向界面左侧并做短暂停留可以临时弹出工具箱，将鼠标光标指向界面右侧并做短暂停留可以临时弹出控制面板。

按下 Esc 键可以退出全屏模式。

图1-27　只显示菜单的模式

图1-28　带有菜单栏的屏幕模式

图1-29　全屏模式

1.3 图像文件的基本操作

由于每一个软件的性质不同，其新建、打开及存储文件时的对话框也不相同，下面简要介绍Photoshop CC 2020的新建、打开及存储对话框。

1.3.1　新建文件

在工作之前建立一个大小合适的文件至关重要，除尺寸设置要合理外，分辨率的设置也要合理。图像分辨率的正确设置应考虑图像最终发布的媒介，通常对一些有特别用途的图像，分辨率都有一些基本的标准，在作图时要根据实际情况灵活设置。

新建一个文件时，需要考虑文件大小、分辨率和颜色模式等问题。

执行【文件】/【新建】命令（快捷键为 Ctrl + N 组合键），弹出图1-30所示的【新建文档】对话框，该对话框主要包含预设尺寸、预设尺寸选项卡和自定义参数3个部分。

如果要选择一些系统预设的文档尺寸，可以先选择顶端的预设尺寸选项卡，然后在左侧列表框中选择一种合适的尺寸，单击 创建 按钮即可创建文档。

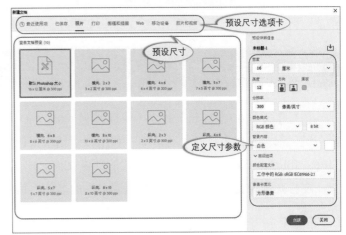

图1-30　【新建文档】对话框

例如，要创建一个A4大小的文档，可以选择【打印】选项卡，然后在左侧列表中选择【A4】选项。如果要创建特殊尺寸的文档，可以在右侧设置文档的高度和宽度等参数。

- 【宽度】【高度】文本框：用于设置文档的宽度和高度，单位可以为"像素""英寸""毫米"等。
- 【分辨率】文本框：用于设置文档分辨率的大小，单位可以有"像素/英寸"和"像素/厘米"两种。
- 【颜色模式】下拉列表：用于设置文档的颜色模式和颜色深度。
- 【背景内容】下拉列表：用于设置背景内容，该下拉列表中有【白色】【黑色】和【背景色】等选项。
- 【高级选项】栏：展开对应选项组，可以设置【颜色配置文件】和【像素长宽比】等参数。

在Photoshop中，图像文件的大小与文档宽度、高度和分辨率3个参数密切相关，其中任意一个参数增大，文件都会增大。印刷输出的图像分辨率通常为300像素/英寸。

当文件大小一定时，可以通过改变宽度、高度及分辨率的分配来重新调整图像设置。此时，文档宽度、高度与分辨率成反比设置。

在实际工作中，设计人员经常会遇到文件尺寸较大，但分辨率太低的情况，此时可以重新设置图像的分辨率，将宽度、高度变小，分辨率提高，这样就不会影响图像的印刷质量。

✨ 要点提示

在改变位图图像的大小时应该注意，当图像由大变小时其印刷质量不会降低，但当图像由小变大时，其印刷品质将会下降。

1.3.2 打开文件

执行【文件】/【打开】命令（快捷键为 Ctrl + O 组合键）或直接在工作区中双击鼠标左键，都会弹出【打开】对话框，利用该对话框可以打开计算机中存储的PSD、BMP、TIFF、JPEG、TGA和PNG等多种格式的图像文件。

在打开图像文件之前，首先要知道文件的名称、格式和存储路径，这样才能顺利地打开文件。

基础训练：打开文件

步骤解析

① 执行【文件】/【打开】命令，弹出【打开】对话框。

② 在对话框左侧列表中找到光盘所在的盘符并选择，然后在右侧的窗口中打开"第1章素材"文件夹。

③ 在弹出的文件窗口中选择名为"风景.jpg"的图像文件，此时的【打开】对话框如图1-31所示。

④ 单击 打开(O) 按钮可以直接打开该文件。

图1-31 【打开】对话框

1.3.3 存储文件

文件存储包括"存储"和"存储为"两种方式。新建的图像文件第一次存储时，【存储】和【存储为】命令功能相同，存储当前图像文件后都会弹出【存储为】对话框。

再次存储文件时，【存储】命令是在覆盖原文件的基础上直接进行存储，不弹出【存储为】对话框；而【存储为】命令仍会弹出【存储为】对话框，它是在原文件不变的基础上将编辑后的文件重新命名后另存储。

✨ 要点提示

【存储】命令的快捷键为 Ctrl + S 组合键，【存储为】命令的快捷键为 Shift + Ctrl + S 组合键。在绘图过程中，一定要养成随时存盘的好习惯，以免因断电、死机等突发情况造成不必要的麻烦，而且保存时一定要分清是用【存储】命令还是【存储为】命令。

存储文件时，在【另存为】对话框中的【保存类型】下拉列表中可以选择多种存储格式。

1.3.3.1 PSD格式

PSD格式是Photoshop的源文件格式，能保存图像数据的每一个细节，包括图像的图层、蒙版、通道、路径和图层样式等信息，确保各层之间相互独立，便于以后进行修改。

PSD格式还可以保存为RGB或CMYK等色彩模式的文件，但其主要缺点是保存的文件比较大。

选中该格式，单击 保存(S) 按钮保存文件。

PSD格式可以应用到多款Adobe软件（如Illustrator、InDesign等）中，除此之外，也可以应用到After Effects、Premiere等影视后期制作软件中。

1.3.3.2 GIF格式

GIF格式是由CompuServe公司制定的，能存储背景透明化的图像，它只能处理256种色彩，常用于网络传输，其传输速度要比传输其他格式的文件快很多，并且可以将多张图像存成一个文件，形成动画效果。这是常用作网页元素的动态图片格式，可将图片输出到网页中。GIF格式采用LZW（串表压缩）压缩方式压缩图形，广泛应用于网络中。

图1-32 【索引颜色】对话框

网页切片后常以GIF格式进行输出。常用的动态QQ表情和各种动图都是GIF文件。

选取该格式后，在【GIF存储选项】对话框中可以设置【颜色】和【透明度】等参数，如图1-32所示。

1.3.3.3 JPEG格式

JPEG格式支持真彩色、CMYK模式、RGB模式和灰度颜色模式，但不支持Alpha通道。该格式可用于Windows和MAC平台，是所有压缩格式中最卓越的，也是目前网络可以支持的图像文件格式之一。

这是一种最常用、最基本的图形有损压缩格式（损坏图形质量来减小文件大小），支持绝大多数图形处理软件，常用于对图形质量要求不太高、便于传输和查看的场合。

> ✨ 要点提示
>
> 虽然是一种有损失的压缩格式，但在文件压缩前，可以在弹出的【JPEG选项】对话框中设置压缩的大小，这样就可以有效地控制压缩时损失的数据量。对于有较高要求的图形打印输出，最好不使用该格式，会影响打印质量。

存储JPEG格式文件时，会合并所有图层。JPEG是格式名称，对应文件的后缀名可以是".Jpg"或".Jpeg"。

保存图形时，在弹出的【JPEG选项】对话框中可以设置图像的品质，如图1-33所示。参数值越大，图形质量越高，文件也越大。

如果对文件大小有要求，则可以依据图形大小来调整图形品质。

图1-33 【JPEG选项】对话框

1.3.3.4 TIFF格式

TIFF格式是为Macintosh开发的最常用的图像文件格式，既能用于MAC，又能用于PC，是一种灵活的位图图像格式。

TIFF格式在Photoshop中可支持24个通道，是除了Photoshop自身格式外唯一能存储多个通道的文件格式，是一种通用格式，具有较高的图像质量，是图形扫描时生成的文件格式。

TIFF格式的最大特点是能最大程度地保持图形质量不受损害，并且保存图形中的

Alpha通道和图层信息。它不能保存Photoshop的其他功能，如滤镜等。该格式在业界得到了广泛的支持，如Adobe公司的Photoshop等图像处理应用。

保存图形时，在弹出的【TIFF选项】对话框中可以设置图像的压缩参数。如果对图像质量要求很高，可以选择【无】单选项，如图1-34所示。

图1-34 【TIFF选项】对话框

1.3.3.5 PNG格式

PNG格式是Adobe公司针对网络图像开发的文件格式，可以使用无损压缩方式压缩图像文件，并利用Alpha通道制作透明背景，是功能非常强大的网络文件格式，但较早版本的Web浏览器可能不支持。

当图像背景有一部分是透明时，如果存储为JPG格式，透明部分将会被填上颜色，若存储为PSD格式又不方便打开，而存储为TIFF则太大。PNG格式专门应用于Web开发，与GIF格式不同的是，PNG格式支持244位图像并产生无锯齿的透明背景。

保存图形时，在弹出的【PNG格式选项】对话框中可以设置图像的压缩参数，最后获

得不同大小的文件，如图1-35所示。

1.3.3.6　PDF格式

PDF格式就是通常所说的电子书，可以嵌入Web的HTML文档中，常用于多页面的排版。

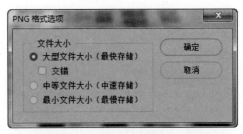

图1-35　【PNG格式选项】对话框

保存图形时，弹出【存储Adobe PDF】对话框，可以从对话框的【Adobe PDF预设】下拉列表中选择一种质量较高或较低的预设参数，也可以在左侧不同的选项卡中设置具体参数，如图1-36所示。

1.3.3.7　其他常见格式

Photoshop在存储文件时，除了上述6种主要格式外，还有以下几种常用格式。

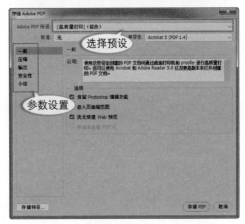

图1-36　【存储Adobe PDF】对话框

（1）PSB格式

PSB格式是一种大型文件格式，可以支持高达300000像素的超大图像文件，并且支持Photoshop的所有功能，可以保存通道、图层和滤镜信息，但是只能在Photoshop中打开。

（2）BMP格式

BMP格式是微软公司软件的专用格式，也是Photoshop最常用的位图格式之一，它支持RGB、索引颜色、灰度和位图颜色模式的图像，但不支持Alpha通道。

该格式采用一种名为RLE（行程长度编码）的无损压缩方式，对图形质量不会产生较大影响。

（3）DICOM格式

DICOM格式用于传输和保存医学图像，如超声波和扫描图像。该格式文件中包含图像数据和标头，其中存储了有关医学图像的信息。

（4）EPS格式

EPS格式是一种跨平台的通用格式，几乎所有的图形图像和页面排版软件都支持该文件格式。它可以保存路径信息，并在各软件之间进行相互转换。

另外，该格式在保存时可选用JPEG编码方式压缩，不过这种压缩会破坏图像的外观质量。

（5）TGA格式

TGA格式专用于使用True Version视频版的系统，支持一个单独Alpha通道的32位RGB文件，以及无Alpha通道的索引、灰度模式，还支持16位和24位RGB文件。

基础训练：直接保存文件

当绘制完一幅图像后，就可以将绘制的图像直接保存，具体操作步骤如下。

步骤解析

① 执行【文件】/【存储】命令，弹出【另存为】对话框。

② 在对话框的【保存在】下拉列表中指定存储目录。

③ 在【保存类型】下拉列表中选择【Photoshop（*.psd;*.PDD，*.PSDT）】，再在【文件名】文本框中输入文件的名称。

④ 单击 保存(S) 按钮，就可以保存绘制的图像了。以后按照保存的文件名称及路径就可以打开此文件。

基础训练：另存文件

读者对打开的图像进行编辑处理后，再次保存，可将其另存。

步骤解析

① 执行【文件】/【打开】命令，打开素材文件"素材/第1章/风景.psd"，打开的文件与【图层】面板状态如图1-37所示。

② 将鼠标指针放置在【图层】面板中的"图层2"上，如图1-38所示。

图1-37　打开的文件与【图层】面板

③ 按下鼠标左键并拖动该图层到图1-39所示"删除图层"按钮 圙 上，释放鼠标左键后即可删除该图层。

④ 执行【文件】/【存储为】命令，弹出【另存为】对话框，在【文件名】文本框中输入名称"风景02"。

⑤ 单击 保存(S) 按钮，就保存了修改后的文件，且原文件仍保存在计算机中。

图1-38　鼠标指针放置　图1-39　删除图层状态的位置

1.4　调整图像的尺寸和方向

在实际工作中，有时需要调整图像的尺寸和方向。例如，上传到网络报名系统的照片有文件大小或像素大小的限制，有时还需要将图片横版调整为竖版。

1.4.1　调整图像尺寸

执行【图像】/【图像大小】命令，打开
【图像大小】对话框，如图1-40所示，该对话
框中的主要参数介绍如下。

- 【尺寸】：显示当前文档尺寸，单击 ⌄
  按钮可以显示并选择尺寸单位。
- 【调整为】下拉列表：选择系统设置的
  预设尺寸大小。

图1-40　【图像大小】对话框

- 【宽度】【高度】文本框：设置输入图像的宽度和高度数值，可以同时设置图像
  单位。
- 按钮：单击此按钮，锁定长宽比。调整图像大小时，长宽比保持不变。
- 【分辨率】文本框：设置分辨率大小。需要注意的是，并不能通过增大分辨率数值
  来使模糊的图形变清晰，因为不能凭空生出缺失的图形细节。
- 【重新采样】下拉列表：从该下拉列表中选择重新采样的方式。
- 【缩放样式】：单击右上角的 ⚙ 按钮，在弹出的菜单中选择【缩放样式】命令，
  在对图像大小进行调整时，原有样式会按照比例缩放。

基础训练：调整图像大小

步骤解析

① 执行【文件】/【打开】命令，打开素材文件"素材/第1章/猫01.jpg"。

② 执行【图像】/【图像大小】命令，打开【图像大小】对话框，可以看到该图片原
始尺寸大小。

③ 在【宽度】【高度】文本框后将单位由【厘米】调整为【像素】，然后单击 按
钮取消限制长宽比，如图1-41所示。

④ 设置【宽度】【高度】均为"600"像素，如图1-42所示，然后单击 确定
按钮。

图1-41　设置参数（1）

图1-42　设置参数（2）

⑤ 执行【文件】/【存储为】命令，在【另存为】对话框中设置保存位置和文件名，在【保存类型】列表中选取【JPEG】选项，然后单击 按钮。

⑥ 在弹出的【JPEG选项】对话框中设置【品质】参数为"8"，对应的文档大小适中，适合网络传

图1-43　调整前　　　　图1-44　调整后

输，然后单击 确定 按钮。调整前后的图形对比如图1-43和图1-44所示。

1.4.2　修改画布大小

执行【图像】/【画布大小】命令，打开【画布大小】对话框，如图1-45所示。在该对话框中可以调整可编辑的画面范围。

【画布大小】对话框中主要参数的用法介绍如下。

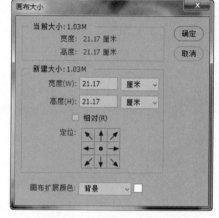

图1-45　【画布大小】对话框

- 【当前大小】分组框：显示修改前的画布宽度和高度。
- 【新建大小】分组框：显示画布的修改宽度和高度值。
- 【相对】复选项：选择此复选项后，宽度和高度数值将代表实际增加或减少区域的大小，并不代表整个文档大小，输入正值将增大画布，输入负值将减小画布。
- 【定位】：设置当前图像在新画布中的位置。
- 【画布扩展颜色】下拉列表：当【新建大小】参数大于【当前大小】参数时，用来设置扩展区域的颜色，可以使用【前景】和【背景】进行填充。

✦ 要点提示

　　画布大小与图像大小是两个不同的概念。"画布"是指整个可绘制图形的区域。增大图像，会将画面内容按照一定比例放大；增大画布，则在图形周围增加了部分空白区域，而图像大小不会发生变化。如果缩小画布，则图像可能会被裁剪掉一部分。

基础训练：调整画布大小

步骤解析

① 执行【文件】/【打开】命令，打开素材文件"素材/第1章/猫02.jpg"，如图1-46所示。

② 执行【图像】/【画布大小】命令，打开【画布大小】对话框，如图1-47所示。可以看到画布原始尺寸大小。

图1-46　打开的图形

图1-47　【画布大小】对话框（1）

③ 选择【相对】复选项，设置【宽度】【高度】参数均为"3"厘米，设置【画布扩展颜色】为白色，如图1-48所示。单击 确定 按钮后画布周围出现白色边缘，如图1-49所示。

图1-48　【画布大小】对话框（2）

图1-49　调整后的画布

④ 单击【定位】栏中的按钮调整图像在画布中的位置。单击 ↑ 按钮将图形调整到画布顶部，如图1-50所示。单击 → 按钮将图形调整到画布右侧，如图1-51所示。

图1-50　调整到画布顶端

图1-51　调整到画布右侧

习题

① 简要说明色彩三要素的含义。

② 矢量图和位图有什么主要区别?

③ 常用的色彩模式有哪些?

④ 动手熟悉Photoshop CC 2020的设计环境。

⑤ 调整图像大小和调整画布大小在用途上有何不同?

第 **2** 章

选择和变换对象

在利用Photoshop CC 2020处理图像时，对图像局部及指定位置的处理，需要先用选区将其选择出来。文档是"纸"，画笔工具是"笔"，"颜料"通常通过颜色设置得到。移动工具用于在当前文件中移动或复制图像。

2.1　选择对象

Photoshop CC 2020提供了多种选择工具，可以以不同的形式选定图像并进行调整或添加。

2.1.1　选框工具组

选框工具组中有4种选框工具：【矩形选框工具】⬚、【椭圆选框工具】○、【单行选框工具】▭ 和【单列选框工具】▯。

2.1.1.1　工具的用法

默认情况下处于选择状态的是 ⬚ 工具，将鼠标指针放置到此工具上，按住鼠标左键不放或单击鼠标右键，即可展开隐藏的工具组。

（1）【矩形选框工具】

【矩形选框工具】⬚ 主要用于绘制各种矩形或正方形选区。

选择 ⬚ 工具后，在画面中的适当位置按下鼠标左键并拖曳鼠标光标，释放鼠标左键后即可创建一个矩形选区，如图2-1所示。

（2）【椭圆选框工具】

【椭圆选框工具】○ 主要用于绘制各种圆形或椭圆形选区。

选择 ○ 工具后，在画面中的适当位置按下鼠标左键拖曳鼠标光标，释放鼠标左键后即可创建一个椭圆形选区，如图2-2所示。

图2-1　绘制矩形选框　　　　　图2-2　绘制的椭圆形选框

（3）【单行选框工具】和【单列选框工具】

【单行选框工具】▭ 和【单列选框工具】▯ 主要用于创建1像素高度的水平选区和1像素宽度的垂直选区。

选择 ▭ 或 ▯ 工具后，在画面的适当位置单击鼠标左键即可创建单行或单列选区，分别如图2-3和图2-4所示。

图2-3　绘制单行选框

图2-4　绘制单列选框

> ✦ **要点提示**
>
> 用【矩形选框工具】和【椭圆选框工具】绘制选区时，按住 Shift 键拖曳鼠标光标，可以绘制以按下鼠标左键位置为起点的正方形或圆形选区；按住 Alt 键拖曳鼠标光标，可以绘制以按下鼠标左键位置为中心的矩形或椭圆选区；按住 Alt + Shift 组合键拖曳鼠标光标，可以绘制以按下鼠标左键位置为中心的正方形或圆形选区。

2.1.1.2　工具的属性

选框工具组中各工具的属性栏大致相同，如图2-5所示。

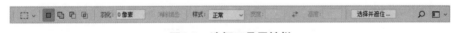

图2-5　选框工具属性栏

（1）选区运算按钮

在Photoshop CC 2020中除了能绘制基本的选区外，还可以结合属性栏中的按钮将选区进行相加、相减和相交运算。

· 【新选区】按钮 ▣：默认情况下此按钮处于激活状态。即在图像文件中依次创建选区，图像文件中将始终保留最后一次创建的选区。

· 【添加到选区】按钮 ▣：激活此按钮或按住 Shift 键，在图像文件中依次创建选区，后创建的选区将与先创建的选区合并成为新的选区，如图2-6所示。

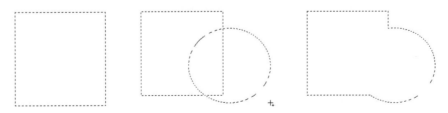

图2-6　添加到选区操作示意图

· 【从选区减去】按钮 ▣：激活此按钮或按住 Alt 键，在图像文件中依次创建选区，如果后创建的选区与先创建的选区有相交部分，则从先创建的选区中减去相交的部分，剩余的选区作为新的选区，如图2-7所示。

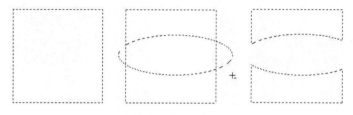

图2-7　从选区中减去操作示意图

- 【与选区交叉】按钮 ⧉：激活此按钮或按住 Shift + Alt 组合键，在图像文件中依次创建选区，如果后创建的选区与先创建的选区有相交部分，则把相交的部分作为新的选区，如图2-8所示；如果创建的选区之间没有相交部分，系统将弹出图2-9所示的警告对话框，警告未选择任何像素。

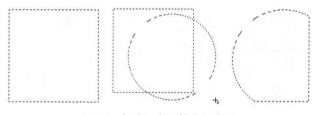

图2-8　与选区交叉操作示意图

图2-9　警告对话框

（2）选区羽化设置

在绘制选区之前，在【羽化】文本框中输入数值，再绘制选区，可使创建选区的边缘虚化后变得平滑，填色后产生柔和的边缘效果。

羽化值越大，选区边缘虚化范围越宽；羽化值越小，选区边缘虚化范围越窄。

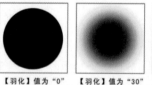

图2-10　设置不同的【羽化】值填充颜色后的效果

图2-10所示为无羽化选区和设置羽化后填充颜色的效果。

✦ 要点提示

在设置【羽化】参数时，其数值一定要小于要创建选区的最小半径，否则系统会弹出警告对话框，提示用户将选区绘制得大一点，或者将【羽化】值设置得小一点。

当绘制完选区后，执行【选择】/【修改】/【羽化】命令（快捷键为 Shift + F6），弹出图2-11所示的【羽化选区】对话框。设置适当的【羽化半径】参数后，单击 确定 按钮，即可对选区进行羽化设置。羽化值的取值范围为0～250像素。

图2-11　【羽化选区】对话框

羽化半径值决定选区的羽化程度，其值越大，产生的平滑度越高，柔和效果也越好。另外，在进行羽化值的设置时，如文件尺寸与分辨率较大，其值相对也要大一些。在进行选区羽化值设置时，所要得到的羽化效果与文件的大小有很大关系，所以文件尺寸与分辨率如果很大，设置的【羽化】值相对也要大；文件尺寸与分辨率较小，设置的【羽化】值相对也要小。

（3）【消除锯齿】选项

Photoshop CC 2020中的位图图像是由像素点组成的，因此在编辑圆形或弧形图像时，其边缘会出现锯齿现象。

在属性栏中选择【消除锯齿】复选项后，即可通过淡化边缘来产生与背景颜色之间的过渡，使边缘的锯齿现象得到消除。

（4）【样式】下拉列表

【样式】下拉列表中有【正常】【固定比例】和【固定大小】3个选项。

- 选择【正常】选项，可以在图像文件中创建任意大小或比例的选区。
- 选择【固定比例】选项，可以在其后的【宽度】和【高度】文本框中设定数值来约束所绘选区的宽度和高度比。
- 选择【固定大小】选项，可以在其后的【宽度】和【高度】文本框中设定将要创建选区的宽度和高度值，其单位为像素。

（5）选择并遮住 … 按钮

单击 选择并遮住 … 按钮，将弹出图2-12所示的界面。利用该界面既可以对已有选区进行进一步编辑，也可以重新创建新的选区，并对选区进行边缘检测，调整选区的平滑度、羽化、对比度及边缘位置，可以用于毛发、细密的植被等对象的抠图。

图2-12　选择并遮住界面

2.1.2　套索工具组

套索工具是一种使用灵活、形状自由的选区绘制工具，利用它们可以绘制出不规则形状的选区。

该工具组包括【套索工具】 、【多边形套索工具】 和【磁性套索工具】 。

2.1.2.1 工具用法

（1）套索工具

套索工具一般用于修改已经存在的或绘制没有具体形状要求的选区。利用套索工具绘制选区时，要求用户必须对鼠标有良好的控制能力，才能绘制出满意的选区。

选择【套索工具】 ，在图像轮廓边缘的任意位置按下鼠标左键设置绘制的起点，拖曳鼠标光标到任意位置后释放鼠标左键，即可创建出形状自由的选区，如图2-13所示。

在绘制中途松开鼠标左键，会在该点与起点之间建立一条直线形成封闭选区，如图2-14所示。

（a）绘制选区　　　（b）创建选区	（a）绘制选区　　　（b）创建选区
图2-13　使用套索工具（1）	**图2-14　使用套索工具（2）**

> ✦ 要点提示
>
> 在利用套索工具绘制选区时，如果按住 Alt 键，松开鼠标左键以后（继续按住 Alt 键）可以自动切换到多边形套索工具。

（2）多边形套索工具

【多边形套索工具】 用于创建带有尖角的选区，例如选区为建筑物、图书等对象。

在图像轮廓边缘的任意位置单击鼠标左键设置绘制的起点，拖曳鼠标光标到合适的位置，再次单击设置转折点，直到鼠标光标与最初设置的起点重合（此时鼠标光标的下面多了一个小圆圈）。在重合点上单击鼠标左键即可创建出选区，如图2-15所示。

> ✦ 要点提示
>
> 使用多边形套索工具绘制选区时，按住 Shift 键，可以控制在水平方向、垂直方向或成45°倍数的方向绘制；按 Delete 键，可逐步撤销已经绘制的选区转折点；双击鼠标左键可以闭合选区。

（3）磁性套索工具

选择【磁性套索工具】 ，在图像边缘单击鼠标左键设置绘制的起点，然后沿图像的边缘拖曳鼠标光标，选区会自动吸附在图像中对比最强烈的边缘，如图2-16所示。

（a）绘制选区	（b）创建选区	（a）绘制选区	（b）创建选区
图2-15 使用多边形套索工具		**图2-16 使用磁性套索工具**	

　　如果选区的边缘没有吸附在想要的图像边缘，可以通过单击鼠标左键添加一个紧固点来确定要吸附的位置，再拖曳鼠标光标，直到鼠标光标与最初设置的起点重合时，单击鼠标左键即可创建选区。

2.1.2.2 属性参数

　　套索工具组的属性栏与选框工具组的基本相同，只是【磁性套索工具】 的属性栏中增加了几个新的选项，如图2-17所示。

图2-17 【磁性套索工具】属性栏

- 【宽度】选项：决定使用磁性套索工具时的探测范围。数值越大，探测范围越大。
- 【对比度】选项：决定磁性套索工具探测图形边界的灵敏度。该数值过大时，将只能对颜色分界明显的边缘进行探测。
- 【频率】选项：在利用磁性套索工具绘制选区时，会有很多的小矩形对图像的选区进行固定，以确保选区不被移动。此选项决定这些小矩形出现的次数。数值越大，在拖曳过程中出现的小矩形越多。
- 【压力】按钮 ：当安装了绘图板和驱动程序后该按钮才可用，它主要用来设置绘图板的笔刷压力。激活此按钮后，钢笔的压力增加，会使套索的线条变细。

2.1.3　对象选择工具组

　　对于轮廓分明、背景颜色单一的图像来说，利用【对象选择工具】 、【快速选择工具】 和【魔棒工具】 选择图像是非常不错的方法。

2.1.3.1 对象选择工具

　　使用【对象选择工具】 可以用来在定义的区域内快速查找并选中对象，是一种高效的对象选择方式，如图2-18所示。

（a）定义矩形选区　　　　（b）创建选区

图2-18　使用对象选择工具

【对象选择工具】的属性栏如图2-19所示。

图2-19　【对象选择工具】属性栏

- 【模式】：具有【矩形】和【套索】两个选项，选取【矩形】时，首先绘制矩形区域，随后自动识别该区域内的对象；选取【套索】时，可以使用套索工具绘制更精确的选区，然后自动识别该区域内的对象。
- 【自动增强】选项：选择此复选项，将自动增强选取边缘，添加的选区边缘会减少锯齿的粗糙程度，且自动将选区向图像边缘进一步扩展调整。
- 【减去对象】：在定义区域内查找并自动减去对象。
- 选择主体 ：选取图像中最突出的对象创建选区。

2.1.3.2　快速选择工具

【快速选择工具】 直观、灵活，可以快捷地选择图像中面积较大的单色区域。

在需要添加选区的图像位置按下鼠标左键，然后移动鼠标光标，即可将鼠标光标经过的区域及与其颜色相近的区域添加为一个选区，如图2-20所示。

（a）创建选区1　　　　（b）创建选区2

图2-20　使用快速选择工具

【快速选择工具】的属性栏如图2-21所示。

图2-21　【快速选择工具】属性栏

- 【新选区】按钮 ：默认状态下此按钮处于激活状态，此时在图像中按下鼠标左键拖曳鼠标光标可以绘制新的选区。

- 【添加到选区】按钮 ：当使用 按钮添加选区后，此按钮会自动切换为激活状态，按下鼠标左键在图像中拖曳鼠标光标，可以增加图像的选择范围。
- 【从选区减去】按钮 ：激活此按钮，可以将图像中已有的选区按照鼠标光标拖曳的区域来减少被选择的范围。
- 【画笔属性】选项 ：单击打开面板，设置画笔属性参数。
- 【画笔角度】选项 ：用于设置画笔的大小。
- 【对所有图层取样】选项：选择此复选项，在绘制选区时将应用到所有可见图层中。若不选择此复选项，则只能选择工作层中与单击处颜色相近的部分。

2.1.3.3 魔棒工具

【魔棒工具】 主要用于选择图像中面积较大的单色区域或相近的颜色。

在要选择的颜色范围内单击鼠标左键，即可将图像中与鼠标光标落点相同或相近的颜色全部选择，如图2-22所示。

【魔棒工具】的属性栏如图2-23所示。

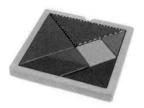

（a）创建选区1　　　（b）创建选区2

图2-22　使用魔棒工具

图2-23　【魔棒工具】属性栏

- 【容差】文本框：决定创建选区的精度。数值越大，选区精度越小，创建选区的范围就越大。
- 【连续】复选项：若选择此复选项，则只能选择图像中与鼠标光标单击处颜色相近且相连的部分；若不选择此复选项，则可以选择图像中所有与鼠标光标单击处颜色相近的部分，如图2-24所示。
- 【对所有图层取样】复选项：若选择此复选项，则可以选择所有可见图层中与鼠标光标单击处颜色相近的部分；若不选择此复选项，则只能选择工作层中与鼠标光标单击处颜色相近的部分。

图2-24　选择与不选择【连续】复选项时创建的选区

2.1.4　选区的基本操作

在图像中创建选区后，无论当前使用哪一种选区工具，将鼠标指针移动到选区内，都会变为 形状，按下鼠标左键拖曳即可移动选区的位置。

（a）移动选区前　　　（b）移动选区后

图2-25　移动选区

2.1.4.1　移动选区

按 $\rightarrow$ 、$\leftarrow$ 、$\uparrow$ 或 $\downarrow$ 键，可以按照1个像素单位来移动选区的位置；如果按住 Shift 键再按方向键，可以一次以10个像素单位来移动选区的位置，如图2-25所示。

✦ **要点提示**

移动选区时，不能使用移动工具，否则移动的内容将是选定区域的图像，而不是选区。

2.1.4.2　取消选区

当图像编辑完成，不再需要当前的选区时，可以通过执行【选择】/【取消选择】命令将选区取消，最常用的还是通过按 Ctrl + D 组合键来取消，这在处理图像时经常用到。

2.1.4.3　重新选择

如果错误地取消了选区，可以将选区"恢复"回来。执行【选择】/【重新选择】命令即可恢复取消的选区。

2.1.4.4　全选

执行【选择】/【全部】命令或按下 Ctrl + A 组合键可实现全选操作，可以选中当前文档边界内的全部图像，如图2-26所示。

（a）全选前　　　　（b）全选后

图2-26　选中全部内容

2.1.4.5　反选

使用反选可以选中与当前选区相反的内容，执行【选择】/【反选】命令或按下 Shift + Ctrl + I 组合键可实现反选操作，如图2-27所示。

（a）反选前　　　　（b）反选后

图2-27　反选对象

2.1.4.6 隐藏和显示选区

执行【视图】/【显示】/【选区边缘】命令或按下 Ctrl + H 组合键即可切换选区的显示与隐藏状态。隐藏选区后，选区依然存在，不过选区的边缘线将不会影响观察画面。

2.1.4.7 存储和载入选区

选区是一个"虚拟对象"，无法将其存储在文档中，一旦被取消将不复存在。如果在设计中某一选区需要多次使用，可将其存储起来。

执行【窗口】/【通道】命令，打开【通道】面板，如果画面中包含选区，那么在【通道】面板底部单击【将选区存储为通道】按钮 ◫ 就能将其存储为Alpha通道，如图2-28所示。

> ✦ 要点提示
>
> 以通道形式存储的选区，可以在【通道】面板中按住 Ctrl 键的同时单击通道蒙版缩略图即可重新载入存储的选区，如图2-29所示。
>
>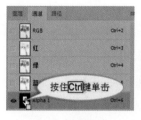
>
> （a）创建选区　　（b）创建Alpha通道　　　　（a）创建选区　　　　（b）载入选区
>
> **图2-28　存储为Alpha通道**　　　　　　**图2-29　重新载入选区**

2.1.5　选区的编辑

选区创建完成后，可以对其进一步编辑。

2.1.5.1 变换选区

选区也能像图形一样变换，但是选区的变换不能使用【自由变换】命令，必须使用【变换选区】命令，否则将会变换选定的图形。

基础训练：变换选区

① 打开素材文件"素材/第2章/气球.jpg"。

② 在图形上绘制一个选区，如图2-30所示。

③ 执行【选择】/【变换选区】命令，在图形上显示定界框，如图2-31所示。

④ 拖曳控制点对选区进行变形操作，如图2-32所示。

⑤ 在选取变换状态下，在画布中单击鼠标右键，还可在弹出的快捷菜单中选取其他变换方式，如图2-33所示。

图2-30　创建选区

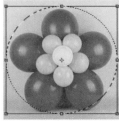
图2-31　显示定界框

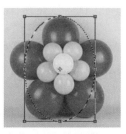
图2-32　变形操作

图2-33　快捷菜单操作

⑥ 设置完成后，按 Enter 键即可完成对选区的变换操作。

2.1.5.2　创建边界选区

使用该功能可以将已有选区向内或向外进行扩展，扩展后的边界与原来选区边界共同围成新选区。

基础训练：创建边界选区

① 打开素材文件"素材/第2章/海鸥.jpg"。

② 创建一个选区，如图2-34所示。

③ 执行【选择】/【修改】/【边界】命令，打开【边界选区】对话框，设置【宽度】参数如图2-35所示。宽度值越大，新选区越宽。

④ 单击 确定 按钮，创建新选区，如图2-36所示。

图2-34　创建选区

图2-35　【边界选区】对话框

图2-36　创建新选区

2.1.5.3　平滑选区

使用该功能可以将参差不齐的选区边缘平滑化。

基础训练：平滑选区

① 打开素材文件"素材/第2章/花朵.jpg"。

② 创建一个选区，如图2-37所示。

③ 执行【选择】/【修改】/【平滑】命令，打开【平滑选区】对话框，设置【取样半径】，参数如图2-38所示。半径值越大，选区越平滑。

④ 单击 确定 按钮，完成平滑选区操作，如图2-39所示。

图2-37 创建选区 　　　图2-38 【平滑选区】对话框　　　图2-39 平滑选区

2.1.5.4 扩展选区

使用该功能可以将选区向外延伸，得到更大的选区。

──────────── 基础训练：扩展选区 ────────────

① 打开素材文件"素材/第2章/小鹿.jpg"。

② 创建一个选区，如图2-40所示。

③ 执行【选择】/【修改】/【扩展】命令，打开【扩展选区】对话框，设置【扩展量】参数如图2-41所示。参数值越大，选区越大。

④ 单击 确定 按钮，完成扩展选区操作，如图2-42所示。

图2-40 创建选区 　　　图2-41 【扩展选区】对话框　　　图2-42 扩展选区

2.1.5.5 收缩选区

使用该功能可以将选区向内收缩，得到更小的选区。

──────────── 基础训练：收缩选区 ────────────

① 打开素材文件"素材/第2章/熊.jpg"。

② 沿着熊的边界创建一个选区，如图2-43所示。

③ 执行【选择】/【修改】/【收缩】命令，打开【收缩选区】对话框，设置【收缩量】参数如图2-44所示。参数值越大，收缩量越大。

④ 单击 确定 按钮，完成收缩选区操作，如图2-45所示。

图2-43 创建选区 　　　图2-44 【收缩选区】对话框　　　图2-45 收缩选区

2.1.5.6 羽化选区

使用该功能可以将边缘较硬的选区"柔和"化。羽化半径越大，边缘越柔和。该命令将模糊选区边界，也会丢失一些选区的细节。

基础训练：羽化选区

① 打开素材文件"素材/第2章/猫.jpg"。

② 创建一个选区，如图2-46所示。

③ 执行【选择】/【修改】/【羽化】命令，打开【羽化选区】对话框，设置【羽化半径】参数如图2-47所示。参数值越大，羽化范围越大。

④ 单击 确定 按钮，完成羽化选区操作，如图2-48所示。

图2-46　创建选区　　　　　图2-47　【羽化选区】对话框　　　　　图2-48　羽化选区

2.1.5.7 扩大选区

该功能主要基于【魔棒工具】 属性栏中指定的容差范围来扩大选区。

基础训练：扩大选区

① 打开素材文件"素材/第2章/花01.jpg"。

② 创建一个选区，如图2-49所示。

③ 在工具箱中选取魔棒工具 ，在其属性栏中设置【容差】数值。该数值越大，选区的范围越大。

④ 执行【选择】/【扩大选区】命令，系统会查找并选择与当前选区色调相近的像素，从而扩大选区范围，如图2-50和图2-51所示。

图2-49　创建选区　　　　　图2-50　容差为10　　　　　图2-51　容差为50

2.1.5.8 选取相似

该功能也是基于【魔棒工具】 ![魔棒] 属性栏中指定的容差范围来选取相似图形。

基础训练：选取相似

① 打开素材文件"素材/第2章/花02.jpg"。

② 创建一个选区，如图2-52所示。

③ 在工具箱中选取魔棒工具 ![魔棒] ，在其属性栏中设置【容差】数值。该数值越大，选取的范围越大。

④ 执行【选择】/【选取相似】命令，系统会查找并选择与当前选区色调相近的像素，如图2-53和图2-54所示。

图2-52　创建选区　　　　图2-53　容差为10　　　　图2-54　容差为50

2.2 颜色设置

设置好的颜色可以用于画笔工具、渐变工具、填充工具及滤镜中。

2.2.1　前景色和背景色

在工具箱底部可以看到前景色和背景色设置按钮。

2.2.1.1 前景色和背景色的用途

前景色通常用于绘制图像，填充某个区域及描边选区等。

背景色通常起到辅助设计作用，用于生成渐变填充及填充区域中被删除的区域。例如使用橡皮擦工具擦除背景图层时，被擦除的区域将会呈现出背景色。

2.2.1.2 前景色和背景色的设置

Photoshop CC 2020中默认的前景色为黑色，背景色为白色，如图2-55所示。单击前景色/背景色按钮 ![按钮] ，可以从弹出的【拾色器】对话框中选取相应的颜色，如图2-56所示。

单击 ![按钮] 按钮可以恢复默认的前景色/背景色设置，该命令对应的快捷键为 D 。

单击  按钮可以互换当前设置的前景色与背景色，该命令对应的快捷键为 ⊠。

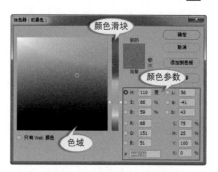

图2-55　前景色和背景色　　　　　　图2-56　【拾色器】对话框

2.2.2　颜色设置

颜色设置的方法有3种：在【拾色器】对话框中设置颜色；在【颜色】面板中设置颜色；在【色板】面板中设置颜色。

2.2.2.1　在【拾色器】对话框中设置颜色

拾色器是Photoshop中常用的颜色设置工具，既可以用来填充前景色/背景色，也可用来设置文字颜色、矢量图形颜色等。

① 单击工具箱中前景色或背景色窗口，弹出图2-56所示的【拾色器】对话框。

② 拖动颜色滑块到相应的色相范围内。

③ 将鼠标光标放置在色域中单击鼠标左键，可将单击位置的颜色设置为当前颜色。

④ 在对话框右侧的颜色参数设置区中选择一组选项并设置相应参数值，可以精确设置颜色。

Photoshop CC 2020中共有以下4种颜色模式。

- HSB模式：H表示色相，S表示饱和度，B表示亮度。
- RGB模式：R代表红色，G代表绿色，B代表蓝色。
- CMYK模式：C代表青色，M代表洋红色，Y代表黄色，K代表黑色。
- Lab模式：由3个通道组成，L是亮度通道，A和B是色彩通道。A通道包括的颜色是从深绿色（低亮度值）到灰色（中亮度值）再到亮粉红色（高亮度值）；B通道则是从亮蓝色（低亮度值）到灰色（中亮度值）再到黄色（高亮度值）。

✦ 要点提示

在设置颜色时，如最终作品用于彩色印刷，通常选择CMYK颜色模式设置颜色，即通过设置【C】【M】【Y】【K】4种颜色值来设置；如最终作品用于网络，即在计算机屏幕上观看，通常选择RGB颜色模式，即通过设置【R】【G】【B】3种颜色值来设置。

【拾色器】对话框中其他参数的含义说明如下。

- 溢色警告  （如图2-57所示）：HSB、RGB及Lab颜色模式中的部分颜色在CMYK印刷模式中没有对应的颜色，导致无法正常印刷时称为"溢色"。出现溢色警告后，可以单击溢色警告图标下面的小颜色块，选择CMYK模式中最接近的颜色进行替代。

- 非Web安全色警告  （如图2-58所示）：表示当前设置的颜色不能在网络上精确显示出来。可以单击警告图标下面的小颜色块，将其替换为最接近的Web安全颜色。

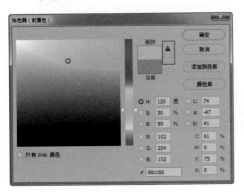

图2-57 溢色警告

图2-58 非Web安全色警告

- 【只有Web颜色】复选项：选择此复选项后，只在色域中显示Web安全颜色。

- 添加到色板 ：单击此按钮可以将当前设置的颜色添加到【色板】面板中。

- 颜色库 ：单击此按钮打开【颜色库】对话框，如图2-59所示，可以从该对话框中选择颜色。

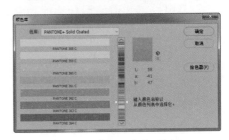

图2-59 【颜色库】对话框

2.2.2.2 在【颜色】面板中设置颜色

在【颜色】面板中可以方便快捷地设置颜色。

① 执行【窗口】/【颜色】命令，打开【颜色】面板，如图2-60所示。若该命令前面已经有 ✔ 符号，则不执行此操作。

② 在【颜色】面板左上角选中前景色块（选中后其上有方框），拖动颜色滑块到相应的色相范围内。将鼠标光标放置在色域中单击鼠标左键，可将单击位置的颜色设置为当前的颜色。

③ 在【颜色】面板中单击背景色色块，使其处于选择状态，然后利用设置前景色的

图2-60 【颜色】面板

方法即可设置背景色。

✨ 要点提示

　　单击面板右上角的 ▤ 按钮可以看到【颜色】面板的多种显示方式，如图2-61所示。其中默认选择【色相立方体】选项，可以将其调整为其他显示方式，例如【CMYK滑块】方式，如图2-62所示。

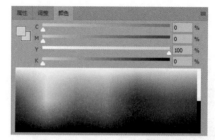

<table>
<tr><td>图2-61　弹出菜单</td><td>图2-62　【CMYK滑块】方式</td></tr>
</table>

2.2.2.3 在【色板】面板中设置颜色

　　当用户不知道使用什么颜色来填充图形时，可以打开【色板】面板寻找灵感。【色板】面板中包含了一系列预设颜色。

　　① 执行【窗口】/【色板】命令，打开【色板】面板，如图2-63所示。

　　② 面板下方按照不同标准划分颜色，展开后将鼠标指针移动至不同的颜色中，鼠标指针变为吸管形状，如图2-64所示。

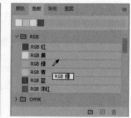

　　③ 在【色板】面板中需要的颜色上单击鼠标左键，即可将选择的颜色设置为前景色。

图2-63　【色板】面板　　图2-64　选择颜色

　　④ 按住 Alt 键单击鼠标左键即可将选择的颜色设置为背景色。

　　⑤ 色板顶部会显示最近使用过的颜色，以方便查找。

2.2.3 　颜色填充

　　填充是指使画面整体或部分区域填上某种色彩或图案。

　　Photoshop CC 2020中有3种方法填充颜色：利用【填充】命令进行填充；利用快捷键进行填充；利用【油漆桶工具】进行填充。

2.2.3.1 使用【填充】命令

执行【编辑】/【填充】命令（或按 Shift + F5 组合键），弹出图2-65所示的【填充】对话框，该对话框中的主要参数介绍如下。

图2-65　【填充】对话框

- 【内容】选项：单击右侧的下拉列表框，将弹出图2-66所示的下拉列表。选择【颜色】选项，可在弹出的【拾色器】对话框中设置其他的颜色来填充当前的画面或选区；选择【图案】选项，该对话框中的【自定图案】选项即为可用状态，用户可在此下拉列表中选择需要的图案；选择【历史记录】选项，可以将当前的图像文件恢复到图像所设置的历史记录状态或快照状态。

图2-66　弹出的下拉列表

- 【模式】选项：设置填充内容的混合模式，即填充内容与原始图层中内容的叠加方式。
- 【不透明度】选项：用于设置填充颜色或图案的不透明度。此数值越小，填充的颜色或图案越透明。0%为完全透明状态。
- 【保留透明区域】复选项：选择此复选项，对画面或选区进行填充颜色或图案时，只能在不透明区域（包含像素的区域）内进行填充，不填充透明区域。
- 在【填充】对话框中设置合适的选项及参数后，单击 确定 按钮，即可为当前画面或选区填充上所选择的颜色或图案。

基础训练：颜色填充

（1）填充颜色

① 打开素材文件"素材/第2章/填图01.jpg"。

② 在画面中的适当位置创建一个选区，如图2-67所示。

③ 执行【编辑】/【填充】命令，打开【填充】对话框，在【内容】下拉列表中选择【前景色】【背景色】和【颜色】3个选项时，可以填充颜色。选取【前景色】和【背景色】时，可以使用当前的前景色和背景色进行填充。

图2-67　创建选区

④ 在【内容】下拉列表中选取【颜色】选项，弹出【拾色器】对话框，选择一种颜色进行填充，填充后的效果如图2-68所示。

图2-68　填色后的效果

（2）填充内容识别

这是一种非常智能的填充方式，能够通过感知选区周围的内容进行填充，填充结果真实、自然。

① 打开素材文件"素材/第2章/树.jpg"。

② 绘制一个选区，选区的绘制不必太精确，如图2-69所示。

③ 执行【编辑】/【填充】命令，打开【填充】对话框。

④ 设置填充【内容】为【内容识别】，选择【颜色适应】复选项，这样可以让选区边缘的颜色融合得更加自然。填充时，选区的内容被去除，替换为周围相似的内容，效果如图2-70所示。

图2-69　创建选区　　　　　　　　　　图2-70　填充内容后的效果

（3）填充图案

① 打开素材文件"素材/第2章/填图02.jpg"。

② 绘制一个选区，如图2-71所示。

③ 执行【编辑】/【填充】命令，打开【填充】对话框。

④ 设置填充【内容】为【图案】，在【自定图案】下拉列表中选取图案进行填充，填充后的效果如图2-72所示。

 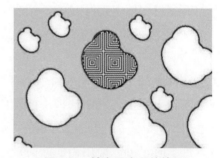

图2-71　创建选区　　　　　　　　　　图2-72　填充图案后的效果

（4）填充历史记录

设置填充【内容】为【历史记录】，可以填充【历史记录】面板中所标记的状态。

（5）填充黑色、50%灰度、白色

设置填充【内容】为【黑色】时，可填充为黑色；设置填充【内容】为【50%灰度】

时，可填充为灰色；设置填充【内容】为【白色】时，可填充为白色，如图2-73所示。

（a）填充为黑色　　（b）填充为灰色　　（c）填充为白色

图2-73　填充黑色、50%灰度、白色

2.2.3.2 使用快捷键

按 Alt + Backspace 或 Alt + Delete 组合键，可以给当前画面或选区填充前景色。

按 Ctrl + Backspace 或 Ctrl + Delete 组合键，可以给当前画面或选区填充背景色。

按 Alt + Ctrl + Backspace 组合键，可以给当前画面或选区填充白色。

2.2.3.3 使用【油漆桶工具】

利用【油漆桶工具】 可以在图像中填充颜色或图案，如图2-74所示。

图2-74　使用油漆桶工具

> ✨ 要点提示
>
> 　　使用油漆桶工具填充图形时，不需要先绘制选区，而是依据当前图案的颜色状况并根据【容差】参数值大小控制填充区域大小。如果使用油漆桶工具填充一个空白图层，则会填充整个区域。

　　在工具箱中设置好前景色或在属性栏中的图案选项中选择需要的图案，再设置好属性栏中的【模式】【不透明度】和【容差】等选项，然后移动鼠标指针到需要填充的图像区域内单击鼠标左键，即可完成填充操作。

　　【油漆桶工具】 的属性栏如图2-75所示，其主要参数介绍如下。

图2-75　【油漆桶工具】的属性栏

- 前景 ▾ 选项：用于设置向画面或选区中填充的内容，该下拉列表中包括【前景】和【图案】两个选项。若选择【前景】选项，则向画面中填充的内容为工具箱中的前景色；若选择【图案】选项，则在其右侧的图案窗口中选择一种图案后，向画面中填充被选择的图案。为图形填充前景色和图案后的效果分别如图2-76和图2-77所示。

图2-76 填充前景色　　　　　　　　图2-77 填充图案

- 【模式】选项：用于设置填充颜色后与下面图层混合产生的效果。
- 【不透明度】下拉列表：用于设置填充颜色的不透明度。
- 【容差】文本框：控制图像中填充颜色或图案的范围，数值越大，填充的范围越大，如图2-78所示。

（a）容差为20　　　　　（b）容差为40　　　　　（c）容差为80

图2-78 设置不同容差值后的填充效果

- 【消除锯齿】复选项：选择此复选项后，可以平滑填充区域的边缘，如图2-79所示。

（a）选择【消除锯齿】复选项　　（b）取消选择【消除锯齿】复选项

图2-79 【消除锯齿】复选项应用示例

• 【连续的】复选项：若
选择此复选项，则利用
油漆桶工具填充时，只
能填充与鼠标左键单击
处颜色相近且相连的区
域；若不选择此复选
项，则可以填充与鼠标
左键单击处颜色相近的
所有区域，如图2-80所示。

（a）选择【连续的】复选项　（b）取消选择【连续的】复选项

图2-80　【连续的】复选项应用示例

• 【所有图层】复选项：若选择此复选项，则填充的范围是图像文件中的所有图层。

2.3　移动工具

使用移动工具可以在当前文件中移动或复制图像，也可以将图像由一个文件移动复制
到另一个文件中，还可以对选择的图像进行变换、排列、对齐及分布等操作。

2.3.1　属性栏及复制操作命令

2.3.1.1　属性栏

【移动工具】🕂 的属性栏如图2-81所示。

图2-81　【移动工具】的属性栏

在默认状态下，【移动工具】属性栏中只有【自动选择】和【显示变换控件】两个复
选项可用，右侧的对齐和分布按钮只有在打开具有3个图层（含3个）以上的文件，且在
【图层】面板中同时选择了这些图层（3个及3个以上）之后才可用。

• 【自动选择】复选项：用于设置自动选择组或图层。在图像文件中移动图像时，可
以自动将图像所在的组或图层设置为工作组或图层。

• 【显示变换控件】复选项：选择此复选项，将根据工作层（背景层除外）的图像或
选区大小出现虚线变换框。变换框的四周有8个小矩形，如图2-82所示，称为调节
点；可以用鼠标光标拉动控制框的节点来调整图层的大小，也可以把鼠标光标移动
到控制框的4个角上，并等到光标变成一个环形小箭头时旋转图层。

（a）选中图层　　　　　　　　　（b）选中选区

图2-82　显示变换控件

✦ **要点提示**

在使用工具箱中的其他工具（除【切片】工具 ![icon]、【抓手】工具 ![icon]、【钢笔】工具 ![icon] 和【自定形状】工具 ![icon] 外）时，按住 Ctrl 键可以暂时切换为【移动工具】![icon]。

2.3.1.2 复制操作命令

除了【移动工具】之外，还可以利用【编辑】菜单中的【剪切】【拷贝】【合并拷贝】【粘贴】和【贴入】等命令来复制图像。这些命令通常需要配合使用，操作方法为：先利用【剪切】【拷贝】或【合并拷贝】命令将图像保存到剪贴板中，然后再用【粘贴】或【贴入】命令将剪贴板中的图像粘贴到指定位置。

- 【剪切】命令：此命令可以将选区内的图像剪切并保存到剪贴板中，在剪切过程中原图层中的图像消失。快捷键为 Ctrl + X。
- 【拷贝】命令：此命令可以将选区内的图像复制并保存到剪贴板中，并保持原图层中的图像。快捷键为 Ctrl + C。
- 【合并拷贝】命令：当文件中含有多个图层时，此命令可以将选区内包含的所有图层中的图像一起复制保存到剪贴板中。快捷键为 Shift + Ctrl + C。
- 【粘贴】命令：此命令可以将剪贴板中保存的图像粘贴到当前文件中，并在【图层】面板中生成一个新图层。快捷键为 Ctrl + V。
- 【贴入】命令：在当前文件中创建选区之后，此命令才可用，它可以将剪贴板中保存的图像粘贴到选区之内，从而使选区之外的图像不可见，并在【图层】面板中生成新的具有图层蒙版的图层。快捷键为 Alt + Shift + Ctrl + V。

✦ **要点提示**

剪贴板是临时存储复制内容的系统内存区域，它只能保存最后一次复制的内容，也就是说用户每次将指定的内容复制到剪贴板之后，此内容都将覆盖剪贴板中已存在的内容。

2.3.2　在当前文件中移动图像

利用【移动工具】 ➕ 移动图像操作简便，在要移动的图像内拖曳鼠标指针，即可移动图像的位置。

在移动图像时，按住 Shift 键可以确保图像在水平、垂直或45°角的倍数方向上移动；配合属性栏及键盘操作还可以复制和变形图像。

基础训练：在当前文件中移动图像

步骤解析

① 打开素材文件"素材/第2章/水果.jpg"，如图2-83所示。

② 利用【磁性套索工具】 ➿ 绘制出图2-84所示的选区。

图2-83　打开的文件

图2-84　绘制的选区

③ 选择 ➕ 工具，将鼠标指针移动到选区内，按下鼠标左键并拖曳，释放鼠标左键后选择的水果即停留在移动后的位置，如图2-85所示。

利用【移动工具】 ➕ 在当前图像文件中移动图像分为两种情况。一种是移动"背景"层选区内的图像，移动此类图像时，图像被移动位置后，原图像位置需要用颜色补充，因为背景层是不透明的图层，图2-86所示为使用背景色填充的结果。

图2-85　移动图片状态

图2-86　显示的背景色

另一种情况是移动"图层"中的图像，当移动此类图像时，不需要添加选区就可以移动图像的位置，但移动"图层"中图像的局部位置时，也是需要添加选区才能够移动的。

2.3.3　在两个文件之间移动复制图像

利用【移动工具】 ⊕. 可以将图形从一个文件移动到另一个文件中。

基础训练：在两个文件之间移动复制文件

步骤解析

① 打开素材文件"素材/第2章/水果.jpg"。

② 新建一个【宽度】为"20厘米"、【高度】为"20厘米"、【分辨率】为"120像素/英寸"、【颜色模式】为【RGB颜色】、【背景内容】为【白色】的文件。

③ 拖动两个文件的标题栏，将其同时缩小显示在界面中。

④ 利用【磁性套索工具】 ⊱. 绘制出图2-84所示的选区。

⑤ 选择 ⊕. 工具将鼠标指针移动到选区内，按下鼠标左键并将其向新建文件中拖曳，如图2-87所示。

⑥ 当鼠标指针变为 ⇖ 形状时，释放鼠标左键，所选择的图片即被移动复制到另一个图像文件中，如图2-88所示。

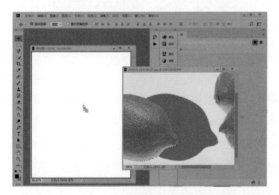

图2-87　在两个文件之间移动复制图像状态

图2-88　图片被复制到另一个文件中

2.3.4　利用移动工具复制图像

利用【移动工具】 ⊕. 复制图像时，如果先按住 Alt 键再拖曳鼠标指针，释放鼠标左键后即可将图像移动复制到指定位置。

在按住 Alt 键移动复制图像时又分为两种情况：一种是不添加选区直接复制图像，另一种是将图像添加选区后再进行移动复制。

基础训练：利用移动工具复制图像

步骤解析

① 新建一个【宽度】为"20厘米"、【高度】为"20厘米"、【分辨率】为"120像素/英寸"、【颜色模式】为【RGB颜色】、【背景内容】为【白色】的文件。

② 打开素材文件"素材/第2章/花03.jpg"，如图2-89所示。

③ 执行【选择】/【色彩范围】命令，弹出【色彩范围】对话框，利用 工具在花卉文件的白色背景中单击鼠标左键，设置选择颜色，然后设置【颜色容差】参数如图2-90所示。

图2-89　打开的图片

图2-90　【色彩范围】对话框

④ 单击 确定 按钮后执行【选择】/【反选】命令，将选区反选，如图2-91所示。

⑤ 选中 工具，按住 Alt 键再拖曳鼠标指针将选择的花卉移动复制到新建文件中。

⑥ 在属性栏中选择【显示变换控件】复选项，此时在图片的周围将显示虚线形态的自由变换框，如图2-92所示。

图2-91　创建选区

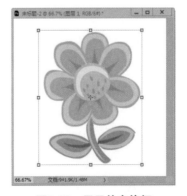

图2-92　显示的变换框

⑦ 按住 Shift 键，在变换框右上角的调节点上按下鼠标左键，虚线变换框变为实线形态的变换框，然后向左下角拖曳鼠标指针，将图片适当缩小。最后单击属性栏中的 按钮，确认图片大小的调整。

⑧ 按住 Alt 键，此时鼠标指针变为黑色三角形，下面重叠带有白色的三角形，如图

2-93所示，向右上方拖曳鼠标指针，此时的鼠标指针将变为白色的三角形形状，如图2-94所示。

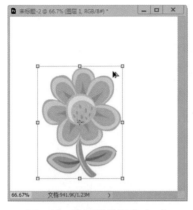
图2-93　鼠标指针状态（1）

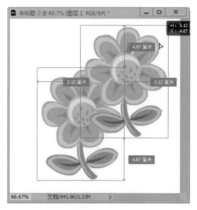
图2-94　鼠标指针状态（2）

⑨ 释放鼠标左键后，即可完成图片的移动复制操作，在【图层】面板中将自动生成"图层 1 拷贝"层，如图2-95所示。

⑩ 使用相同的移动复制操作，在画面中连续复制出多个花卉图片来，然后适当调整图形大小，取消选择属性栏中的【显示变换控件】复选项，最终效果如图2-96所示。

图2-95　【图层】面板

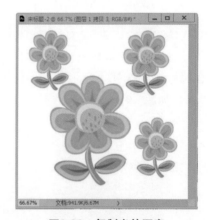
图2-96　复制出的图案

⑪ 按 Shift + Ctrl + S 组合键另存文件。

2.3.5　在同一个图层中复制图像

上面介绍的利用移动工具结合 Alt 键复制图像的方法，复制出的图像在【图层】面板中会生成独立的图层；如果将图像添加选区后再复制，复制出的图像将不会生成独立的图层。

基础训练：在同一个图层中复制图像

步骤解析

① 打开素材文件"素材/第2章/鸟.psd"。

② 选取 ✛ 工具，在属性栏中选择【显示变换控件】复选项，按住 Shift 键将图片缩小，在变形框内拖曳鼠标指针，将图片移动到图2-97所示位置。

③ 单击属性栏中的 ✔ 按钮，然后取消选择【显示变换控件】复选项。

④ 按住 Ctrl 键，在【图层】面板中单击"图层 1"前面的缩览图，给图片添加选区。单击图层缩览图状态如图2-98所示，添加的选区如图2-99所示。

图2-97 缩小图片

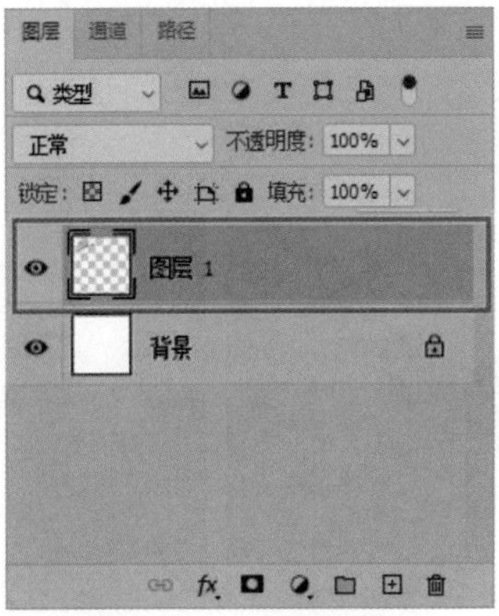

图2-98 图层缩览图

图2-99 添加的选区

⑤ 按住 Alt 键，将鼠标光标移动到选区内拖曳鼠标指针，移动复制选取的图片，状态如图2-100所示。

⑥ 释放鼠标左键后，选取的卡通图片即被移动复制到指定的位置，且在【图层】面板中不会产生新的图层，此时的【图层】面板如图2-101所示。

⑦ 继续移动复制所选取的图片，在画面中排列复制出多个，然后按 Ctrl + D 组合键去除选区，最终效果如图2-102所示。

⑧ 按 Shift + Ctrl + S 组合键保存文件。

图2-100 移动复制选取的图片

图2-101 【图层】面板

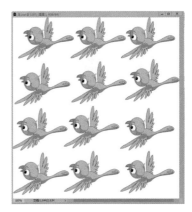

图2-102 最终效果

2.4 图像的变换

在绘图过程中经常需要对图像进行变换操作，从而使图像的大小、方向、形状或透视符合作图要求。变换图像的方法有两种：一种是直接利用移动工具变换图像；另一种是利用菜单命令变换图像。无论使用哪种方法，都可以得到相同的变换效果。

> ✨ 要点提示
>
> 在使用移动工具变换图像时，若选择属性栏中的【显示变换控件】复选项，则图像文件将根据工作层（背景层除外）或选区内的图像显示变换框。

在变换框的调节点上按住鼠标左键，变换框将由虚线变为实线，此时拖动变换框周围的调节点就可以对变换框内的图像进行变换。图像周围显示的虚线变换框和实线变换框形态分别如图2-103和图2-104所示。

图2-103　虚线变换框

图2-104　实线变换框

> ✨ 要点提示
>
> 执行【编辑】/【自由变换】命令，或选取【编辑】/【变换】命令中的【缩放】【旋转】【斜切】等子命令，也可以对图像进行相应类型的变换操作。

2.4.1　图像变换命令

图像变换包括对图像的缩放、旋转、斜切、扭曲、透视及变形等操作。

2.4.1.1 缩放图像

将鼠标光标放置到变换框各边中间的调节点上，待其形状显示为 ↔ 或 ↕ 时，按下鼠标左键左右或上下拖曳，可以水平或垂直缩放图像。

> ✨ 要点提示
>
> 将鼠标光标放置到变换框4个角的调节点上，待其形状显示为 ↖ 或 ↗ 时，按下鼠标左键拖曳，可以任意缩放图像；若同时按住 Shift 键则可以等比例缩放图像。

按住 $\boxed{Alt}$ + $\boxed{Shift}$ 组合键可以以变换框的调节中心为基准等比例缩放图像。以不同方式缩放图像时鼠标光标的形态如图2-105所示。

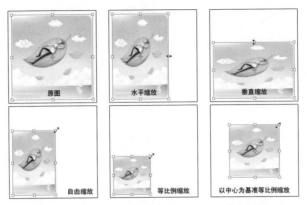

图2-105 以不同方式缩放图像时鼠标光标的形态

2.4.1.2 旋转图像

将鼠标光标移动到变换框的外部，待其形状显示为 ↙ 或 ↪ 时拖曳，可以围绕调节中心旋转图像，如图2-106所示。若同时按住 $\boxed{Shift}$ 键旋转图像，则可以使图像按15°的倍数旋转。

图2-106 旋转图像

✨ 要点提示

在【编辑】/【变换】命令的子菜单中选择【旋转180度】【顺时针旋转90度】【逆时针旋转90度】【水平翻转】或【垂直翻转】等命令，可以将图像旋转180°、顺时针旋转90°、逆时针旋转90°、水平翻转或垂直翻转。

2.4.1.3 斜切图像

执行【编辑】/【变换】/【斜切】命令，或者按住 $\boxed{Ctrl}$ + $\boxed{Shift}$ 组合键调整变换框的调节点，可以将图像斜切变换，如图2-107所示。

图2-107 斜切变换图像

2.4.1.4 扭曲图像

执行【编辑】/【变换】/【扭曲】命令，或者按住 $\boxed{Ctrl}$ 键调整变换框的调节点，可以对图像进行扭曲变形，如图2-108所示。

2.4.1.5 透视图像

执行【编辑】/【变换】/【透视】命令，或者按住 $\boxed{Ctrl}$ + $\boxed{Alt}$ + $\boxed{Shift}$ 组合键调整变换框的调节点，可以使图像产生透视变形效果，如图2-109所示。

图2-108 扭曲变形　　**图2-109 透视变形**

2.4.1.6 变形图像

执行【编辑】/【变换】/【变形】命令，或者激活属性栏中的【在自由变换和变形模式之间切换】按钮，变换框将转换为变形框，通过调整变形框4个角上调节点的位置及控制柄的长度和方向，可以使图像产生各种变形效果，如图2-110所示。

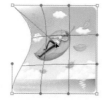

图2-110 变形图像

在属性栏中的【变形】下拉列表中选择任一种变形样式，可以使图像产生相应的变形效果，如图2-111所示。

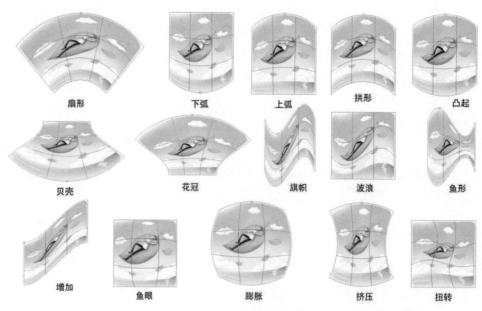

图2-111 各种变形效果

2.4.2　变换命令属性栏

执行【编辑】/【自由变换】命令，其属性栏如图2-112所示。

图2-112　【自由变换】属性栏

- 【参考点位置】图标 ：中间的黑点表示调节中心在变换框中的位置，在任意白色小点上单击鼠标左键，可以定位调节中心的位置。另外，将鼠标光标移动至变换框中间的调节中心上，待其形状显示为 时拖曳，可以在图像中任意移动调节中心的位置。
- 【X】【Y】：用于精确定位调节中心的坐标。
- 【W】【H】：用于分别控制变换框中的图像在水平方向和垂直方向缩放的百分比。激活【保持长宽比】按钮 ，可以保持图像的长宽比例来进行缩放。
- 【旋转】文本框：用于设置图像的旋转角度。
- 【H】【V】文本框：分别用于控制图像的倾斜角度。【H】表示水平方向，【V】表示垂直方向。
- 【在自由变换和变形模式之间切换】按钮 ：激活此按钮，可以由自由变换模式切换为变形模式；取消其激活状态，可再次切换到自由变换模式。

基础训练：图像变换

步骤解析

① 打开素材文件"素材/第2章/墙体.jpg"和"素材/第2章/海报.jpg"，分别如图2-113和图2-114所示。

② 将"海报"文件设置为工作状态，选取 工具，在其画面中按下鼠标左键将其拖曳到"墙体"文件中，如图2-115所示。

图2-113　墙体　　　图2-114　海报　　　图2-115　移动复制海报图片

③ 在属性栏中选择【显示变换控件】复选项，在图片周围将显示变换框。

④ 按住 Ctrl 键，在变换框右上角的调节点上按下鼠标左键拖曳鼠标光标，如图2-116所示。

⑤ 继续按住 Ctrl 键，将右下角的调节点调整至图2-117所示的位置。

⑥ 用相同的方法调整变换框的其他调节点，使海报图片正好覆盖墙体上的空白位置，如图2-118所示。

图2-116　调节点　　　　图2-117　调整调节点的位置　　图2-118　调整变换框的其他调节点

⑦ 按 Enter 键应用变换，在属性栏中取消选择【显示变换控件】复选项，图像透视变换后的最终效果如图2-119所示。

图2-119　图像透视变换后的最终效果

⑧ 按 Shift + Ctrl + S 组合键保存文件。

2.4.3　旋转复制图像

使用旋转复制方法可以将复制的对象沿着指定中心旋转排列。

基础训练：旋转复制图像

步骤解析

① 打开素材文件"素材/第2章/花04.jpg"。

② 新建一个【宽度】为"20厘米"、【高度】为"20厘米"、【分辨率】为"120像素/英寸"、【颜色模式】为【RGB颜色】、【背景内容】为【白色】的文件。

③ 在"花04"文件中使用魔棒工具选中白色背景，接着执行【选择】/【反选】命令选中花朵。

④ 使用 工具将花朵移动到新建文件中，然后按住 Shift 键调整到图2-120所示的大小。

⑤ 按 Ctrl + T 组合键给图形添加变换框，然后按住 Shift 键将旋转中心移动到图2-121所示的位置。

⑥ 在属性栏中设置【旋转】参数为"30"，旋转后的图形如图2-122所示，按 Enter 键确定图形旋转操作。

图2-120　调整后的花朵大小

图2-121　移动旋转中心位置

图2-122　旋转后的图形

⑦ 按住 Shift + Ctrl + Alt 组合键，再连续按11次 T 键，旋转复制出图2-123所示的图形。

⑧ 在【图层】面板中确认当前层是"图层1拷贝11"层，按住 Shift 键再单击"图层1"，将中间的所有图层同时选择，如图2-124所示。

⑨ 选择 工具，将图形向画面的中心位置移动。

⑩ 按 Ctrl + T 组合键给图形添加变换框，再按住 Shift 键将图形稍微向内缩小，最终效果如图2-125所示。按 Enter 键确定图形缩小操作。

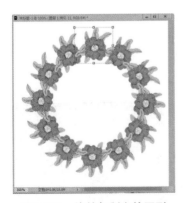

图2-123　旋转复制出的图形

图2-124　选择的图层

图2-125　缩小后图形状态

⑪ 按 Ctrl + S 组合键保存文件。

2.5 综合训练

下面通过综合训练来熟悉选择变换工具和移动变换工具的用法。

2.5.1	制作立体包装盒

本例将介绍立体包装效果图的制作方法，制作完成的效果图如图2-126所示。

步骤解析

① 新建一个【宽度】为"25厘米"、【高度】为"25厘米"、【分辨率】为"150像素/英寸"、【颜色模式】为【RGB颜色】的文件，然后为背景层填充上黑色。

② 打开素材文件"素材/第2章/包装平面展开图.jpg"。

③ 利用 工具选择包装盒的正面，如图2-127所示。

图2-126 制作完成的立体效果图

图2-127 选择的包装盒正面

④ 将选择的正面图形移动复制到新建文件中，放置位置如图2-128所示，然后按 Ctrl + T 组合键为其添加自由变换框。

⑤ 按住 Shift + Ctrl + Alt 组合键，然后将鼠标指针放置在变形框左上角的控制点上，稍微向上移动此控制点，如图2-129所示。

⑥ 释放鼠标左键后，将左边中间的控制点向右拖动，稍微缩小一下包装盒的宽度，如图2-130所示。

图2-128 移动复制的正面图形

图2-129 透视变形调整时的状态

图2-130 缩小包装盒的宽度

⑦ 再按住 Ctrl 键将左边中间的控制点向上拖动，如图2-131所示。

⑧ 调整完成后按 Enter 键，确认图形的透视变形调整。

⑨ 利用 工具将展开图中的侧面图形移动复制到新建文件中，其放置位置如图2-132所示。

⑩ 使用相同的透视调整方法，将侧面图形调整成图2-133所示的透视形态。

图2-131　拖动控制点　　　　　图2-132　侧面图放置位置　　　　　图2-133　调整侧面透视形态

⑪ 将顶面移动复制到包装盒画面中，并调整成图2-134所示的透视形态。

⑫ 将包装盒上面的立面提手复制到包装盒画面中，并调整成图2-135所示的透视形态。

⑬ 单击"图层 4"上面的【锁定透明像素】按钮 ，给"图层 4"（立面提手面）填充上深绿色（R：25，G：122，B：59），以便区分面的明暗关系，如图2-136所示。

图2-134　调整顶面透视形态　　　　图2-135　调整提手透视形态　　　　图2-136　填充深绿色

⑭ 新建"图层 5"，利用 工具绘制一个选区并填充上绿色（R：133，G：191，B：87），使用相同的调整方法调整其透视效果，如图2-137所示。

⑮ 在【图层】面板中将"图层 5"的【不透明度】参数设置为"50%"。

⑯ 根据透明效果利用 工具绘制出图2-138所示的选区。

⑰ 将"图层 4"设置为工作层，执行【图层】/【新建】/【通过拷贝的图层】命令，将选区内的三角形复制为"图层 6"，然后将其调整到"图层 5"的上面。

⑱ 将"图层 5"的【不透明度】参数设置成"100%"。

⑲ 使用相同的制作方法再制作出包装盒左边顶部的侧面图形穿插效果，结果如图2-139所示。

⑳ 按 Ctrl + S 组合键保存文件。

图2-137 调整侧面提手透视效果

图2-138 绘制选区

图2-139 最终效果

2.5.2 制作挂旗

扫一扫 看视频

本例将综合运用椭圆选框工具、矩形选框工具、移动工具、渐变工具和【图层样式】命令等绘制一个小挂旗。

步骤解析

① 新建一个【宽度】为"12厘米"、【高度】为"13厘米"、【分辨率】为"150像素/英寸"、【颜色模式】为【RGB颜色】、【背景内容】为【白色】的文件。

② 给背景层填充灰色（R：167，G：170，B：172），然后新建"图层1"。

③ 选择 工具，在属性栏的【样式】下拉列表中选择【固定大小】选项，并将【宽度】和【高度】值均设为"420像素"，然后在文件中单击鼠标左键，创建一个圆形选区。给选区填充绿色（R：70，G：153，B：42），如图2-140所示。

④ 按 D 键将前景色和背景色分别设置为默认的黑色和白色。

⑤ 选择 工具，然后在属性栏的【样式】下拉列表中选择【固定大小】选项，并将【宽度】和【高度】值均设为"420像素"，然后在文件中单击鼠标左键，创建一个正方形选区，选区的底边与圆水平直径重合，按 Ctrl + Delete 组合键为选区填充白色，如图2-141所示。按 Ctrl + D 组合键去除选区。

图2-140 绘制绿色圆形

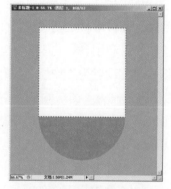
图2-141 绘制白色正方形

⑥ 执行【图层】/【图层样式】/【投影】命令，打开【投影】对话框，参数设置如图2-142所示，然后单击 确定 按钮，为图形添加投影，效果如图2-143所示。

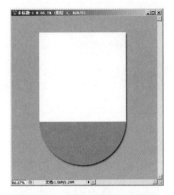

图2-142　【图层样式】对话框　　　　　图2-143　添加投影后的效果

⑦ 新建"图层2"，利用 ⬚ 工具绘制图2-144所示的选区。

⑧ 选择渐变工具 ▣ ，按住 Shift 键在矩形选区内由下向上拖曳鼠标光标，填充图2-145所示的渐变色，然后按 Ctrl + D 组合键去除选区。

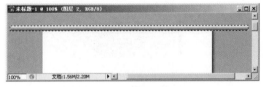

图2-144　绘制的矩形选区　　　　　　　图2-145　填充渐变色效果

⑨ 在【图层】面板中单击"图层1"，将其设置为工作层，然后执行【图层】/【图层样式】/【拷贝图层样式】命令。

⑩ 单击"图层2"，将其设置为工作层，然后执行【图层】/【图层样式】/【粘贴图层样式】命令，粘贴图层样式后的效果如图2-146所示，然后按 Ctrl + D 组合键去除选区。

图2-146　粘贴图层样式后的效果

⑪ 打开素材文件"素材/第2章/标志.jpg"，如图2-147所示。

⑫ 利用 ✛ 工具将标志移动复制到步骤1创建的文件中，如图2-148所示。

图2-147　打开的图片

图2-148　复制到当前文件中的标志

⑬ 在属性栏中选择【显示变换控件】复选项，然后在出现的灰色线条变换框上单击鼠标左键，使其变为实线变换框，如图2-149所示。

⑭ 在属性栏中激活 ∞ 按钮，设置【W】/【H】参数均为"80%"，然后单击 ✓ 按钮，挂旗绘制完成，最终效果如图2-150所示。

图2-149　显示变换框

图2-150　挂旗最终效果

⑮ 按 Ctrl + S 组合键保存文件。

⁺◁ 习题

① 套索工具组中包含哪些工具？各有何特点和用途？

② 简要说明魔棒工具的用途。

③ 前景色和背景色在使用上有何区别？

④ 使用移动工具能实现哪些基本操作？

⑤ 图像的变换操作可以变换图像的哪些属性？

第3章

绘图与图像修复

绘图是Photoshop CC 2020的重要功能之一。使用修饰工具可以对图形进行美化和装饰。画笔工具组、修复工具组、图章工具组、历史记录画笔工具组及【画笔】面板为设计者提供了丰富的设计工具。

3.1 画笔工具组

画笔工具组中包括【画笔工具】🖊、【铅笔工具】✏、【颜色替换工具】🖌 和【混合器画笔工具】🖌，这4个工具的主要功能是用来绘制图形和修改图像颜色，灵活运用好绘画工具，可以绘制出各种各样的图像效果，最大限度地表现出设计者的思想。

3.1.1　画笔工具

选择【画笔工具】🖊，如图3-1所示，使用前景色作为颜料即可在画布上绘图。

在工具箱中设置前景色（即画笔的颜色），选择合适的笔头，将鼠标指针移动到新建或打开的图像文件中单击鼠标左键并拖曳，即可绘制不同形状的图形或线条。

在画布上单击鼠标左键，可以绘制一个圆点；按住鼠标左键并拖动鼠标光标则可以绘制出线条，如图3-2所示。

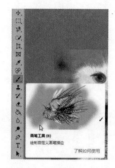

图3-1　【画笔工具】　　　　　　图3-2　绘制圆点和线条

【画笔工具】🖊 的属性栏如图3-3所示，其主要参数介绍如下。

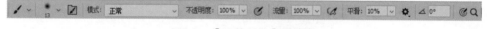

图3-3　【画笔工具】属性栏

（1）【画笔】选项

单击 按钮，打开【画笔预设选取器】面板，利用该面板可以设置画笔笔头的形状及大小，如图3-4所示；还可以选择不同的画笔种类来绘图，如图3-5所示。

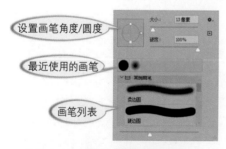

图3-4　【画笔预设选取器】面板　　　　图3-5　选择不同画笔种类绘制的线条

- 画笔角度/圆度。画笔的圆度指画笔在垂直于画面方向的旋转效果，拖动左右两侧
  圆点即可调节圆度值，如图3-6所示。画笔角度是指画笔长轴在水平方向上旋转的
  角度，拖动三角形图标即可调节，如图3-7所示。

 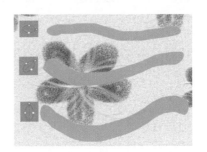

图3-6　画笔圆度设置　　　　　　　　　　图3-7　画笔角度设置

- 大小。通过设置【大小】文本框中的数值或移动其下方的滑
  块来调整笔尖大小，在英文输入法状态下，可以按 [] 和 [] 键
  来快速增大或减小笔尖大小，如图3-8所示。
- 硬度。【硬度】文本框中的数值用来设置笔头边缘的虚化程
  度，其值越大，画笔边缘越清晰，如图3-9所示。

图3-8　画笔笔尖大小

（2）【切换"画笔设置"面板】按钮

单击此按钮，可弹出【画笔】面板，其相关用法将在稍后
介绍。

（3）【模式】下拉列表

利用此下拉列表可以设置绘制的图形与原图像的混合模式，其
应用示例如图3-10所示。

图3-9　画笔硬度

（4）【不透明度】下拉列表

利用此下拉列表来设置画笔绘画时的不透明度，用户可以直接输入数值，也可以通过
单击此选项右侧的 按钮，再拖动弹出的滑块来调节。数值越大，笔迹的不透明度越
高，如图3-11所示。

图3-10　不同模式选项应用示例　　　　图3-11　不同不透明度值绘制的颜色效果

使用画笔工具绘图时，可以用数值键0~9来调整画笔的"不透明度"：数字1代表透明度为10%，数字9代表透明度为90%，0代表透明度为100%。

（5）【流量】下拉列表

该下拉列表决定画笔在绘画时的压力大小，代表应用颜色的速率。绘图时，如果一直按住鼠标左键，颜色量将根据流量值增大，直到达到"不透明"参数设置的数值。

（6）⊘ 按钮

在使用带有压感的手绘板时，激活该按钮可以对【不透明度】参数使用压力，若关闭该按钮，则需要通过设置【画笔预设】参数控制压力。

（7）【喷枪】按钮 ⊘

激活此按钮，使用画笔绘画时，绘制的颜色会因鼠标指针的停留而向外扩展，画笔笔头的硬度越小，效果越明显，如图3-12所示。

（8）【平滑】选项

设置描边平滑度，其值越大，描边时的抖动越小，拖动右侧滑块设置具体数值。

（9）【画笔】角度

在对应的列表框  中设置画笔角度。

（10）⊘ 按钮

（a）未激活 ⊘ 按钮　（b）激活 ⊘ 按钮

图3-12　喷枪功能应用示例

在使用带有压感的手绘板时，激活该按钮可以对【画笔大小】参数使用压力，若关闭该按钮，则需要通过设置【画笔预设】参数控制压力。

（11）对称项 ⊞

设置绘画时的对称选项，主要有【垂直】【水平】【双轴】【对角】等。

使用画笔工具绘图时，默认鼠标光标通常为圆形或其他画笔形状，按下 Caps Lock 键可以将其切换为"十字星"形 ┼，再次按下 Caps Lock 键可以恢复为原来的形状。

3.1.2　铅笔工具

【铅笔工具】🖉 如图3-13所示，它与画笔工具功能类似，也可以在图像文件中绘制不同形状的图形及线条，常用于绘制硬边的线条，如图3-14所示。

使用铅笔绘图时，设置硬度为0%~100%，绘图效果相同。

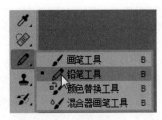

图3-13 铅笔工具

图3-14 使用铅笔工具

【铅笔工具】 的属性栏如图3-15所示。

图3-15 【铅笔工具】的属性栏

【铅笔工具】 的属性栏比画笔的多了一个【自动抹除】复选项，这是铅笔工具所具有的特殊功能。

如果选择了【自动抹除】复选项，则图像内在与工具箱中的前景色相同的颜色区域绘画时，铅笔会自动擦除此处的颜色而显示背景色。在与前景色不同的颜色区绘画时，将以前景色的颜色显示，如图3-16所示。

（a）不使用自动抹除功能

（b）使用自动抹除功能

图3-16 自动抹除功能应用示例

3.1.3 颜色替换工具

【颜色替换工具】 如图3-17所示，它可以对特定的颜色进行快速替换，能够以涂抹的形式更改画面颜色，同时保留图像原有的纹理，如图3-18所示。

颜色替换之前需要先设置合理的前景色，也可以按住 Alt 键在图像中

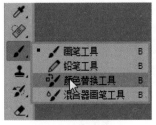

图3-17 颜色替换工具

图3-18 应用示例

直接设置色样，然后在属性栏中设置合适的选项后拖曳鼠标光标，即可改变图像的色彩效果，如图3-19所示。

（a）颜色替换前　　　　　　　　　　（b）颜色替换后

图3-19　颜色替换操作

【颜色替换工具】的属性栏如图3-20所示，其主要参数介绍如下。

图3-20　【颜色替换工具】的属性栏

（1）【模式】下拉列表

在此下拉列表中选择前景色与图像混合的模式。

- 【颜色】：可以同时替换被涂抹部分的色相、饱和度和明度。
- 【色相】：只替换被涂抹部分的色相。
- 【饱和度】：只替换被涂抹部分的饱和度。
- 【明度】：只替换被涂抹部分的明度。

（2）取样按钮组

取样按钮组用于指定替换颜色取样区域的大小。

- 【连续】按钮 ：将通过"连续取样"的方式来替换鼠标光标经过的地方的颜色，鼠标光标移动到哪里，就更改与之位置接近区域的颜色。
- 【一次】按钮 ：只替换第一次单击取样区域的颜色。
- 【背景色板】按钮 ：只替换画面中包含背景色的图像区域。

（3）【限制】下拉列表

【限制】下拉列表用于限制替换颜色的范围，其应用示例如图3-21所示。

（a）应用【不连续】选项　　（b）应用【连续】选项　　（c）应用【查找边缘】选项

图3-21　限制参数应用示例

- 【不连续】选项：将替换出现在鼠标光标下任何位置的颜色。
- 【连续】选项：将替换与紧挨鼠标光标下的颜色邻近的颜色。
- 【查找边缘】选项：将替换包含取样颜色的连接区域，同时更好地保留图像边缘的锐化程度。

> **要点提示**
>
> 使用颜色替换工具的【连续】选项时，光标十字星位置是取样位置，因此十字星不要碰触到不想替换颜色的区域。

（4）【容差】下拉列表

【容差】下拉列表用于指定替换颜色的精确度，此值越大，替换的颜色范围越大，如图3-22所示。容差设置没有确定的参照，同样的数值对于不同图片产生的效果也不一样。

通常先将容差设置为中等数值，然后根据设计效果再不断调整。

（5）【消除锯齿】复选项

（a）容差较小时　　（b）容差较大时

图3-22　容差参数应用示例

【消除锯齿】复选项可以为替换颜色的区域指定平滑的边缘。

基础训练：颜色替换

步骤解析

① 打开素材文件"素材/第3章/橘子.jpg"，如图3-23所示。

② 设置前景色为橙色（颜色代码为#ff7f00），如图3-24所示。

图3-23　打开的图片

图3-24　设置颜色

③ 打开【颜色替换工具】，在选项栏中设置画笔【大小】为"50像素"、【模

式】为【颜色】、【限制】值为
【连续】、【容差】为"30%"。

④ 移动鼠标光标在一个橘子
上拖曳，使之变为橙色，效果如
图3-25所示。

⑤ 继续进行涂抹，使用类似
的方法绘制另一个橘子，效果如
图3-26所示。

图3-25 调整橘子颜色（1）　图3-26 调整橘子颜色（2）

3.1.4　混合器画笔工具

【混合器画笔工具】如图3-27所示，它可以借助混色器画笔和毛刷笔尖创建逼真、带纹理的笔触，轻松地将图像转变为手绘图或创建独特的艺术效果，如图3-28所示。

混合器画笔工具可以像传统绘画混合颜料一样混合像素，还可以混合画布颜色和使用不同的绘画湿度。

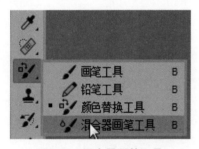

图3-27 混合器画笔工具　　　　图3-28 混合器画笔应用实例

选取【混合器画笔工具】，设置合适的笔头大小，并在属性栏中设置好各选项参数后，在画面中拖动鼠标光标，即可将照片涂抹成水粉画效果。

【混合器画笔工具】的属性栏如图3-29所示，其主要参数介绍如下。

图3-29 【混合器画笔工具】的属性栏

- 【当前画笔载入】按钮：可重新载入画笔、清理画笔或只载入纯色，让它和涂抹的颜色进行混合。具体的混合结果可通过后面的设置值进行调整。
- 【每次描边后载入画笔】按钮：控制每一笔涂抹结束后对画笔是否更新和清理。按下该按钮，可以启用【自动载入】选项以前景色混合油彩。
- 【每次描边后清理画笔】按钮：控制每一笔涂抹结束后对画笔是否更新和清理。按下该按钮，可将画笔在水中清洗。
- 【自定】下拉列表：在此下拉列表中可以选择预先设置好的混合选项。当选择某一种混合选项时，右边的4个选项设置值会自动调节为预设值。

- 【潮湿】下拉列表：用于设置画笔从画布拾取的油彩量。设置值越高会产生越长的绘画痕迹，其应用示例如图3-30所示。

- 【载入】下拉列表：用于设置储槽中载入的油彩量，载入速率较低时，绘画描边干燥的速度会更快。

（a）潮湿值为100%　　（b）潮湿值为30%

图3-30　【潮湿】选项的应用

- 【混合】下拉列表：用于设置画布油彩量与储槽油彩量混合的比例。当混合量为100%时，所有油彩将从画布中拾取；当混合量为0%时，所有油彩将来自储槽。

- 【流量】下拉列表：用于设置描边的流动速率，控制混合画笔的流量大小。

- 【对所有图层取样】复选项：用于拾取所有可见图层中的画布颜色。

3.1.5　【画笔】设置面板菜单

在【画笔】设置面板中单击右上角的 ⚙. 按钮，弹出的菜单如图3-31所示。

- 【新建画笔预设】：可以将当前画笔创建为新的画笔。通常用户对画笔进行修改后，如果还想保留原画笔，就可以利用此命令将修改后的画笔保存为一个新的画笔。

- 【新建画笔组】：选择该命令会打开【组名称】对话框新建画笔组。

图3-31　【画笔】设置面板菜单

- 【重命名画笔】：可以修改当前画笔的名称。

- 【删除画笔】：可以删除当前画笔。

- 【画笔名称】：在下方画笔列表中显示画笔名称。

- 【画笔描边】：在下方画笔列表中显示画笔描边效果。

- 【画笔笔尖】：在下方画笔列表中显示笔尖形状。

- 【显示其他预设信息】：显示其他画笔预设信息。

- 【显示近期画笔】：显示最近使用过的画笔，如图3-32所示。

- 【恢复默认画笔】：将画笔复位至默认状态。

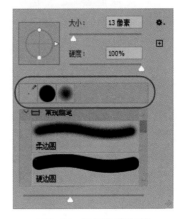

图3-32　显示近期画笔

- 【导入画笔】：载入存储的画笔。
- 【导出选中的画笔】：将当前画笔进行存储。
- 【获取更多画笔】：进入网络下载页面下载画笔。

3.2 【画笔设置】面板

按 F5 键或单击属性栏中的 ☑ 按钮，打开图3-33所示的【画笔设置】面板。该面板由3部分组成：左侧部分主要用于选择画笔的属性；右侧部分用于设置画笔的具体参数；下部为画笔的预览区域。

切换到【画笔】面板，可以在这里选择预设的画笔，如图3-34所示。

在设置画笔时，先选择不同的画笔属性，然后在其右侧的参数设置区中设置相应的参数，就可以将画笔设置为不同的形状。画笔属性主要包括以下内容。

图3-33　【画笔设置】面板　　图3-34　【画笔】面板

- 画笔 按钮：单击它打开【画笔】面板，该面板用于查看、选择和载入预设画笔。
- 【画笔笔尖形状】选项：用于选择和设置画笔笔尖的形状，包括【角度】【圆度】等。
- 【形状动态】复选项：用于设置随着画笔的移动，笔尖形状的变化情况。
- 【散布】复选项：决定是否使绘制的图形或线条产生一种笔触散射效果。
- 【纹理】复选项：可以使画笔工具产生图案纹理效果。
- 【双重画笔】复选项：可以设置两种不同形状的画笔来绘制图形，首先通过【画笔笔尖形状】选项设置主笔刷的形状，再通过该复选项设置次笔刷的形状。
- 【颜色动态】复选项：可以将前景色和背景色进行不同程度的混合，通过调整颜色在前景色和背景色之间的变化情况及色相、饱和度和亮度的变化，绘制出具有各种颜色混合效果的图形。
- 【传递】复选项：用于设置画笔的不透明度和流量的动态效果。
- 【画笔笔势】复选项：用于设置画笔笔头的不同倾斜状态及压力效果。
- 【杂色】复选项：可以使画笔产生细碎的噪声效果，也就是产生一些小碎点的效果。
- 【湿边】复选项：可以使画笔绘制出的颜色产生中间淡四周深的润湿效果，用来模拟加水较多的颜料产生的效果。

- 【建立】复选项：相当于激活属性栏中的 按钮，使画笔具有喷枪的性质。即在图像中的指定位置按下鼠标左键后，画笔颜色将加深。
- 【平滑】复选项：可以使画笔绘制出的颜色边缘较平滑。
- 【保护纹理】复选项：当使用复位画笔等命令对画笔进行调整时，保护当前画笔的纹理图案不改变。

3.2.1 【画笔笔尖形状】类参数

在【画笔设置】面板左侧选择【画笔笔尖形状】选项，其右侧会显示【画笔笔尖形状】类选项和参数，如图3-35所示。

- 在右上方的笔尖形状列表中单击相应的笔尖形状，即可将其选择。
- 【大小】文本框：用来表示画笔直径的大小，用户可以直接修改其数值，也可以拖动其下方的滑块来得到需要的数值。
- 【翻转X】和【翻转Y】复选项：可以分别将笔尖形状进行水平翻转和垂直翻转。
- 【角度】文本框：将笔尖绕与显示屏垂直的坐标轴进行旋转。
- 【圆度】文本框：将笔尖绕x轴旋转。

图3-35 【画笔笔尖形状】类参数

- 在【角度】和【圆度】文本框右侧有一个坐标轴，其中带箭头的坐标轴为x轴，与x轴垂直的为y轴。坐标轴上有一个圆形，它所显示的是笔尖的角度和圆度。在此圆形与y轴相交的位置上各有一个白点。用户可以用鼠标光标拖曳x轴改变笔尖的角度，也可以沿y轴拖曳其上的白点来改变笔尖的圆度。
- 【硬度】文本框：只对边缘有虚化效果的笔尖有效。硬度值越大，画笔边缘越清晰；硬度值越小，画笔边缘越模糊柔和。
- 【间距】复选项：当选择此复选项时，它的值表示画笔每两笔之间跨越画笔直径的百分之几。当间距值等于100时，画出的就是一条笔笔相连的线；当间距值大于100时，画出的线条是一系列中断的点。取消选择此复选项时，在图像中画线的形态与用户拖曳鼠标光标的速度有关，拖曳越快，画笔每两笔之间的跨度就越大，拖曳越慢，画笔每两笔之间的跨度就越小。

3.2.2 【形状动态】类参数

通过对笔尖的【形状动态】类参数的调整，可以设置画线时笔尖的大小、角度和圆度的变化情况。通过设置【形状动态】选项可以使画笔工具绘制出来的线条产生一种很自然的笔触流动效果，选择此选项后的【画笔设置】面板如图3-36所示。

图3-36　【形状动态】类参数

- 【大小抖动】：控制画笔动态形状之间的混合大小。
- 【控制】：可以设置画笔动态形状的不同控制方式，其下拉列表中包括【关】【渐隐】【Dial】【钢笔压力】【钢笔斜度】和【光笔轮】6个选项。【钢笔压力】【钢笔斜度】和【光笔轮】选项只有在Photoshop中使用外接绘图板等设备进行输入时才有用。如果左侧出现一个带"！"的三角形标志，表示这一选项当前不可用。这3个选项基于外接钢笔的压力、斜度或拇指轮位置，在初始直径和最小直径之间改变画笔笔迹的大小，使画笔在拖曳过程中产生不同的凌乱效果。
- 【最小直径】：当在【控制】下拉列表中选择了【渐隐】选项后，拖动此滑块可以指定使用的最小直径。
- 【倾斜缩放比例】：只有在【控制】下拉列表中选择了【钢笔斜度】选项时才可用，它设置外接钢笔产生的旋转画笔的高度值。
- 【角度抖动】：调整画笔动态角度形状和方向混合度。其下的【控制】下拉列表决定角度抖动的渐变方式。
- 【圆度抖动】：调整画笔动态圆度形状和方向混合度。其下的【控制】下拉列表决定圆度的渐变方式。
- 【最小圆度】：当在【控制】下拉列表中选择了【渐隐】选项后，拖动其下方的滑块可以调整画笔所指定的最小圆度。
- 【翻转X抖动】和【翻转Y抖动】：使画笔随机进行水平和垂直翻转。

3.2.3 【散布】类参数

调整【散布】类参数可以设置笔尖沿鼠标光标拖曳的路线向外扩散的范围，从而使绘画工具产生一种笔触的散射效果。选择该复选项后的【画笔设置】面板如图3-37所示。

- 【散布】：使画笔绘制出的线条成为散射效果，数值越大散射效果越明显。

- 【两轴】：选择此复选项，画笔标记以辐射方向向四周扩散，若不选择此复选项，则画笔标记按垂直方向扩散。
- 【数量】：该值决定每间距内应有画笔笔尖的数量，此值越大，单位间距内画笔笔尖的数量越多。
- 【数量抖动】：决定在每间距内画笔【数量】值的变化效果，其下的【控制】下拉列表决定变化的类型。此值越大，画笔笔尖效果越密，数值小则画笔笔尖效果较稀疏。

图3-37　【散布】类参数

3.2.4　【纹理】类参数

设置【纹理】类参数可以在画笔中产生图案纹理效果。选择该复选项后的【画笔设置】面板如图3-38所示。

- 【纹理选择】：单击右侧窗口左上角的方形纹理图案可以调出纹理样式面板，从中可以选择所需的纹理。
- 【反相】：选择此复选项，可以将选择的纹理反相。
- 【缩放】：用于调整在画笔中应用图案的缩放比例。
- 【亮度】：用于调整纹理图案的亮度。
- 【对比度】：用于调整纹理图案的对比度。
- 【为每个笔尖设置纹理】：此复选项以每个画笔笔尖为单位适用纹理，否则以绘制出的整个线条为单位适用纹理。
- 【模式】：确定纹理和画笔的混合模式。
- 【深度】：设置画笔绘制出的图案纹理颜色与前景色混合效果的明显程度。
- 【最小深度】：设置图案纹理与前景色混合的最小深度。
- 【深度抖动】：拖动此滑块设置画笔绘制出的图案纹理与前景色产生不同密度的混合效果。其下的【控制】下拉列表用于控制画笔与图案纹理混合的变化方式。

图3-38　【纹理】类参数

3.2.5　【双重画笔】类参数

【双重画笔】类参数和选项可以创建两种不同纹理的笔尖相交产生的笔尖效果。选择该复选项后的【画笔设置】面板如图3-39所示。

- 【模式】：设置两种画笔的混合模式。
- 【翻转】：第2种笔尖随机翻转。
- 【大小】：设置第2种画笔直径的大小。
- 【间距】：设置第2种画笔的间隔距离。
- 【散布】：设置第2种画笔的分散程度。是否选择【两轴】复选项决定第2种画笔是同时在笔画的水平和垂直方向上分散，还是只在画笔的垂直方向上分散。
- 【数量】：设置第2种画笔绘制时间隔处画笔标记的数目。

图3-39 【双重画笔】类参数

3.2.6 【颜色动态】类参数

【颜色动态】类参数可以使笔尖产生以两种颜色及图案进行不同程度混合的效果，还可以调整其混合颜色的色调、饱和度、明度等。选择该复选项后的【画笔设置】面板如图3-40所示。

- 【应用每笔尖】：设置颜色动态后，选择此复选项，在喷绘画笔时喷绘的颜色会在前景色和背景色之间随机变化；如不选择，则拖曳鼠标光标时将按前景色进行喷绘。

图3-40 【颜色动态】类参数

- 【前景/背景抖动】：设置画笔绘制出的前景色和背景色之间的混合程度。其下的【控制】下拉列表用于设置前景色和背景色抖动的范围。
- 【色相抖动】：设置前景色和背景色之间的色调偏移方向。数值小，色调偏向前景色方向；数值大，色调偏向背景色方向。
- 【饱和度抖动】：设置画笔绘制出颜色的饱和度。数值大，混合颜色效果较饱和；数值小，混合颜色效果不饱和。
- 【亮度抖动】：设置画笔绘制出颜色的亮度。数值大，绘制出的颜色较暗，数值小，绘制出的颜色较亮。
- 【纯度】：设置画笔绘制出颜色的鲜艳程度。数值大，绘制出的颜色较鲜艳；数值小，绘制出的颜色较灰暗。数值为"－100"时绘制出的颜色为灰度色。

3.2.7 【传递】类参数

【传递】类参数可以设置画笔绘制出颜色的不透明度，以及使颜色之间产生不同的流动效果。选择该复选项后的【画笔设置】面板如图3-41所示。

- 【不透明度抖动】：可以调整画笔绘制时颜色的不透明度效果。数值大，颜色较透明；数值小，颜色透明度较弱。
- 【流量抖动】：可以使画笔绘制出的线条出现类似于液体流动的效果。数值大，流动效果明显；数值小，流动效果不明显。

图3-41 【传递】类参数

3.2.8 【画笔笔势】类参数

【画笔笔势】类参数可以设置特殊画笔笔头的不同倾斜状态及压力效果。选择该复选项后的【画笔设置】面板如图3-42所示，它分别用于设置画笔笔头的倾斜、旋转和压力。

基础训练：自定义画笔

除了系统自带的笔头形状外，用户还可以将自己喜欢的图像或图形定义为画笔笔头。

步骤解析

① 打开素材文件"素材/第3章/玫瑰.jpg"。

② 单击【魔棒工具】，设置【容差】为"30"，按住 Shift 键选取图形背景，如图3-43所示。

③ 按住 Shift + Ctrl + I 组合键将选区反选，反选后的选区状态如图3-44所示。

图3-42 【画笔笔势】类参数

图3-43 选取背景

图3-44 反选选区

④ 执行【编辑】/【定义画笔预设】命令，弹出图3-45所示的【画笔名称】对话框，单击 确定 按钮，即可将选区内的图像定义为画笔，如图3-46所示。

图3-45 【画笔名称】对话框

图3-46 定义的画笔

✨ 要点提示

在定义画笔笔头之前最好将文件大小改小，否则定义的画笔笔头会很大。

⑤ 选取【画笔工具】 ✐ ，并单击属性栏中的 按钮，在弹出的【画笔设置】面板中选择定义的"玫瑰"图案，在【画笔笔尖形状】类参数中设置【大小】和【间距】参数，如图3-47所示。

⑥ 选择【形状动态】复选项，设置其右侧的选项参数如图3-48所示。

⑦ 选择【散布】复选项，设置其右侧的选项参数如图3-49所示。

⑧ 选择【颜色动态】复选项，设置其右侧的选项参数如图3-50所示。

图3-47 选择的图案及
设置的参数

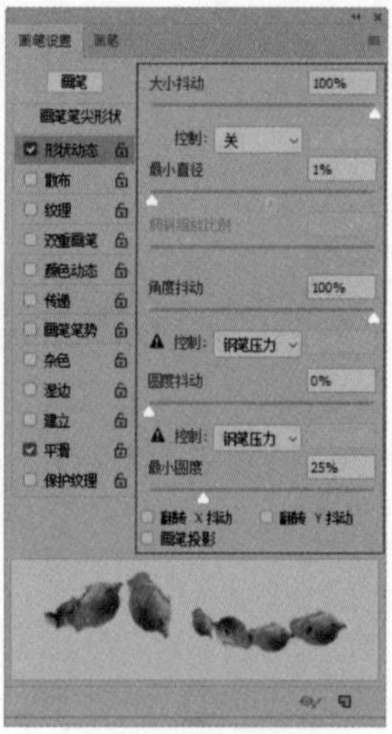

图3-48 设置【形状动
态】参数

图3-49 设置【散布】
参数

图3-50 设置【颜色动
态】参数

⑨ 将前景色设置为洋红色（R：255，B：255），背景色设置为黄色（R：255，G：255）。

⑩ 打开素材文件"素材\第3章\布料01.jpg"，如图3-51所示。

⑪ 新建图层"图层 1"。在图像中单击鼠标左键或拖曳鼠标光标，即可喷绘定义的图像，效果如图3-52所示。

图3-51　打开的图片

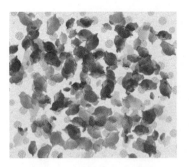

图3-52　喷绘定义的图像

⑫ 在【图层】面板中将"图层 1"的图层混合模式设置为【减去】模式，如图3-53所示，图片最终效果如图3-54所示。

图3-53　设置【减去】模式

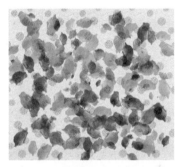

图3-54　设置图层混合模式后的效果

⑬ 按 Ctrl + S 组合键，将此文件命名为"自定义画笔应用.psd"后保存。

> **✨ 要点提示**
>
> 在定义画笔笔头时，也可使用选区工具在图像中选择部分图像来定义画笔，如果希望创建的画笔带有锐边，则应当将选区工具属性栏中的【羽化】选项设置为"0像素"；如果要定义具有柔边的画笔，可适当设置选区的羽化值。

3.3　修复工具

Photoshop CC 2020中的修复工具具有强大的修图功能，其中包括【污点修复画笔工具】、【修复画笔工具】、【修补工具】、【内容感知移动工具】 和【红眼工具】。

3.3.1	污点修复画笔工具

【污点修复画笔工具】 如图3-55所示，利用它可以快速移去照片中的污点和其他

不理想的部分，应用示例如图3-56所示。

图3-55　污点修复画笔工具

图3-56　污点修复画笔工具应用示例

它可以自动从修复位置的周围取样，然后将取样像素复制到当前要修复的位置，并将取样像素的纹理、光照、透明度和阴影与所修复的像素相匹配，从而达到自然的修复效果。

在工具箱中选择【污点修复画笔工具】 ，打开的属性栏如图3-57所示，其主要参数介绍如下。

图3-57　【污点修复画笔工具】属性栏

（1）笔头设置

单击【画笔】选项右侧的 按钮，弹出【笔头】设置面板。此面板主要用于设置 工具使用画笔的大小和形状，其参数与前面所讲的【画笔】面板中的笔尖选项的参数相同，这里不再重复。

（2）【模式】下拉列表

该下拉列表用于选择用来修补的图像与原图像以何种模式进行混合。

（3）【类型】选项

· 【内容识别】：系统将自动搜寻附近的图像内容，不留痕迹地填充修复区域，同时保留图像的关键细节。

· 【创建纹理】：在修复图像缺陷后会自动生成一层纹理。

· 【近似匹配】：将自动选择相匹配的颜色来修复图像的缺陷。

（4）【对所有图层取样】复选项

选择此复选项，可以在所有可见图层中取样，否则只能在当前层中取样。

基础训练：去除画面中不想要的图像

灵活运用【污点修复画笔工具】 可以去除各画面中不想要的图像，如背景比较单一，可选择【近似匹配】；如背景比较复杂，可选择【内容识别】。

步骤解析

① 打开素材文件 "素材\第3章\气球.jpg"，如图3-58所示。

② 选择  工具，确认属性栏中选择了【近似匹配】，设置合适的笔头大小后，在画面的气球周围拖曳鼠标光标，状态如图3-59所示。

图3-58　打开的图形　　　　　　图3-59　使用污点修复画笔工具

③ 释放鼠标左键后气球被去除，效果如图3-60所示。

④ 使用同样的方法将天空中的杂色斑点去除干净，得到纯净的天空背景，效果如图3-61所示。

图3-60　去除气球　　　　　　　图3-61　去除其他杂物

⑤ 按 Shift + Ctrl + S 组合键，将此文件命名为 "风景01.jpg" 后保存。

⑥ 打开素材文件 "素材\第3章\马.jpg"，如图3-62所示。

⑦ 选择  工具，选择属性栏中的【内容识别】，然后设置合适的笔头大小，在画面中的 "马" 位置（包括倒影处）拖曳鼠标光标将其覆盖，释放鼠标左键后，画笔覆盖的区域中马和其倒影被去除，效果如图3-63所示。

图3-62　打开的图片　　　　　　图3-63　去除马及其倒影后的效果

⑧ 按 Shift + Ctrl + S 组合键，将此文件命名为 "去除图像02.jpg" 后保存。

3.3.2 修复画笔工具

【修复画笔工具】 如图3-64所示，该工具与【污点修复画笔工具】 的修复原理相似，可以将没有缺陷的图像部分与被修复位置有缺陷的图像进行融合，以得到理想的匹配效果，应用示例如图3-65所示。

图3-64　修复画笔工具

图3-65　修复画笔工具应用示例

✦ 要点提示

　　使用【修复画笔工具】 时需要先设置取样点，即按住 Alt 键在取样点位置单击鼠标左键（单击处的位置为复制图像的取样点），松开 Alt 键后，在需要修复的图像位置按住鼠标左键并拖曳鼠标光标，即可对图像中的缺陷进行修复，并使修复后的图像与取样点位置图像的纹理、光照、阴影和透明度相匹配，从而使修复后的图像不留痕迹地融入图像中。

　　在工具箱中选择【修复画笔工具】 ，打开的属性栏如图3-66所示，其主要参数介绍如下。

图3-66　【修复画笔工具】属性栏

（1）【源】选项

- 选择【取样】选项，然后按住 Alt 键在适当的位置单击鼠标左键，可以将该位置的图像定义为取样点，以便用定义的样本来修复图像。
- 选择【图案】选项，可以在其右侧的下拉列表中选择一种图案来与图像混合，以得到图案混合的修复效果。

（2）【对齐】复选项

选择此复选项，将进行规则图像的复制，即多次单击鼠标左键或拖曳鼠标光标，最终将复制出一个完整的图像，若想再复制一个相同的图像，必须重新取样；若不选择此复选项，则进行不规则复制，即多次单击鼠标左键或拖曳鼠标光标，每次都会在相应位置复制一个新图像。

（3）【样本】下拉列表

【样本】下拉列表用于设置从指定的图层中取样。

- 【当前图层】选项：在当前图层中取样。
- 【当前和下方图层】选项：从当前图层及其下方图层中的所有可见图层中取样。
- 【所有图层】选项：从所有可见图层中取样。如果激活右侧的 ⬚ 按钮，那么将从调整图层以外的可见图层中取样。

基础训练：使用【修复画笔工具】

步骤解析

① 打开素材文件"素材\第3章\沙滩.jpg"，如图3-67所示。

② 打开【修复画笔工具】✐，设置笔尖为"60像素"、【模式】为【正常】、【源】为【取样】。

③ 按住 Alt 键，在"心形"中间选取一点单击鼠标左键取样，如图3-68所示。

图3-67 打开的图形

图3-68 设置取样点

④ 将鼠标光标移动到贝壳图案上拖动鼠标光标进行涂抹，涂抹过的部位将覆盖上取样的像素，松开鼠标左键后的效果如图3-69所示。

⑤ 如果涂抹时发现不但贝壳没有消失，反而"长出"新的贝壳，可以重新取样，再进行涂抹操作，直至全部贝壳消失不见，最终效果如图3-70所示。

图3-69 修复图形

图3-70 最终效果

⑥ 按 $\boxed{\text{Shift}}$ + $\boxed{\text{Ctrl}}$ + $\boxed{\text{S}}$ 组合键保存文件。

> **✦ 要点提示**
>
> 　　与3.4节将要介绍的仿制图章工具不同的是，修复画笔工具可以将样本像素的纹理、光照、透明度和阴影等与所修复的像素进行匹配，可以使修复后的像素不留痕迹地融入图像的其他部分。

3.3.3　修补工具

【修补工具】 如图3-71所示，它可以用图像中相似的区域或图案来修复有缺陷的部位或制作合成效果。

与【修复画笔工具】 一样，修补工具会将设定的样本纹理、光照和阴影与被修复图像区域进行混合，从而得到理想的效果，其应用示例如图3-72所示。

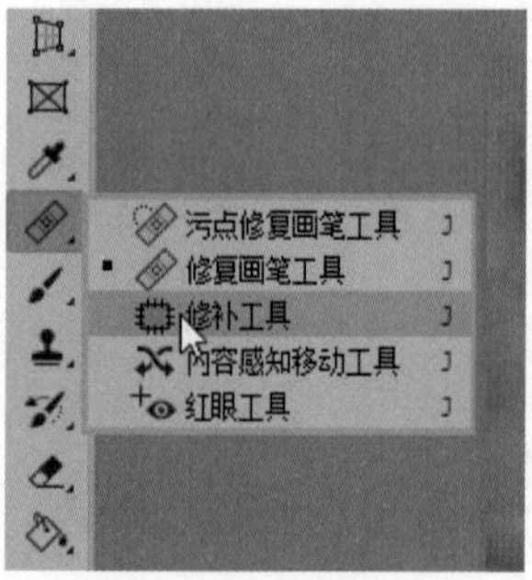

图3-71　修补工具

图3-72　修补工具应用示例

【修补工具】 的属性栏如图3-73所示，其主要参数介绍如下。

图3-73　【修补工具】属性栏

（1）选区设置

【新选区】按钮 、【添加到选区】按钮 、【从选区减去】按钮 和【与选区交叉】按钮 的功能与【选框】工具属性栏中相应按钮的功能相同，这里不再重复。

（2）【源】选项

将用图像中指定位置的图像来修复选区内的图像，即将鼠标指针放置在选区内，将其拖曳到用来修复图像的指定区域，释放鼠标左键后会自动用指定区域的图像来修复选区内的图像。

（3）【目标】选项

将用选区内的图像修复图像中的其他区域，即将鼠标指针放置在选区内，将其拖曳到需要修补的位置，释放鼠标左键后会自动用选区内的图像来修补鼠标指针停留处的图像。

（4）【透明】复选项

选择此复选项，复制的图像将产生透明效果；若不选择此复选项，则复制的图像将覆盖原来的图像。

（5）[使用图案] 按钮

创建选区后，在此按钮右侧的图案列表 [图案] 中选择一种图案类型，然后单击此按钮，可以用指定的图案修补源图像。

基础训练：使用【修补工具】

步骤解析

① 打开素材文件"素材\第3章\树.jpg"，如图3-74所示。

② 单击【修补工具】[图标]，设置【修补】参数为【内容识别】、【结构】参数为"4"，沿着左侧小树周围绘制选区，如图3-75所示。

图3-74　打开的文件

图3-75　绘制选区（1）

③ 将鼠标指针移动到选区内，按住鼠标左键向右拖曳，直到小树完全消失，如图3-76所示。释放鼠标左键后按下 Ctrl + D 组合键，这棵小树就被去除了，效果如图3-77所示。

图3-76　移动选区

图3-77　去除对象（1）

④ 使用类似的方法移动中间小树，绘制的选区如图3-78所示，效果如图3-79所示。

图3-78 绘制选区（2）

图3-79 去除对象（2）

⑤ 使用类似的方法移动右侧小树，绘制的选区如图3-80所示，效果如图3-81所示。

图3-80 绘制选区（3）

图3-81 去除对象（3）

⑥ 按 Shift + Ctrl + S 组合键保存图形。

3.3.4 内容感知移动工具

【内容感知移动工具】 如图3-82所示，常用于移动选择的图像。

选取移动区域，拖动鼠标光标释放鼠标左键后，系统会自动进行合成，生成完美的移动效果。被移动的对象会自动将影像与四周的景物融合，原始区域则会被智能填充，应用示例如图3-83所示。

图3-82 内容感知移动工具

图3-83 内容感知移动工具应用示例

【内容感知移动工具】的属性栏如图3-84所示，其主要参数介绍如下。

图3-84 **【内容感知移动工具】的属性栏**

- 【模式】下拉列表：用于设置图像在移动过程中是移动还是扩展（具有复制功能）。
- 【结构】：用于设置图像合成后结构的完美程度，取值范围为1~7。取值越大，与原图合成越完美。
- 【颜色】：用于设置图像合成颜色的协调程度，取值范围为0~10。取值越大，与原图合成的颜色越协调。

基础训练：使用【内容感知移动工具】

步骤解析

① 打开素材文件"素材\第3章\长颈鹿.jpg"，如图3-85所示。

② 选择【内容感知移动工具】 ，设置【模式】为【移动】，在需要移动的对象上拖动鼠标指针绘制选区，如图3-86所示。

图3-85 打开的文件

图3-86 绘制移动区域（1）

③ 将鼠标指针移动到选区内，按住鼠标左键将对象拖动到目标位置，将出现一个定界框，如图3-87所示。

④ 按 Enter 键完成移动操作，按 Ctrl + D 组合键去除选区，效果如图3-88所示。

图3-87 出现定界框

图3-88 移动结果（1）

⑤ 在属性栏中设置【模式】为【扩展】，继续在需要移动的对象上拖动鼠标指针绘制选区，如图3-89所示。

⑥ 将鼠标光标移动到选区内，按住鼠标左键将对象拖动到目标位置，按 Enter 键完成移动操作，按 Ctrl + D 组合键去除选区，可以看到在新选区内完成了对象的复制，效果如图3-90所示。

图3-89　绘制移动区域（2）　　　　　　图3-90　移动结果（2）

3.3.5　红眼工具

【红眼工具】 如图3-91所示。在夜晚或光线较暗的房间里拍摄人物照片时，由于视网膜的反光作用，往往会出现"红眼"现象。

利用【红眼工具】 可以迅速地修复红眼，应用示例如图3-92所示。

图3-91　红眼工具　　　　　　图3-92　红眼工具应用示例

【红眼工具】 的属性栏如图3-93所示，其主要参数介绍如下。

图3-93　【红眼工具】属性栏

- 【瞳孔大小】选项：用于增大或减小受红眼工具影响的区域。
- 【变暗量】选项：用于设置校正的暗度。

基础训练：使用【红眼工具】

步骤解析

① 打开素材文件"素材\第3章\猫.jpg"，如图3-94所示。

② 利用 [🔍] 工具将猫眼部区域放大显示，如图3-95所示。

③ 选取 [📷] 工具，将属性栏中的【变暗量】设置为"1%"。

图3-94　打开的图片

图3-95　放大图形

④ 将鼠标光标移动到眼部位置后单击鼠标左键后即可修复红眼，效果如图3-96所示。

⑤ 移动鼠标光标至另一只眼球位置单击鼠标左键，即可将另一只眼的红眼修复，修复效果如图3-97所示。

图3-96　修复结果（1）

图3-97　修复结果（2）

⑥ 按 Shift + Ctrl + S 组合键保存文件。

3.4 图章工具

图章工具包括【仿制图章工具】[📷] 和【图案图章工具】[📷]，通过在图像中选择印制点或设置图案，对图像进行复制。

要点提示

　　【仿制图章工具】[📷] 和【图案图章工具】[📷] 的快捷键为 S 键，反复按 Shift + S 组合键可以实现这两种图章工具间的切换。

3.4.1 　仿制图章工具

【仿制图章工具】，如图3-98所示，它可以将图像的一部分通过涂抹方式"复制"到图像的另一个位置上。该工具常用来去除水印、去除图像背景上的杂物及填补图像空白等，其应用示例如图3-99所示。

图3-98　仿制图章工具

图3-99　仿制图章工具应用示例

【仿制图章工具】的操作方法与【修复画笔工具】相似，按住 Alt 键，在图像中要复制的部分单击鼠标左键，即可取得这部分作为样本，在目标位置处单击鼠标左键或拖曳鼠标光标，即可将取得的样本复制到目标位置。

【仿制图章工具】的属性栏如图3-100所示，其主要参数介绍如下。

图3-100　【仿制图章工具】的属性栏

- 【模式】下拉列表：在此下拉列表中可设置复制图像与原图像混合的模式。
- 【不透明度】下拉列表：设置复制图像的不透明度。
- 【流量】下拉列表：决定画笔在绘画时的压力大小。
- 喷枪工具：可以使画笔模拟喷绘的效果。
- 【对齐】复选项：选择此复选项后将进行规则复制，即定义要复制的图像后，几次拖曳鼠标光标，得到的是一个完整的原图图像；若不选择【对齐】复选项，则进行不规则复制，即如果多次拖曳鼠标光标，每次从鼠标光标落点处开始复制定义的图像，拖曳鼠标光标复制与之相对应位置的图像，最后得到的是多个原图图像。

✦ 要点提示

在使用仿制图章工具时，十字星图标显示的是取样点位置，圆形图标显示的是覆盖点位置，如图3-101所示。经常会出现绘制出重叠图像的效果，如图3-102所示。这是因为选取样本的位置太接近要修复的区域，可以重新选取样本，然后再进行修复操作。

图3-101　取样点与覆盖点

图3-102　重叠图像

✦✦ 要点提示

　　执行【窗口】/【仿制源】命令，打开【仿制源】面板，如图3-103所示，通过该面板可以调整选取对象的大小、角度等参数。选取图3-104中的两个气球对象，按照图3-105所示设置参数，仿制结果如图3-106所示。

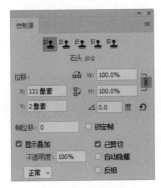

图3-103　【仿制源】面板（1）

图3-104　修复前图形

图3-105　【仿制源】面板（2）

图3-106　修复后的结果

　　【仿制源】面板中主要参数的用法介绍如下。

- 仿制源按钮 ▣：激活该按钮，按住Alt键的同时使用图章工具或图像修复工具在图像中单击鼠标左键，可以设置取样点。单击下一个仿制源按钮 ▣，还可以继续取样。

- 【位移】：指定x轴或y轴的像素位移，可以在相对于取样点位置的精确位置进行仿制。
- 【W/H】：输入W（宽度）或H（高度）值，可以缩放所仿制的源。
- 旋转 ⊿：输入旋转角度，旋转所仿制的源。
- 水平翻转按钮 🔲 /垂直翻转按钮 🔲：单击 🔲 或 🔲 按钮可以水平或垂直翻转仿制源。
- 复位变换按钮 🔄：将W/H值、角度值和翻转方向等恢复到默认值。
- 【帧位移】/【锁定帧】：在【帧位移】文本框中输入帧数可以使用与初始取样的帧相关的特定帧进行仿制。输入正值时，要使用的帧在初始选取的帧之后；输入负值时，要使用的帧在初始选取的帧之前。选择【锁定帧】复选项，则总是使用初始选取的相同帧进行仿制。
- 【显示叠加】：选中该复选项并设置叠加方式后，可以在使用图章工具或修复工具时更好地查看叠加效果。【不透明度】参数用来设置叠加图像的不透明度，【自动隐藏】复选项可以在应用绘画描边时隐藏叠加，【已剪切】复选项可剪切叠加效果，底部的下拉列表可以设置叠加的外观，【反相】可以反相叠加中的颜色。

3.4.2　图案图章工具

【图案图章工具】 🔲 如图3-107所示，该工具不能复制图像中的内容，而是将定义的图案复制到图像文件中。

使用时需先定义图案，并在属性栏中选择定义的图案，然后在图像文件中按住鼠标左键拖曳鼠标光标，即可复制定义的图案，其应用示例如图3-108所示。

图3-107　图案图章工具

图3-108　图案图章工具应用示例

在工具箱中选择 🔲 工具，其属性栏如图3-109所示。🔲 工具的选项与 🔲 的相似，下面只介绍不同的内容。

图3-109　【图案图章工具】属性栏

- 【图案】下拉列表：单击此下拉列表，弹出【图案】面板，在此面板中可选择用于复制的图案。
- 【对齐】复选项：选择此复选项后，可以保持图案与原始起点的连续性，即使多次单击鼠标左键也不受影响。取消选择该复选项后，每次单击鼠标左键将重新应用图案，图案会相互重叠且杂乱，其应用对比效果如图3-110和图3-111所示。

图3-110　选择【对齐】复选项的效果

图3-111　未选择【对齐】复选项的效果

- 【印象派效果】复选项：选择此复选项，可以绘制随机产生的印象色块效果。

基础训练：图案设计

步骤解析

① 打开素材文件"素材/第3章/图案.jpg"，如图3-112所示。

② 执行【编辑】/【定义图案】命令，弹出如图3-113所示的【图案名称】对话框，单击 确定 按钮，将该图片定义为"图案"。

图3-112　打开的图案

图3-113　【图案名称】对话框

要点提示

在定义图案之前，也可以绘制矩形选区来选择要定义的图案。在绘制选区时，属性栏中的【羽化】值必须为"0 像素"，否则，【定义图案】命令不可用。

③ 打开素材文件"素材/第3章/布料02.jpg"，如图3-114所示。

④ 选取 🔲 工具，确认属性栏中未选择【连续】复选项，将鼠标指针移动到红色背景位置单击，将红色背景区域全部选中，如图3-115所示。

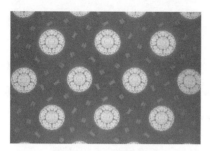

图3-114 打开的文件

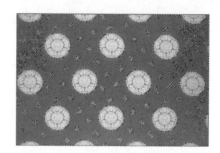

图3-115 选中红色区域

⑤ 执行【图像】/【调整】/【色相/饱和度】命令，在弹出的【色相/饱和度】对话框中设置选项参数如图3-116所示。

⑥ 单击 确定 按钮，修改图像的背景颜色，然后按 Ctrl + D 组合键去除选区，结果如图3-117所示。

图3-116 【色相/饱和度】对话框

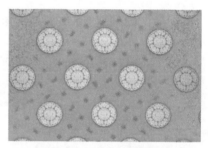

图3-117 修改背景颜色

⑦ 选择【图案图章工具】，单击属性栏中的【图案】下拉列表，在弹出的【图案】面板中选择图3-118所示的图案，然后选择属性栏中的【对齐】复选项。

⑧ 在属性栏的【模式】下拉列表中选择【柔光】选项，然后设置合适的画笔直径后，在画面中按下鼠标左键并拖曳鼠标光标复制图案，最终效果如图3-119所示。

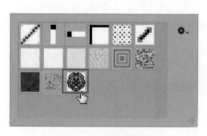

图3-118 选择的图案

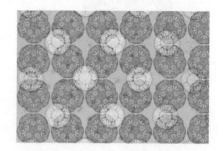

图3-119 最终图案效果

3.5 历史记录工具

历史记录工具包括【历史记录画笔工具】和【历史记录艺术画笔工具】。历史记录画笔工具的主要功能是恢复图像；历史记录艺术画笔工具的主要功能是用不同的色彩和艺术风格模拟绘画的纹理,对图像进行处理。

3.5.1 历史记录画笔工具

画笔工具以"前景色"为颜料来绘图,而历史记录画笔工具则以"历史记录"为原料进行绘图。

【历史记录画笔工具】如图3-120所示,它是一个恢复图像历史记录的工具,可以将编辑后的图像恢复成【历史记录】面板中设置的历史恢复点对应的图像。

执行【窗口】/【历史记录】命令,打开【历史记录】面板,在想要作为绘制内容的步骤前单击,出现 符号后即可完成历史记录的设定,如图3-121所示。

图3-120 历史记录画笔工具　图3-121 【历史记录】面板

✨ **要点提示**

设定历史记录后,选择 工具,在属性栏中设置好笔尖大小、形状和【历史记录】面板中的历史恢复点,将鼠标光标移动到图像文件中按下鼠标左键拖曳,即可将图像恢复至历史恢复点所在位置时的状态。注意,使用此工具之前,不能对图像文件进行图像大小的调整。

【历史记录画笔工具】的属性栏如图3-122所示。这些选项在前面介绍其他工具时已经全部讲过了,此处不再重复。

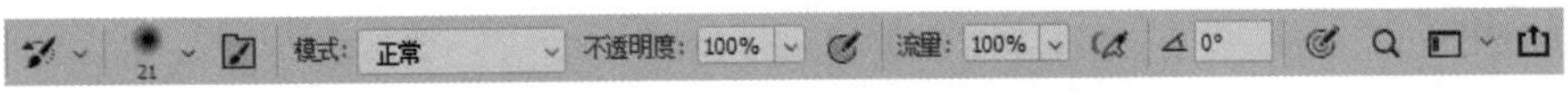

图3-122 【历史记录画笔工具】的属性栏

3.5.2 历史记录艺术画笔工具

【历史记录艺术画笔工具】 可以将选定的历史记录状态作为源数据,然后以一定的"艺术效果"对图像进行修改。

利用【历史记录艺术画笔工具】 可以给图像加入绘画风格的艺术效果,表现出一种画笔的笔触质感。选取此工具,在图像上拖曳鼠标光标即可完成非常漂亮的艺术图像制作。

【历史记录艺术画笔工具】的属性栏如图3-123所示，其主要参数介绍如下。

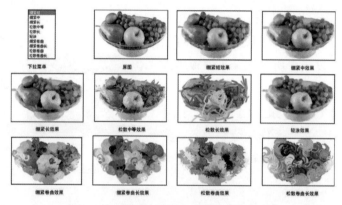

图3-123 【历史记录艺术画笔工具】的属性栏

· 【样式】下拉列表：设置历史记录艺术画笔工具的艺术风格。选择各种艺术风格选项，绘制的图像效果如图3-124所示。

图3-124 选择不同的样式产生的不同效果

· 【区域】文本框：指应用历史记录艺术画笔工具所产生艺术效果的感应区域。数值越大，产生艺术效果的区域越大；反之，产生艺术效果的区域越小。

· 【容差】下拉列表：限定原图像色彩的保留程度。数值越大，图像色彩与原图像越接近。

基础训练：制作油画效果

本例将灵活运用历史记录艺术画笔工具把图像制作成油画效果。

步骤解析

① 打开素材文件"素材/第3章/人物01.jpg"，如图3-125所示。

② 按 Ctrl + J 组合键，将"背景"层通过复制生成"图层 1"，如图3-126所示。

图3-125 打开素材

图3-126 新建图层

③ 选取 工具，设置其属性栏中的选项及参数如图3-127所示。

图3-127　【历史记录艺术画笔】工具的属性栏

④ 在画面中按住鼠标左键拖曳鼠标光标，将画面描绘成图3-128所示的效果。

⑤ 打开素材文件"素材/第3章/笔触.jpg"，如图3-129所示。

图3-128　描绘后的画面效果

图3-129　打开的图片

⑥ 将笔触图像移动复制到"人物.jpg"文件中，生成"图层2"。

⑦ 按 Ctrl + T 组合键，为复制的图片添加自由变换框，并将其调整至图3-130所示的形态，然后按 Enter 键，确认图片的变换操作。

⑧ 在【图层】面板中将【图层混合模式】设置为【柔光】，此时的效果如图3-131所示。

图3-130　调整后的图片形态

图3-131　更改混合模式后的效果

⑨ 按 Ctrl + U 组合键，在弹出的【色相/饱和度】对话框中设置参数如图3-132所示，然后单击 确定 按钮，调整后的图像效果如图3-133所示。

图3-132　【色相/饱和度】对话框

图3-133　调整后的图像效果

⑩ 按 Shift + Ctrl + S 组合键保存文件。

3.6 综合实例

下面结合综合实例介绍绘图与修饰工具的用法。

3.6.1 合成图像

扫一扫　看视频

利用图像修复工具可以轻松修复破损或有缺陷的图像，也可以去除照片
中多余的区域。

步骤解析

① 打开素材文件"素材/第3章/花.jpg"，如图3-134所示。

⭐ 要点提示

> 下面将打开的图片定义为图案，然后填充至新建的文件中作为背景。尺寸定义的比较
> 大，图片图案在填充文件中将不完全显示；如果太小，又会显得太琐碎，因此在定义之前
> 有必要设置一下文件的尺寸。

② 执行【图像】/【图像大小】命令（快捷键为 Alt + Ctrl + I ），弹出【图像大
小】对话框，如图3-135所示。

图3-134　打开的图像

图3-135　【图像大小】对话框

③ 执行【选择】/【全部】命令（快捷键为 Ctrl + A ），将花图形选取，如图3-136
所示。

④ 执行【编辑】/【定义图案】命令，弹出图3-137所示的【图案名称】对话框，将
【名称】设置为"花朵"后单击 确定 按钮。

图3-136　全选后的选区形态

图3-137　【图案名称】对话框

⑤ 按 Ctrl + N 组合键，在弹出的【新建文档】对话框中创建【宽度】为"25厘米"、【高度】为"20厘米"、【分辨率】为"100像素/英寸"、【颜色模式】为【RGB颜色】、【背景内容】为【白色】的新文件，如图3-138所示，然后单击 **创建** 按钮。

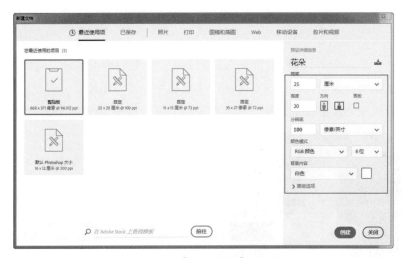

图3-138　【新建文档】对话框

⑥ 在【图层】面板中新建"图层1"。

⑦ 单击工具箱中的【图案图章】按钮 ，在其属性栏中确认选择了【对齐】复选项，单击属性栏中的 按钮，设置面板如图3-139所示。

⑧ 在属性栏中的【图案】下拉列表中选择图3-140所示刚刚创建的花朵图案。

⑨ 在新建的文件中按下鼠标左键左右拖曳鼠标光标，将定义的图案复制到画面中，复制时控制力度大小，使中部较清晰，边缘较模糊，如图3-141所示。

⑩ 在【图层】面板的右上角将【不透明度】设置为"40%"，此时的画面效果如图3-142所示。

图3-139　【笔刷】设置面板

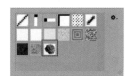

图3-140　选择图案状态

图3-141　复制到画面中的图案

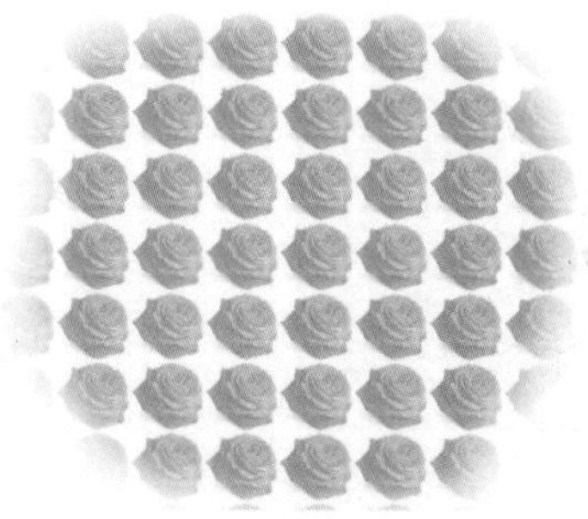

图3-142　调整不透明度后的画面效果

⑪ 单击工具箱中的 ⬛ 按钮，并设置属性栏中的参数如图3-143所示。

⬛ ∨ ● ∨ ▧ ▣ 模式：正常 ∨ 不透明度：60% ∨ ✎ 流量：100% ∨ ◺ ☑ 对齐 样本：当前图层 ∨ ▧

图3-143　仿制图章工具的属性参数设置

⑫ 按 Ctrl + O 组合键，打开素材文件"素材/第3章/人物02.jpg"，如图3-144所示。

⑬ 按住 Alt 键，将鼠标光标放置在人物面部鼻尖位置后单击鼠标左键，进行复制。

⑭ 切换到前面新建的文件，并在【图层】面板中新建"图层2"图层。

⑮ 在画面的中心位置按下鼠标左键拖曳鼠标光标，拖曳出图3-145所示的画面效果。

图3-144　打开的图片

图3-145　复制图像后的画面效果

✦ 要点提示

　　在新建的文件中拖曳鼠标光标时，在"人物02.jpg"文件中会有相对应的"＋"符号，以指定当前复制的位置。

⑯ 按 Ctrl + S 组合键保存文件。

3.6.2　面部美容

本例将灵活运用各种修复工具对人物的面部进行美容，示例如图3-146所示。

扫一扫　看视频

（a）处理前　　　　　（b）处理后

图3-146　处理结果对比

步骤解析

① 打开素材文件"素材/第3章/人物03.jpg"。

② 选取 🔍 工具，在人物面部的左上角位置按下鼠标左键并向右下方拖曳鼠标光标，将人物面部的图像局部放大显示。

③ 选取【污点修复画笔工具】 ✎ ，将鼠标光标移动到面部图3-147所示的痘痘位置后单击鼠标左键，将面部的痘痘擦除，效果如图3-148所示。

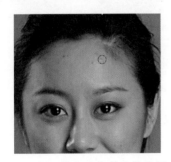

图3-147　鼠标光标单击的位置　　　**图3-148　修复后的效果（1）**

④ 按 [键或] 键可以快速地减小或增大 ✎ 工具的笔头。设置适当大小的笔头后，继续利用 ✎ 工具将人物面部中的痘痘擦除，效果如图3-149所示。

⑤ 利用【多边形套索】工具 ⅋ ，在眼睛的下方位置绘制出图3-150所示的选区。

图3-149　修复后的效果（2）　　　**图3-150　绘制的选区**

⑥ 选取【修补工具】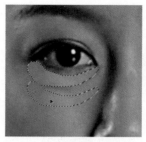
性栏中选择了【源】选项，将鼠标光标
移动到选区内按住鼠标左键向下拖动，
即可用下方的图像替换选区内的图像，
如图3-151所示。

⑦ 随后目标位置图像覆盖选区的
图像，效果如图3-152所示。按 Ctrl +
D 组合键，将选区去除。

图3-151　移动选区时的　　图3-152　修复后的效
　　　　　 状态　　　　　　　　　 果（3）

⑧ 选取【修复画笔工具】 ，在属性栏中选择【取样】选项，然后按住 Alt 键，将
鼠标光标移动到图3-153所示的位置后单击鼠标左键，设置取样点。

⑨ 释放 Alt 键，在眼睛下方的位置按下鼠标左键并拖曳鼠标光标，修复眼袋，修复状
态及修复后的效果如图3-154所示。

图3-153　鼠标光标单击的位置

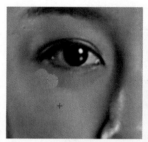

图3-154　修复眼袋时的状态及效果

⑩ 用与步骤⑤～⑨相同的方法对人物右侧眼袋进行修复，在修复过程中根据需要随
时设置取样点，修复后的效果如图3-155所示。

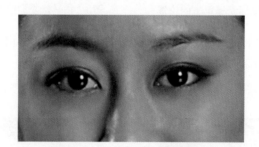

图3-155　修复后的效果（4）

⑪ 单击【图层】面板下方的  按钮，在弹出的列表中选择【曲线】命令，弹出【属
性】面板，将鼠标指针移动到曲线显示框中曲线的中间位置按下鼠标左键并稍微向上拖
曳，即可对图像进行亮度调整，此时的曲线形态及调亮后的画面效果分别如图3-156和图
3-157所示。

图3-156 调整曲线形态

图3-157 调整效果

⑫ 单击【图层】面板下方的 ▣ 按钮，为调整层添加图层蒙版，然后将前景色设置为黑色，并利用 ✐ 工具沿除皮肤以外的图像拖曳鼠标光标，恢复其之前的色调，涂抹后的【图层】面板及最终的效果如图3-158和图3-159所示。

图3-158 添加蒙版并调整色调

图3-159 最终效果

⑬ 按 Shift + Ctrl + S 组合键保存设计文件。

习题

① 画笔工具是使用什么颜色来绘图的？

② 设置铅笔工具的硬度参数大小有没有实际意义？

③ 在使用颜色替换工具时，设置容差参数有什么重要意义？

④ 简要说明修复画笔工具的用途。

⑤ 简要说明仿制图章工具与图案图章工具的异同。

第 **4** 章

图层管理和
辅助工具

图层是利用Photoshop CC 2020进行图形绘制和图像处理的基础。灵活地运用图层还可以提高作图效率，并且可以制作出很多意想不到的特殊艺术效果。灵活使用裁剪、切片及吸管等工具可以为设计带来更大的便利。

4.1 图层及其应用

图层是Photoshop CC 2020工作的基础，也是一切操作的载体。简单地说，图层就是在Photoshop CC 2020中分层显示图像。

4.1.1 图层的基本知识

4.1.1.1 图层的应用

要在纸上绘制一幅图画，首先要在纸上绘制出背景（这个背景是不透明的），然后在纸的上方添加一张透明纸绘制主要内容，再继续添加透明纸绘制其余图形。

绘制完成后，通过纸的透明区域可以看到下层的图形，从而得到一幅完整的作品。这个绘制过程与Photoshop绘制图形的过程类似，添加的每一张纸就相当于一个图层。

> ⚡ **要点提示**
>
> 在绘制图画的每一部分之前，都要在纸的上方添加一张完全透明的纸，然后在添加的透明纸上绘制新的图形。

图层原理说明图如图4-1所示。

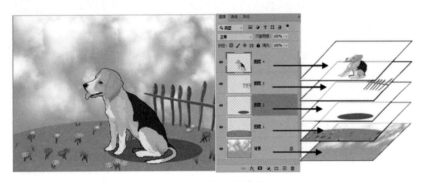

图4-1　图层原理说明图

4.1.1.2 使用图层的原因

在图层模式下绘图极为方便，如果要在画面中添加新的元素，可以新建一个空白图层，然后在新建的图层上绘制新内容。新创建的图层不但可以灵活移动位置，还可以在不影响其他图层的情况下编辑其上的内容。

为了方便图层操作，图层之间还可以进行"混合"，例如降低上方图层的不透明度，就可以更加清晰地看到下方图层上的内容。

回到上面的例子。在绘制一幅图画时，当全部绘制完成后，突然发现草地效果不太合适，如果没有采用分层绘制，则只能选择重新绘制这幅作品，这种修改非常麻烦。如果采用分层绘制，遇到这种情况就不必重新绘制了，只需找到绘制草地图形的透明纸（图层），将其拿掉，然后重新添加一张透明纸，绘制一幅合适的草地图形，放到刚才拿掉纸张的位置即可，这样可以大大节省绘图时间。

> ✨ 要点提示
>
> 此外，还可以在一个图层中随意拖动、复制和粘贴图形，并能对图层中的图形制作各种特效，而这些操作都不会影响其他图层中的图形。

4.1.1.3 【图层】面板

【图层】面板主要用于管理图像文件中的所有图层、图层组和图层效果。

在【图层】面板中可以方便地调整图层的混合模式和不透明度，并可以快速地创建、复制、删除、隐藏、显示、锁定、对齐或分布图层。

新建图像文件后，默认的【图层】面板如图4-2所示。

图4-2　【图层】面板

- 【图层面板菜单】按钮 ▤：单击右上角此按钮，可弹出图层下拉菜单，如图4-3所示。
- 图层过滤 ：用于筛选特定类型的图层和查找图层。在左侧的下拉列表中选择筛选方式，在右侧可以选择特殊的筛选条件（用鼠标指针指向这些图标将显示过滤类型），单击右侧的 ● 按钮可以启用或关闭该功能。
- 【图层混合模式】下拉列表：用于设置当前图层中的图像与下面图层中的图像以何种模式进行混合。
- 【不透明度】：用于设置当前图层中图像的不透明程度，数值越小，图像越透明；数值越大，图像越不透明。
- 【锁定透明像素】按钮 ▨：单击此按钮，可使当前层中的透明区域保持透明。
- 【锁定图像像素】按钮 ✏：单击此按钮，在当前图层中不能进行图形绘制及其他命令操作。
- 【锁定位置】按钮 ✜：单击此按钮，可以将当前图层中的图像锁定不被移动。
- 【防止在画板和画框内外自动嵌套】按钮 ▧：防止对象在画板内外自动嵌套。
- 【锁定全部】按钮 🔒：单击此按钮，在当前层中不能进行任何编辑修改操作。

图4-3　图层菜单

- 【填充】下拉列表：用于设置图层中图形填充颜色的不透明度。
- 【指定图层可见性】图标 ：   表示此图层处于可见状态。单击此图标，图标中的眼睛将被隐藏，表示此图层处于不可见状态。
- 图层缩览图 ：用于显示本图层的缩略图，它随着该图层中图像的变化而随时更新，以便用户在进行图像处理时参考。
- 图层名称：显示各图层的名称。

在【图层】面板底部有7个按钮，下面分别对其进行介绍。

- 【链接图层】按钮 ：通过链接两个或多个图层，可以一起移动链接图层中的内容，也可以对链接图层执行对齐与分布及合并图层等操作。
- 【添加图层样式】按钮 ：可以对当前图层中的图像添加各种样式效果。
- 【添加图层蒙版】按钮 ：可以给当前图层添加蒙版。如果先在图像中创建适当的选区，再单击此按钮，可以根据选区范围在当前图层上建立适当的图层蒙版。
- 【创建新的填充或调整图层】按钮 ：可在当前图层上添加一个调整图层，对当前图层下边的图层进行色调、明暗等颜色效果调整。
- 【创建新组】按钮 ：可以在【图层】面板中创建一个图层组。图层组类似于文件夹，管理和查询图层，在移动或复制图层时，图层组里面的内容可以同时被移动或复制。
- 【创建新图层】按钮 ：可在当前图层上创建新图层。
- 【删除图层】按钮 ：可将当前图层删除。

4.1.2　常用的图层类型

在【图层】面板中包含多种图层类型，每种类型的图层都有不同的功能和用途。利用不同的类型可以创建不同的效果，它们在【图层】面板中的显示状态也不同。

图层类型说明图如图4-4所示。

图4-4　图层类型说明图

4.1.2.1 背景层

背景层相当于绘画中最下方不透明的纸。在Photoshop CC 2020中，一个图像文件中只有一个背景图层，它可以与普通图层进行相互转换，但无法交换堆叠次序。

> ✨ **要点提示**
>
> 如果当前图层为背景图层，执行【图层】/【新建】/【背景图层】命令，或者在【图层】面板的背景图层上双击鼠标左键，便可以将背景图层转换为普通图层。

4.1.2.2 普通层

普通层相当于一张完全透明的纸，是Photoshop CC 2020中最基本的图层类型。单击【图层】面板底部的 □ 按钮，或者执行【图层】/【新建】/【图层】命令，即可在【图层】面板中新建一个普通图层。

4.1.2.3 文本层

在文件中创建文字后，【图层】面板中会自动生成文本层，其缩览图显示为 T 图标。当对输入的文字进行变形后，文本图层将显示为变形文本图层，其缩览图显示为 🖋 图标。

4.1.2.4 形状层

使用工具箱中的矢量图形工具在文件中创建图形后，【图层】面板会自动生成形状图层。当执行【图层】/【栅格化】/【形状】命令后，形状图层将被转换为普通图层。

4.1.2.5 效果层

为普通图层应用图层效果（如阴影、投影、发光、斜面、浮雕及描边等）后，右侧会出现一个 fx （效果层）图标，此时这一图层就是效果图层。

> ✨ **要点提示**
>
> 背景图层不能转换为效果图层。单击【图层】面板底部的 fx 按钮，在弹出的菜单中选择任意一个选项，即可创建效果图层。

4.1.2.6 填充层和调整层

填充层和调整层是用来控制图像颜色、色调、亮度及饱和度等的辅助图层。单击【图层】面板底部的 ◐ 按钮，在弹出的菜单中选择任意一个选项，即可创建填充图层或调整图层。

4.1.2.7 蒙版层

蒙版层是加在普通图层上的一个遮盖层，通过创建图层蒙版来隐藏或显示图像中的部分或全部。在图像中，图层蒙版中颜色的变化会使其所在图层的相应位置产生透明效果。

与蒙版的白色部分相对应图层中的图像不产生透明效果,与蒙版的黑色部分相对应图层中的图像完全透明,与蒙版的灰色部分相对应图层中的图像根据其灰度产生相应程度的透明效果。

4.1.3 常用图层类型的转换

为了方便编辑和制作图像,很多常用图层可以互相转换。

4.1.3.1 背景层转换为普通层

在【图层】面板中选择背景层,执行【图层】/【新建】/【背景图层】命令,或者在【图层】面板中双击背景层,弹出【新建图层】对话框,如图4-5所示。在该对话框中进行适当的设置后单击 确定 按钮,即可将背景层转换为普通层。

图4-5 【新建图层】对话框

- 【名称】文本框:设置转换后普通层使用的名称。
- 【颜色】下拉列表:设置该层在【图层】面板中以什么颜色显示。

【颜色】下拉列表中设置的颜色对图像本身不产生影响,只是用来在【图层】面板显著标识某一图层,或者利用各种颜色对图层进行分类。对于一般的图层,在【图层】面板中要设置的图层上单击鼠标右键,在弹出的快捷菜单中选择【图层属性】命令,就可以在弹出的【图层属性】对话框中设置该层的颜色。

- 【模式】下拉列表:设置转换后图层的模式,该选项决定当前图层与下方图层以什么方式进行结合显示。
- 【不透明度】下拉列表:该下拉列表用于设置转换后图层的不透明度。

4.1.3.2 普通层转换为背景层

要将一个普通层转换为背景层,首先要确认当前图像中没有背景层,因为一个图像文件中只能有一个背景层。

选择要转换的普通层,执行【图层】/【新建】/【背景图层】命令,即可将当前普通层转换为背景层。

4.1.3.3 文字层转换为普通层

如果当前图层为文字层,很多命令将不能使用,例如菜单栏中的【滤镜】命令等。如果要使用这些命令和功能就需要先将文字层转换为普通层。

在Photoshop CC 2020中将一些特殊的图层（如文字层、填充层、图形层及智能对象层等）转换为普通可编辑内容图层的过程，称为栅格化。

选择要进行栅格化的文字层，执行【图层】/【栅格化】/【文字】命令，即可将当前文字层转换为普通层。

4.1.3.4 其他图层转换为普通层

执行【图层】/【栅格化】命令，可以看到除了【文字】命令外，还有【形状】【填充内容】【矢量蒙版】【智能对象】【视频】【3D】和【图层样式】等命令，利用这些命令可以将形状层、填充层、矢量蒙版层、智能对象层、视频层、3D图层及样式层转换为普通层。

- 执行【图层】/【栅格化】/【图层】命令，可以将当前被选择的图层转换为普通层，但不转换图层效果。
- 执行【图层】/【栅格化】/【所有图层】命令，可以将当前文件中的图层全部转换为普通层。

基础训练：图层模式的应用

【图层】面板中的图层混合模式及其他相关面板中的【模式】选项，在图像处理及效果制作中被广泛应用，特别是在多个图像合成方面更有其独特的作用及灵活性。

步骤解析

① 打开素材文件"素材/第4章/抱枕.jpg"，如图4-6所示。

② 选取 工具，将鼠标指针移动到画面的深色背景处单击添加选区，执行【选择】/【反向】命令（或按 Shift + Ctrl + I 组合键），将选区反选，如图4-7所示。

图4-6　打开的文件　　　　　　图4-7　反选后的选区

③ 执行【图层】/【新建】/【通过剪切的图层】命令，如图4-8所示，将选区内的图像通过剪切生成新的图层"图层1"，如图4-9所示。

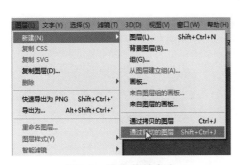

图4-8 执行菜单命令

图4-9 生成图层

④ 按 D 键,将工具箱中的前景色和背景色设置为默认的黑色和白色,然后单击 🔁
按钮将背景色设置为黑色。在【图层】面板中单击"背景"层,将其设置为工作层。

⑤ 执行【编辑】/【填充】命令,打开【填充】对话框,使用背景色填充图层,如图
4-10所示,然后单击 确定 按钮,此时的【图层】面板如图4-11所示,填充结果如图4-12
所示。

图4-10 【填充】对话框

图4-11 填充黑色

⑥ 单击"图层 1",将其设置为工作层。

⑦ 打开素材文件"素材/第4章/草地.jpg",如图4-13所示。

图4-12 填充黑色后的效果

图4-13 打开的文件

⑧ 选取  工具，将鼠标指针移动到"草地"文件中，按下鼠标左键并将其拖曳到"抱枕.jpg"文件中，此时的【图层】面板如图4-14所示。

⑨ 在【图层】面板的【图层混合模式】下拉列表中选择【正片叠底】选项，如图4-15所示，得到的效果如图4-16所示。

图4-14　创建"图层2"　　　　　　　　图4-15　设置图层混合模式

⑩ 执行【编辑】/【自由变换】命令（或按 Ctrl + T 组合键），为图形添加自由变形框，调整图像的大小及位置，按 Enter 键完成，最终效果如图4-17所示。

图4-16　设置图层混合模式后的效果　　　图4-17　图像调整后的大小及位置

⑪ 按 Shift + Ctrl + S 组合键，保存文件。

4.1.4　图层的基本操作

在Photoshop CC 2020中图层非常重要，它的灵活性是其重要的优势之一，用户可以方便地对图层进行创建、移动、复制及删除等操作。

4.1.4.1　新建图层

下面通过实例的形式来详细讲解新建图层的方法。

基础训练：新建图层

步骤解析

① 执行【图层】/【新建】命令，弹出图4-18所示的【新建】子菜单。

② 当选择【图层】命令时，系统将弹出图4-19所示的【新建图层】对话框。在此对话框中，用户可以对新建图层的颜色、模式和不透明度进行设置。

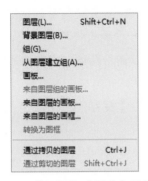

图4-18 【图层】/【新建】子菜单

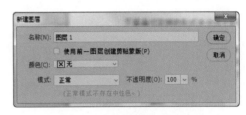

图4-19 【新建图层】对话框

③ 当选择【背景图层】子命令时，可以将背景图层改为一个普通图层，随后菜单中的【背景图层】命令会变为【图层背景】命令；选择【图层背景】命令，可以将当前图层更改为背景图层。

④ 当选择【组】命令时，将弹出【新建组】对话框，在此对话框中可以创建图层组。

⑤ 当在【图层】面板中选择除背景层外的图层时，【从图层建立组】命令才可用，选择此命令可以新建一个图层组，并将当前选择的图层放置在新建的图层组中。

⑥ 选择【通过拷贝的图层】命令，可以将当前画面选区中的图像通过复制生成一个新的图层，且原画面不会被破坏。

⑦ 选择【通过剪切的图层】命令，可以将当前画面选区中的图像通过剪切生成一个新的图层，而原画面被破坏。

4.1.4.2 复制图层

常用的复制图层的方法有以下3种。

（1）利用【图层】面板中的工具按钮复制

在【图层】面板中，将要复制的图层拖曳至下方的 回 按钮上，释放鼠标左键，即可在当前层的上方复制该图层，使之成为该图层的拷贝层。

在复制过程中如果按下 Alt 键，会弹出【复制图层】对话框，如图4-20所示。

图4-20 【复制图层】对话框

（2）利用【图层】面板中的右键命令复制

在【图层】面板中选择要复制的图层，单击鼠标右键（不要在缩览图上单击鼠标右键，否则弹出的快捷菜单中没有复制该层的命令），在弹出的快捷菜单中选择【复制图层】命令，弹出【复制图层】对话框。

- 【为】文本框：用来输入新复制图层的名称。
- 【文档】下拉列表：该下拉列表中显示当前打开的所有图像文件名称及一个【新建】选项。选择一个图像文件名称，可以将新复制的图层复制至选定的图像文件中；选择【新建】选项，可以将新复制的图层作为一个新文件单独创建，选择【新建】选项后，【名称】文本框显示为可用状态，可以输入新创建文件的名称。

（3）利用菜单命令复制

在【图层】面板中选择要复制的图层，执行【图层】/【复制图层】命令，弹出【复制图层】对话框。

4.1.4.3 调整图层堆叠顺序

图层的堆叠顺序决定图层内容在画面中的前后位置，即图层中的图像是出现在其他图层的前面还是后面。图层的堆叠顺序不同，产生的图像合成效果也不相同。调整图层堆叠顺序的方法主要有以下两种。

（1）拖动鼠标指针调整

在【图层】面板中要调整堆叠顺序的图层上按下鼠标左键，向上或向下拖曳鼠标指针，将出现一个矩形框跟随鼠标指针移动，将其拖动到适当位置后释放鼠标左键，即可将工作层调整至相应的位置。

（2）利用菜单命令调整

执行【图层】/【排列】命令，将弹出图4-21所示的【排列】子菜单。选择相应的子命令，也可以调整图层的堆叠顺序，各种排列命令的功能介绍如下。

图4-21　【图层】/【排列】子菜单

- 【置为顶层】命令：可以将工作层移动至【图层】面板的最顶层，快捷键为 Shift + Ctrl +]。
- 【前移一层】命令：可以将工作层向前移动一层，快捷键为 Ctrl +]。
- 【后移一层】命令：可以将工作层向后移动一层，快捷键为 Ctrl + [。
- 【置为底层】命令：可以将工作层移动至【图层】面板除背景层外的最底层，即背景层的上方，快捷键为 Shift + Ctrl + [。
- 【反向】命令：当在【图层】面板中选择多个图层时，选择此命令，可以将当前选择的图层反向排列。

4.1.4.4 删除图层

常用的删除图层的方法有以下3种。

（1）利用【图层】面板中的工具按钮删除

在【图层】面板中选择要删除的图层，单击【图层】面板下方的【删除图层】按钮  ，弹出图4-22所示的提示框，单击 **是(Y)** 按钮，即可将该图层删除。若在提示框中选择【不再显示】复选项，则以后单击 按钮时不再弹出提示框。

图4-22 提示对话框

（2）利用【图层】面板中的工具按钮直接删除

在【图层】面板中直接拖曳要删除的图层至【删除图层】按钮 上，松开鼠标左键，可直接删除该图层。

（3）利用菜单命令删除

在【图层】面板中选择要删除的图层，执行【图层】/【删除】命令，在弹出的子菜单中有以下两个子命令。

- 选择【图层】命令，可将当前被选择的图层删除。
- 选择【隐藏图层】命令，可将当前图像文件中的所有隐藏图层全部删除。这一命令一般用于图像制作完毕后，将一些不需要的图层进行删除。

4.1.4.5 对齐图层和分布图层

对齐和分布命令在绘图过程中经常用到，它们可以将指定的内容在水平或垂直方向上按设置的方式对齐和分布。

【图层】菜单中的【将图层与选区对齐】和【分布】命令与工具箱中【移动】工具属性栏中的对齐和分布按钮的作用相同。

（1）对齐图层

当【图层】面板中至少有两个同时被选择的图层时，图层的【将图层与选区对齐】命令才可用。执行【图层】/【将图层与选区对齐】命令，将弹出图4-23所示的【将图层与选区对齐】子菜单。执行其中的相应命令，可以将选择的图像分别进行顶边对齐、垂直居中对齐、底边对齐、左边对齐、水平居中对齐和右边对齐。

图4-23 【将图层与选区对齐】子菜单

（2）分布图层

在【图层】面板中至少有3个同时被选择的图层，且未选中背景图层时，图层的【分布】命令才可用。执行【图层】/【分布】命令，将弹出图4-24所示的【分布】子菜单。执行相应的命令，可以将选择的图像按顶边、垂直居中、底边、左边、水平居中、右边、水平或垂直进行分布。

4.1.4.6 图层的合并

在复杂实例的制作过程中，一般将已经确定不需要再调整的图

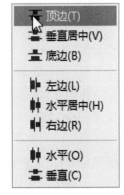

图4-24 【分布】子菜单

层合并，这样有利于后续的操作。当图层数量较多时，图层的合并命令主要包括【合并图层】【合并可见图层】和【拼合图像】。

- 执行【图层】/【合并图层】命令，可以将当前工作图层与其下面的图层合并。在【图层】面板中，如果有与当前图层链接的图层，此命令将显示为【合并链接图层】，执行此命令可以将所有链接的图层合并到当前工作图层中。如果当前图层是序列图层，那么执行此命令可以将当前序列中的所有图层合并。
- 执行【图层】/【合并可见图层】命令，可以将【图层】面板中所有的可见图层合并，并生成【背景】图层。
- 执行【图层】/【拼合图像】命令，可以将【图层】面板中的所有图层拼合，拼合后的图层成为【背景】图层。

4.1.5 图层样式

利用图层样式可以对图层中的图像快速应用效果，通过【图层样式】对话框还可以快速地查看和修改各种预设的样式效果，为图像添加阴影、发光、浮雕、颜色叠加、图案和描边等各种特效。

为文字添加图层样式后的示例如图4-25所示。

（a）原文字　　　　　（b）添加样式后的效果　　　（c）添加样式后的【图层】面板

图4-25　为文字添加样式后的效果

4.1.5.1 图层样式命令

执行【图层】/【图层样式】/【混合选项】命令，弹出【图层样式】对话框，如图4-26所示。左侧是【样式】选项区，用于选择要添加的样式类型，右侧是参数设置区，用于设置各种样式的参数及选项。

（1）【斜面和浮雕】

通过设置【斜面和浮雕】选项，可以使工

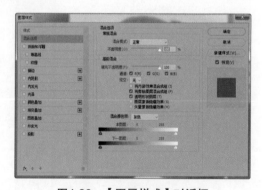

图4-26　【图层样式】对话框

作层中的图像或文字产生各种样式的斜面浮雕效果，同时选择【纹理】选项，然后在【图案】下拉列表中选择应用于浮雕效果的图案，还可以使图形产生各种纹理效果，利用此选项添加的浮雕效果如图4-27所示。

（2）【描边】

通过设置【描边】选项可以为工作层中的内容添加描边效果，描绘的边缘可以是一种颜色，也可以是一种渐变色或图案。为图形描绘紫色边缘的效果如图4-28所示。

图4-27 浮雕效果

图4-28 描边效果

（3）【内阴影】

通过设置【内阴影】选项可以在工作层中的图像边缘向内添加阴影，从而使图像产生凹陷效果。在右侧的参数设置区中可以设置阴影的颜色、混合模式、不透明度、光源照射的角度、阴影的距离和大小等参数。利用此选项添加的内阴影效果如图4-29所示。

（4）【内发光】

在右侧的参数区中可以设置内发光的混合模式、不透明度、添加的杂色数量、发光颜色（或渐变色）、扩展程度、大小和品质等。利用此选项添加的内发光效果如图4-30所示。

图4-29 内阴影效果

图4-30 内发光效果

（5）【光泽】

通过设置【光泽】选项可以使工作层中的图像应用各种光影效果，从而使图像产生平滑过渡的光泽效果。选择此选项后，可以在右侧的参数区中设置光泽的颜色、混合模式、不透明度、光线角度、距离和大小等参数。利用此选项添加的光泽效果如图4-31所示。

（6）【颜色叠加】

利用【颜色叠加】样式可以在工作层上方覆盖一种颜色，并通过设置不同的混合模式和不透明度使图像产生类似于纯色填充层的特殊效果。为白色图形叠加洋红色的效果如图

4-32所示。

图4-31 添加的光泽效果

图4-32 颜色叠加效果

（7）【渐变叠加】

利用【渐变叠加】样式可以在工作层的上方覆盖一种渐变叠加颜色，使图像产生渐变填充层的效果。为白色图形叠加渐变色的效果如图4-33所示。

（8）【图案叠加】

利用【图案叠加】样式可以在工作层的上方覆盖不同的图案效果，从而使工作层中的图像产生图案填充层的特殊效果。为白色图形叠加图案后的效果如图4-34所示。

图4-33 渐变叠加效果

图4-34 图案叠加效果

（9）【外发光】

此选项的功能与【内发光】选项的相似，只是此选项可以在图像边缘的外部产生发光效果。利用此选项添加的外发光效果如图4-35所示。

（10）【投影】

通过设置【投影】选项可以为工作层中的图像添加投影效果，并可以在右侧的参数区中设置投影的颜色、与下层图像的混合模式、不透明度、是否使用全局光、光线的投射角度、投影与图像的距离、投影的扩散程度和投影大小等，还可以设置投影的等高线样式和杂色数量。利用此选项添加的投影效果如图4-36所示。

图4-35 外发光效果

图4-36 投影效果

4.1.5.2 【样式】面板

执行【窗口】/【样式】命令，调出【样式】面板，如图4-37所示。从该面板中各种样式分类中选取任一样式，即可将其添加至当前图层中。单击【样式】面板右上角的 ▤ 按钮，在弹出的菜单中可以加载其他样式。

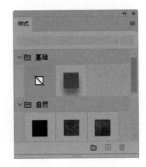

图4-37 【样式】面板

- 【创建新组】按钮 ▣：单击此按钮，可以创建新的样式分组。
- 【创建新样式】按钮 ▣：单击此按钮，将弹出【新建样式】对话框新建样式。
- 【删除样式】按钮 🗑：将需要删除的样式拖曳到此按钮上，即可删除选择的样式。

4.1.5.3 复制和删除图层样式

选择添加了图层样式的图层后，执行【图层】/【图层样式】/【拷贝图层样式】命令或在该图层上单击鼠标右键，在弹出的快捷菜单中选择【拷贝图层样式】命令，即可将当前选中的图层样式进行复制；选择其他的图层，执行【图层】/【图层样式】/【粘贴图层样式】命令，或在该图层上单击鼠标右键，在弹出的快捷菜单中选择【粘贴图层样式】命令，即可将当前的图层样式粘贴到新的图层中。

将图层样式拖曳到【图层】面板下方的 🗑 按钮上，即可将其删除；也可以选中要删除的图层样式，然后执行【图层】/【图层样式】/【清除图层样式】命令将其删除。

4.2 图形的裁切

图形的裁切包括裁剪和切片两类操作，前者可以裁去图形上多余的部分，包含【裁剪工具】 🞤 和【透视裁剪工具】 🞢 两类，后者可以将图形进行分割以方便网络传输，包括【切片工具】 🞣 和【切片选择工具】 🞥 两类，如图4-38所示。

图4-38 裁剪图形

4.2.1 裁剪工具

4.2.1.1 裁剪图像的方法

使用裁剪工具对图像进行裁剪的操作步骤如下。

① 打开需要裁切的图像文件。

② 选择【裁剪工具】 <u>┗</u> 或【透视裁剪工具】 <u>┗</u> 。

③ 在图像文件中要保留的图像区域按住鼠标左键拖曳鼠标指针创建裁剪框。

④ 调整裁剪框的大小、位置及形态。

⑤ 单击属性栏中的 <u>✓</u> 按钮，完成裁切操作，如图4-39所示。

图4-39　裁剪图形

✦✦ 要点提示

除利用单击 <u>✓</u> 按钮来确认对图像的裁剪外，还可以将鼠标光标移动到裁剪框内双击或按 Enter 键来完成裁剪操作。单击属性栏中的 <u>◯</u> 按钮或按 Esc 键，可取消裁剪框。

4.2.1.2 调整裁剪框

当在图像文件中创建裁剪框后，可对其进行调整，具体操作如下。

① 将鼠标指针放置在裁剪框内，按住鼠标左键拖曳可调整裁剪框的位置。

② 将鼠标指针放置到裁剪框的各角控制点上，按住鼠标左键拖曳可调整裁剪框的大小；如按住 Shift 键，将鼠标指针放置到裁剪框各角的控制点上，按住鼠标左键拖曳可等比例缩放裁剪框；如按住 Alt 键，可以调节中心为基准对称缩放裁剪框；如按住 Shift + Alt 组合键，可以调节中心为基准等比例缩放裁剪框。

③ 将鼠标指针放置在裁剪框外，当鼠标指针显示为旋转符号时按住鼠标左键拖曳，可旋转裁剪框。将鼠标指针放置在裁剪框内部的中心点上，按住鼠标左键拖曳可调整中心点的位置，以改变裁剪框的旋转中心。注意，如果图像的模式是位图模式，则无法旋转裁剪框。

✦✦ 要点提示

将鼠标指针放置到透视裁剪框各角点的位置，按住鼠标左键并拖曳，可调整裁剪框的形态。在调整透视裁剪框时，无论裁剪框调整得多么不规则，当确认后，系统都会自动将保留下来的图像调整为规则的矩形图像。

基础训练：裁剪图形

步骤解析

（1）按指定区域裁剪图像

如果照片中的主要景物太小或周围出现一些多余对象时，可以利用裁剪工具对其进行裁剪处理，使照片的主题更为突出。

① 打开素材文件"素材/第4章/翠鸟.jpg"。

② 选取 🔲 工具，单击属性栏中的 🔯 按钮，在弹出的面板中设置选项如图4-40所示。

✦ 要点提示

如果不选择属性栏中的【删除裁剪的像素】复选项，则裁切图像后并没有真正将裁切框外的图像删除，只是将其隐藏在画布之外，如果在窗口中移动图像还可以看到被隐藏的部分。这种情况下，图像裁切后，背景层会自动转换为普通层。

③ 将鼠标指针移动到画面中翠鸟周围，单击鼠标左键并拖曳，绘制出裁剪框，如图4-41所示。

图4-40 设置的选项

图4-41 绘制的裁剪框

④ 适当调整裁剪框的大小和位置，效果如图4-42所示。

⑤ 单击属性栏中的 ☑ 按钮确认图片的裁剪操作，裁剪后的画面如图4-43所示。

图4-42 调整后的裁剪框

图4-43 裁剪后的图像文件

⑥ 按 Shift + Ctrl + S 组合键保存文件。

（2）按固定比例裁剪图像

使用【裁剪工具】 ![裁剪工具图标] 属性栏中的比例设置可以按照固定的比例对照片进行裁剪。

① 打开素材文件"素材/第4章/青春.jpg"。

② 选取 ![裁剪工具图标] 工具，在属性栏左侧第1个下拉列表中选择【4∶5（8∶10）】选项，此时在图像文件中会自动生成该比例的裁剪框，如图4-44所示。

③ 单击属性栏中的 ![互换按钮] 按钮，可互换裁剪框的高度和宽度，如图4-45所示。注意，裁剪框旋转后仍然会保持设置的比例，不需要再重新设置。

图4-44　自动生成的裁剪框

图4-45　互换长宽比后的裁剪框

④ 将鼠标指针移动到裁剪框内按下并向右移动位置，使人物在裁剪框内居中，然后按 Enter 键，确认图像的裁剪，两次裁剪的结果分别如图4-46和图4-47所示。

图4-46　自动生成的裁剪效果

图4-47　互换长宽比后的裁剪效果

⑤ 按 Shift + Ctrl + S 组合键保存文件。

（3）旋转裁剪倾斜的照片

在拍摄或扫描照片时，可能会由于各种失误而导致图像中的主体物出现倾斜的现象，此时可以利用【裁剪工具】来修整。

① 打开素材文件"素材/第4章/人物01.jpg"。

② 选择 ![裁剪工具图标] 工具，在属性栏左侧的下拉列表中选择【原始比例】选项。

③ 在图像中绘制一个裁剪框，指定裁剪的大体位置。

④ 将鼠标指针移动到裁剪框外，当其显示为旋转符号时按住鼠标左键并拖曳，将裁剪框旋转到与图像中的地平线平行的位置，如图4-48所示。

⑤ 单击属性栏中的 ![确认按钮] 按钮，即可将图片旋转并裁剪，结果如图4-49所示。

图4-48 绘制并旋转裁剪框

图4-49 裁剪结果

⑥ 按 Shift + Ctrl + S 组合键，将此文件另命名为"裁剪03.jpg"保存。

（4）拉直倾斜的照片

在Photoshop CC 2020中，【裁剪工具】还有一个"拉直"功能，该功能可以直接将倾斜的照片进行旋转矫正，以达到更加理想的效果。

① 打开素材文件"素材/第4章/河流.jpg"，如图4-50所示。

② 选择 🔲 工具，并激活属性栏中的 🔲 按钮，然后沿着海平线位置拖曳出图4-51所示的裁剪线。

图4-50 打开的图片

图4-51 绘制裁剪线

③ 释放鼠标左键后，即根据绘制的裁剪线生成图4-52所示的裁剪框。

④ 单击属性栏中的 ✓ 按钮，确认图片的裁剪操作，此时倾斜的海平面即被矫正过来，结果如图4-53所示。

图4-52 生成的裁剪框

图4-53 裁剪结果

⑤ 按 Shift + Ctrl + S 组合键保存文件。

4.2.2 透视裁剪工具

在拍摄照片时，由于拍摄者所站的位置或角度不合适而经常会拍摄出具有严重透视的照片，对于此类照片可以通过【透视裁剪工具】 进行透视矫正。

基础训练：透视裁剪倾斜的照片

步骤解析

① 打开素材文件"素材/第4章/城堡.jpg"，如图4-54所示。

② 选取 工具绘制裁剪区域，然后将鼠标指针移动到左上角的控制点上按下并向右拖曳，状态如图4-55所示。

图4-54　打开的文件

图4-55　绘制的裁剪框

③ 用相同的方法对右上角的控制点进行调整，使裁剪框与建筑物楼体垂直方向的边缘线平行，如图4-56所示。

④ 按 Enter 键确认图片的裁剪操作，即可对图像的透视进行矫正，结果如图4-57所示。

图4-56　调整透视裁剪框

图4-57　裁剪结果

⑤ 按 Shift + Ctrl + S 组合键保存文件。

4.2.3 切片工具

使用切片工具组中的工具可以将整幅图像分成许多小图像。在储存图像和HTML文件时，每个切片都会作为独立的文件储存。此设置组加强了对网页的支持，节省了上传、下载和打开网页的时间。

切片工具主要用于分割图像，切片选择工具主要用于编辑切片。

4.2.3.1 【切片工具】属性栏

【切片工具】的属性栏如图4-58所示。

图4-58　【切片工具】属性栏

（1）【样式】下拉列表

【样式】下拉列表中包含3个选项，介绍如下。

- 【正常】：可以在图像中建立任意大小与比例的切片。
- 【固定长宽比】：可以在【样式】下拉列表右侧的【宽度】和【高度】文本框中设置将要创建切片的宽度和高度的比例。
- 【固定大小】：可以在【样式】下拉列表右侧的【宽度】和【高度】文本框中设置将要创建切片的宽度和高度值。

（2）　**基于参考线的切片**　按钮

此按钮只有在图像中有参考线时才可用，单击此按钮，可以按当前的参考线形态对图像进行切片。

4.2.3.2 切片类型

根据创建方式的不同，切片主要分为用户切片、基于图层的切片和自动切片。

- 利用【切片工具】　创建的切片称为用户切片。
- 基于图层内容创建的切片称为基于图层的切片。
- 在创建用户切片或基于图层的切片时，系统自动生成的切片称为自动切片。

✦✧ 要点提示

　　自动切片可以填充用户切片和基于图层的切片未定义的图像空间，并且每次创建或编辑用户切片和基于图层的切片后，都将重新生成自动切片。利用切片选择工具选择自动切片或基于图层的切片后，单击属性栏中的　**提升**　按钮，可以将其转换为用户切片。

4.2.3.3 创建切片

图像的切片创建方法有以下3种。

（1）用切片工具创建切片

打开图形，选择 📄 工具，在画面中按下鼠标左键拖曳鼠标光标，释放鼠标左键后，即可绘制出切片，如图4-59所示。

（a）原始图片 　　　　　（b）创建图像切片

图4-59　用切片工具创建切片

✨ **要点提示**

在创建切片的时候，如果从图像左上角开始创建切片，切片左上角默认的编号显示为"01"；如果从其他位置开始创建切片，新创建切片的编号就可能是"02"或"03"等。这是因为当不是从左上角开始创建切片时，系统根据创建切片的边线，将图像的其他部分自动分割，生成了一些自动切片。

（2）基于参考线创建切片

如果图像文件中有参考线存在，如图4-60所示，在工具箱中选择 📄 工具后，单击属性栏中 ▭ 基于参考线的切片 ▭ 的按钮，即可根据参考线添加切片，如图4-61所示。

图4-60　添加的参考线

图4-61　根据参考线添加的切片

（3）基于图层创建切片

对于PSD格式分层的图像来说，可以根据图层来创建切片，创建的切片会包含图层中所有的图像内容。移动该图层或编辑其内容时，切片将自动跟随图层中的内容一起调整。

在【图层】面板中选择需要创建切片的图层，执行【图层】/【新建基于图层的切片】命令，即可完成切片的创建。

4.2.4 切片选择工具

【切片选择工具】 ![图标] 主要用于选择切片并对其进行调整或设置。使用切片工具或切片选择工具时，按住 Ctrl 键可在两者之间进行切换。

【切片选择工具】的属性栏如图4-62所示。

图4-62 【切片选择工具】属性栏

4.2.4.1 选择切片

选取 ![图标] 工具，将鼠标指针移动到图像文件中的任意切片内单击鼠标左键，即可将该切片选择。按住 Shift 键依次单击用户切片，可选择多个切片。

在选择的切片上单击鼠标右键，在弹出的快捷菜单中选择【组合切片】命令，可将选择的切片组合。系统默认被选择的切片边线显示为橙色，其他切片边线显示为蓝色。

4.2.4.2 显示/隐藏自动切片

创建切片后，单击 ![图标] 工具属性栏中的 隐藏自动切片 按钮，即可将自动切片隐藏，此时 隐藏自动切片 按钮显示为 显示自动切片 按钮。单击 显示自动切片 按钮，即可再次显示自动切片。显示和隐藏自动切片的效果对比如图4-63和图4-64所示。

图4-63 显示自动切片

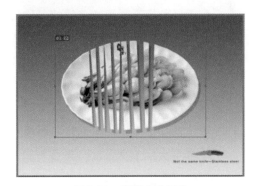

图4-64 隐藏自动切片

4.2.4.3 移动切片及调整切片大小

在切片内按住鼠标左键拖曳鼠标光标，可调整切片的位置。若按住 Alt 键移动切片，则可将其复制。将鼠标指针放置在选择的用户切片的各个控制点或边线上，当其显示为双箭头时，按住鼠标左键拖曳，可调整用户切片的大小。

4.2.4.4 设置切片堆叠顺序

切片重叠时，最后创建的切片位于最顶层。如果要查看底层的切片，可以更改切片的堆叠顺序，将选择的切片置于顶层、底层或上下移动一层。当需要调整切片的堆叠顺序时，可以通过单击属性栏中的堆叠按钮来完成。

- 【置为顶层】按钮 ：单击此按钮，可以将选择的切片调整至所有切片的最顶层。

- 【前移一层】按钮 ：单击此按钮，可以将选择的切片向上移动一层。

  【后移一层】按钮 ：单击此按钮，可以将选择的切片向下移动一层。

  【置为底层】按钮 ：单击此按钮，可以将选择的切片调整至所有切片的最底层。

4.2.4.5 设置切片选项

切片的功能不仅仅是使图像分为较小的部分以便在网页上显示，还可以适当设置切片的选项来实现链接及信息提示等功能。

在工具箱中选择 工具，在图像窗口中选择一个切片，单击属性栏中的【为当前切片设置选项】按钮 ，弹出【切片选项】对话框，如图4-65所示，该对话框中的参数介绍如下。

- 【切片类型】下拉列表：选择【图像】选项，表示当前切片在网页中显示为图像；选择【无图像】选项，表明当前切片的图像在网页中不显示，但可以设置显示一些文字信息，为了避免混乱，有关选择【无图像】选项的内容后面会具体介绍；选择【表】选项，可以在切片中包含嵌套表，这涉及ImageReady的内容，本书不进行介绍。

- 【名称】文本框：显示当前切片的名称，也可自行设置。文本框中的"风景_03"表示当前打开的图像文件的名称为"风景"，当前切片的编号为"03"。

- 【URL】文本框：设置在网页中单击当前切片可链接的网络地址。

- 【目标】文本框：可以决定在网页中单击当前切片时，是在网络浏览器中弹出一个新窗口打开链接网页，还是在当前窗口中直接打开链接网页。其中，输入"_self"表示在当前窗口中打开链接网页，输入"_blank"表示在新窗口打开链接网页，如果【目标】文本框中不输入内容，就默认为在新窗口打开链接网页。

- 【信息文本】文本框：设置当鼠标指针移动到当前切片上时，网络浏览器下方信息行中显示的内容。

- 【Alt标记】文本框：设置当鼠标指针移动到当前切片上弹出的提示信息。当网络上不显示图片时，图片位置将显示【Alt标记】文本框中的内容。

- 【尺寸】分组框：其中的【X】和【Y】值为当前切片的坐标，【W】和【H】值为当前切片的宽度和高度。

- 【切片背景类型】下拉列表：可以设置切片背景的颜色。当切片图像不显示时，网页上该切片相应的位置显示背景颜色。

4.2.4.6 平均分割切片

用户可以将现有的切片进行平均分割。在工具箱中选择 工具，在图像窗口中选择一个切片，单击属性栏中的 划分... 按钮，弹出【划分切片】对话框，如图4-66所示。该对话框中的参数介绍如下。

- 选择【水平划分为】复选项，可以通过添加水平分割线，将当前切片在高度上进行分割。

  设置【个纵向切片，均匀分隔】值，决定当前切片在高度上分为几份。

  设置【像素/切片】值，决定每几个像素的高度分为1个切片。如果剩余切片的高度小于【像素/切片】值，则停止切割。

- 选择【垂直划分为】复选项，可以通过添加垂直分割线，将当前切片在宽度上进行分割。

  设置【个横向切片，均匀分隔】值，决定将当前切片在宽度上平均分为几份。

  设置【像素/切片】值，决定每几个像素的宽度分为1个切片。如果剩余切片的宽度小于【像素/切片】值，则停止切割。

- 选择【预览】复选项，可以在图像窗口中预览切割效果。

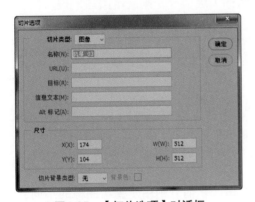

图4-65　【切片选项】对话框

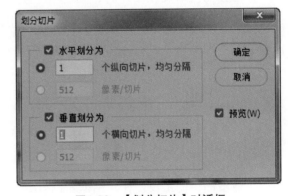

图4-66　【划分切片】对话框

4.2.4.7 锁定切片和清除切片

执行【视图】/【锁定切片】命令，可将图像中的所有切片锁定，此时将无法对切片进行任何操作。再次执行【视图】/【锁定切片】命令，可将切片解锁。

利用 工具选择一个用户切片，按 Backspace 或 Delete 键即可将该用户切片删除。删除用户切片后，系统会重新生成自动切片以填充文档区域。如要删除所有用户切片和基于图层的切片，可执行【视图】/【清除切片】命令。注意：无法删除自动切片。将所有切片清除后，系统会生成一个包含整个图像的自动切片。

> ✦✦ 要点提示
>
> 删除基于图层的切片并不会删除相关的图层，但是删除图层会删除基于图层生成的切片。

4.2.4.8 输出为网页格式

在Photoshop CC 2020中处理好的图像切片最终目的是在网上发布，所以首先要把它们保存为网页的格式。

将一幅图像的切片设置完成后，执行【文件】/【导出】/【存储为Web所用格式（旧版）】命令，弹出【存储为Web所用格式（100%）】对话框，如图4-67所示。该对话框中的参数介绍如下。

图4-67　【存储为Web所用格式（100%）】对话框

- 查看优化效果：对话框左上角为查看优化图片的4个选项卡。选择【原稿】选项卡，则显示图片未进行优化的原始效果；选择【优化】选项卡，则显示图片优化后的效果；选择【双联】选项卡，则同时显示图片的原稿和优化后的效果；选择【四联】选项卡，则同时显示图片的原稿和3个版本的优化效果。

✨ **要点提示**

在预览窗口的左下角显示了当前优化状态下图像文件的大小，以及下载该图片时所需要的下载时间。

- 查看图像的工具：在对话框左侧有6个工具按钮，它们分别用于查看图像的不同部分、选择切片、放大或缩小视图、吸管工具、设置颜色、隐藏和显示切片标记。
- 优化设置：对话框的右侧为进行优化设置的区域。在【预设】下拉列表中可以根据对图片质量的要求设置不同的优化格式。不同的优化格式，其下的优化设置选项也会不同，图4-68和图4-69所示分别为设置"JPEG"格式和"GIF"格式所显示的不同优化设置选项。

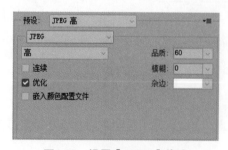

图4-68　设置【JPEG】格式

图4-69　设置【GIF】格式

✨ 要点提示

对于"JPEG"格式的图片，可以适当降低图像的【品质】数值来得到较小的文件，一般设置为"40"左右即可。如果图像文件是删除了"背景"层而包含透明区域的图层，在【杂边】下拉列表中可以设置用于填充图像透明图层区域的背景色。对于"GIF"格式的图片，可以适当减少【颜色】数量和设置【损耗】值来得到较小的文件，一般设置不超过"10"的损耗值即可。

• 【图像大小】分组框：在该分组框中可以根据需要自定义输出图像的大小。

所有选项设置完成后，可以通过浏览器查看效果。在对话框左下角单击 预览... 按钮，即可在浏览器中预览该图像效果。关闭该浏览器后，单击 存储... 按钮，弹出【将优化结果存储为】对话框，如果在【格式】下拉列表中选择【HTML和图像】选项，则文件存储后会保存所有的切片图像文件并同时生成一个"*.html"网页文件；如果选择【仅限图像】选项，则只保存所有的切片图像文件，而不生成"*.html"网页文件；如果选择【仅限HTML】选项，则保存一个"*.html"网页文件，而不保存切片图像文件。

4.3 其他常用工具

吸管工具组中包括【吸管工具】 、【3D材质吸管工具】 、【颜色取样器工具】 、【标尺工具】 、【注释工具】 和【计数工具】 。

在Photoshop CC 2020工具箱中，查看图像主要有【缩放工具】 、【抓手工具】 和【旋转视图工具】 。

此外，Photoshop CC 2018以后还新增了用于创建占位符图框的图框工具 。

4.3.1 吸管工具

【吸管工具】 主要用于吸取颜色，并将其设置为前景色或背景色。使用该工具只能吸取一种颜色，可以通过取样大小设置采样颜色的范围。选择 工具，然后在图像中的任意位置单击鼠标左键，即可将该位置的颜色设置为前景色；按住 Alt 键单击鼠标左键，单击处的颜色将被设置为背景色。

【吸管工具】 的属性栏如图4-70所示，其主要参数介绍如下。

图4-70 【吸管工具】的属性栏

• 【取样大小】下拉列表：在该下拉列表中设置吸管工具的取样范围。选择【取样

点】选项，可将鼠标指针所在位置的精确颜色吸取为前景色或背景色；选择【3×3
平均】等其他选项时，可将鼠标指针所在位置周围3个（或其他选项数值）区域内
的平均颜色吸取为前景色或背景色。

- 【样本】下拉列表：设置从【当前图层】或【所有图层】等选项中采集颜色。
- 【显示取样环】复选项：选择此复选项后，可以在拾取颜色时显示取样环，如图4-71所示。

利用吸管工具吸取颜色后，可选择【油漆桶工具】
，然后将鼠标指针移动到要填充该颜色的图形中单击
鼠标左键，即可将吸取的颜色填充至单击的图形中。

图4-71　显示取样环

✦ 要点提示

如果在设计中需要暂时使用吸管工具拾取前景色，可以按住 Alt 键将当前工具切换到
吸管工具，松开 Alt 键后即可恢复到当前工具。

基础训练：使用吸管工具

① 打开素材文件"素材/第4章/花.jpg"。

② 观察图中的颜色设置，可以从中找到满意的颜
色。单击【吸管工具】 ，在需要拾取颜色的位置单击
鼠标左键，如图4-72所示。

③ 执行【窗口】/【色板】命令，打开【色板】面
板，在面板空白处单击鼠标左键，将拾取的颜色存储到
面板中，如图4-73所示。

④ 继续拾取其他颜色将其存储到面板中，如图4-74
所示。

⑤ 以后在设计中就可使用存储的颜色了，如图4-75所示。

图4-72　拾取颜色

图4-73　存储颜色

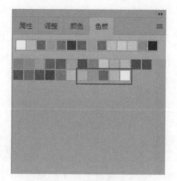

图4-74　存储更多颜色

图4-75　使用颜色填充

4.3.2　3D 材质吸管工具

　　【3D材质吸管工具】 用于吸取3D材质纹理，也可以查看和编辑3D材质纹理。该工具的使用方法与利用吸管工具吸取颜色的方法相同，选择该工具后，在要吸取的材质图形上单击鼠标左键即可。

　　材质吸取后，可利用【油漆桶工具】 将其填充至其他的3D物体上。

基础训练：利用3D工具为靠垫图形赋材质

　　下面以案例的形式来讲解【3D材质吸管工具】 和【油漆桶工具】 的应用，并对3D工具按钮进行讲解。

步骤解析

　　① 打开素材文件"素材/第4章/球体.3DS"，此时的设计界面如图4-76所示，打开的球体如图4-77所示。

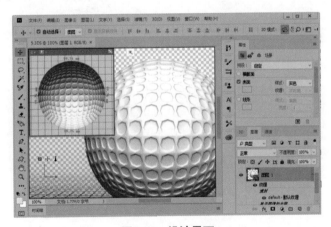

图4-76　设计界面

　　② 选取 工具，然后单击属性栏中的【环绕移动3D相机】按钮 ，按住鼠标中键适当旋转视图至图4-78所示的形态。

 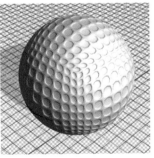

图4-77　打开的球体　　图4-78　旋转后的视图形态

✦ 要点提示

该模型在3DS max软件中创建，并导出为".3DS"格式，这种格式的文件可以在
Photoshop CC 2020中打开并使用其中的工具进行编辑。

③ 打开素材文件"素材/第4章/图案.jpg"，如图4-79所示。

④ 依次按 Ctrl + A 组合键和 Ctrl + C 组合键，选择图案并复制至剪贴板中。

⑤ 返回【球体】窗口，在【图层】面板中双击图4-80所示的【default-默认纹理】，
此时弹出一个新窗口，如图4-81所示。

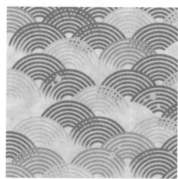

图4-79　打开的图案　　　　　图4-80　【图层】面板

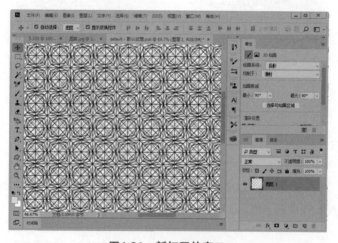

图4-81　新打开的窗口

✦ 要点提示

【图层】面板中显示的"default-默认纹理"名称是指模型图在源编辑软件中是赋过材
质的，且文件名称为"default-默认纹理"，更换了编辑软件且文件有可能不在当前计算机
中，因此此处只保留了文件名，本例将重新为纹理进行贴图。

⑥ 按 Ctrl + V 组合键，将步骤④中复制的图案粘贴至当前文件中，如图4-82所示，
然后按 Ctrl + T 组合键，将图案调整至与文件相同的大小，结果如图4-83所示。

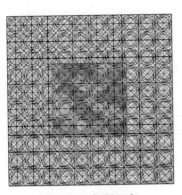

图4-82　复制图案

图4-83　图案调整后的大小

⑦ 按 Enter 键确认图案的大小，然后单击文件名称右侧的 ✕ 按钮，将文件关闭，此时将弹出图4-84所示的询问对话框。

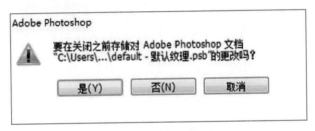

图4-84　询问对话框

⑧ 单击 是(Y) 按钮，此时图形上即显示复制的图案，如图4-85所示。

⑨ 执行【文件】/【存储为】命令，将文件存储为".jpg"格式图片，如图4-86所示。

图4-85　显示图案

图4-86　存储结果

⑩ 按 Shift + Ctrl + S 组合键保存文件。

> **✦ 要点提示**
>
> 选取【3D材质吸管工具】 🖌，将鼠标指针移动到贴材质后的图形上单击鼠标左键，吸取该材质。选取【油漆桶工具】 🪣，将鼠标指针移动到尚未赋材质的图形上单击鼠标左键，即可将吸取的材质复制到该图形上。

下面简要说明图4-76所示设计界面中主要工具的用法。

（1）3D相机工具

3D相机工具组中包括【环绕移动3D相机工具】、【滚动3D相机工具】、【平移3D相机工具】、【滑动3D相机工具】和【变焦3D相机工具】。

利用这些工具对场景进行编辑时，是对相机进行操作，模型的位置不会发生变化。

- 【环绕移动3D相机工具】：可使相机沿x或y方向环绕移动。激活此按钮后，将鼠标指针移动到画面中拖动，即可使相机在水平或垂直方向环绕移动。按住 Ctrl 键的同时拖动鼠标指针，可以滚动相机。
- 【滚动3D相机工具】：可围绕z轴旋转相机。
- 【平移3D相机工具】：可沿x或y方向平移相机。在画面中左右拖动鼠标指针，可使相机在水平方向上移动位置；上下拖动鼠标指针，可使相机在垂直方向上移动位置。按住 Ctrl 键的同时拖动鼠标指针，可使相机沿x轴和z轴移动位置。
- 【滑动3D相机工具】：可移动相机。拖动鼠标指针可使相机在z轴平移、y轴旋转；按住 Ctrl 键的同时拖动鼠标指针，可使相机沿z轴平移、x轴旋转。
- 【变焦3D相机工具】：可拉近或推远相机的视角。

（2）3D对象工具

选择 工具，在3D对象上单击鼠标左键，选择其中一个图形，此时属性栏中的按钮只有【缩放3D对象工具】的样式发生了变化。此时再对模型进行编辑时，将是对选择的对象进行操作，而不是整个场景。

- 激活【旋转3D对象】按钮，在视图中上下拖动鼠标光标，可以使模型围绕其x轴旋转；左右拖动鼠标光标，可使模型围绕其y轴旋转；按住 Alt 键的同时拖动鼠标光标，则可以滚动模型。
- 激活【滚动3D对象】按钮，在视图中左右拖曳鼠标光标，可以使模型围绕其z轴旋转。
- 激活【拖动3D对象】按钮，在视图中左右拖曳鼠标光标，可沿水平方向移动模型；上下拖曳鼠标光标，可沿垂直方向移动模型；按住 Alt 键的同时拖曳鼠标光标，可沿x/z轴方向移动模型。
- 激活【滑动3D对象】按钮，在视图中左右拖曳鼠标光标，可沿水平方向移动模型；上下拖曳鼠标光标，可将模型移近或移远；按住 Alt 键的同时拖动鼠标光标，可沿x/y轴方向移动模型。
- 激活【缩放3D对象】按钮，在视图中上下拖动鼠标光标，可放大或缩小模型；按住 Alt 键的同时拖动鼠标光标，可沿z轴方向缩放模型。

4.3.3　颜色取样器工具

【颜色取样器工具】可以在图像文件中提取多个颜色样本，最多可以在图像文件中定义4个取样点。用此工具时，【信息】面板不仅显示测量点的色彩信息，还会显示鼠标指针当前所在的位置及所在位置的色彩信息。

打开图形，然后选择工具，在图像文件中依次单击创建取样点，如图4-87所示。在【信息】面板中将

图4-87　创建取样点

图4-88　颜色信息

显示单击处的颜色信息，如图4-88所示。单击该工具属性栏中的 清除全部 按钮，可删除取样点。

4.3.4　标尺工具

【标尺工具】可以测量图像中两点之间的距离、角度等数据信息。

4.3.4.1　测量长度

在图像中的任意位置拖曳鼠标指针，即可创建出测量线，如图4-89所示。将鼠标指针移动至测量线、测量起点或测量终点上，当鼠标指针显示为形状时拖曳，可以移动它们的位置。

此时属性栏中即会显示测量结果，如图4-90所示，其中的主要参数介绍如下。

图4-89　创建的测量线

图4-90　【标尺工具】测量长度时的属性栏

- 【X】【Y】：为测量起点的坐标值。
- 【W】【H】：为测量起点与终点的水平、垂直距离。
- 【A】：为测量线与水平方向的角度。
- 【L1】：为当前测量线的长度。

- 【使用测量比例】复选项：选择此复选项，将使用测量比例计算标尺数值。该复选项没有实质性的作用，只是选择后就可以用选定的比例单位测量并计算、记录结果。

- 拉直图层 按钮：利用标尺工具在画面中绘制标线后单击此按钮，可将图层变换，使图像与标尺工具拉出的直线平行。

- 清除 按钮：单击此按钮，可以把当前测量的数值和图像中的测量线清除。

> ✦ 要点提示
>
> 按住 Shift 键在图像中拖曳鼠标指针，可以建立角度以45°为单位的测量线，也就是可以在图像中建立水平测量线、垂直测量线及与水平或垂直方向成45°的测量线。

4.3.4.2 测量角度

在图像中的任意位置拖曳鼠标指针创建一条测量线，然后按住 Alt 键将鼠标指针移动至刚才创建测量线的端点处，当鼠标指针显示为 ⊿ 时，拖曳鼠标指针创建第2条测量线，如图4-91所示。

图4-91　创建的测量角

此时属性栏中会显示测量角的结果，如图4-92所示，其主要参数介绍如下。

图4-92　【标尺工具】测量角度时的属性栏

- 【X】【Y】：为两条测量线的交点，即测量角的顶点坐标。
- 【A】：为测量角的角度。
- 【L1】：为第1条测量线的长度。
- 【L2】：为第2条测量线的长度。

> ✦ 要点提示
>
> 按住 Shift 键在图像中拖曳鼠标指针，可以创建水平、垂直或与水平或垂直方向成45°倍数的测量线。按住 Shift + Alt 组合键，可以测量以45°为单位的角度。

4.3.5　注释工具

选择【注释工具】🗎，将鼠标指针移动到图像文件中，鼠标指针将显示为 🗎 形状，单击鼠标左键，即可创建一个注释。此时弹出【注释】面板，如图4-93所示。在属性栏中设置注释的【作者】及注释框的【颜色】，然后在【注释】面板中输入要说明的文字，如图4-94所示。

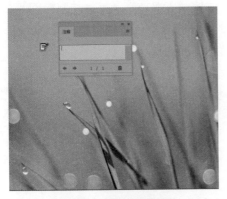

图4-93　创建的注释框

图4-94　添加的注释文字内容

【注释】面板的主要操作如下。

① 单击【注释】面板右上角的 ✖ 按钮，可以关闭打开的【注释】面板。

② 双击要打开的注释图标 🗁，或者在要打开的注释图标 🗁 上单击鼠标右键，在弹出的快捷菜单中选择【打开注释】命令，或者执行【窗口】/【注释】命令，都可以将关闭的【注释】面板展开。

③ 单击属性栏中的 🔲 按钮，可以隐藏或显示【注释】面板。

④ 确认注释图标 🗁 处于选择状态 🗹，按 Delete 键可将选择的注释删除。

> ✨ 要点提示
>
> 　　如果想同时删除图像文件中的多个注释，可单击属性栏中的 清除全部 按钮，或者在任一注释图标上单击鼠标右键，在弹出的快捷菜单中选择【删除所有注释】命令。

4.3.6　计数工具

【计数工具】 🔢 用于在文件中按照顺序标记数字符号，也可用于统计图像中对象的个数。其属性栏如图4-95所示，其主要参数介绍如下。

图4-95　【计数工具】的属性栏

- 【计数】：显示总的计数数目。
- 【计数组】下拉列表：类似于图层组，可包含计数，每个计数组都可以有自己的名称、标记和标签大小及颜色。单击 🔲 按钮可以创建计数组，单击 👁 按钮可显示或隐藏计数组，单击  按钮可以删除创建的计数组。

- 清除 按钮：单击该按钮，可将当前计数组中的计数全部清除。
- 【颜色块】 ▢：单击颜色块，可以打开【拾色器】对话框来设置计数组的颜色。

    【标记大小】文本框：可输入"1～10"的值，用于定义计数标记的大小。

    【标签大小】文本框：可输入"8～72"的值，用于定义计数标签的大小。

4.3.7　缩放工具

选择【缩放工具】 🔍，鼠标指针变为 🔍 形状，在图像窗口中单击鼠标左键，图像将以鼠标左键单击位置为中心放大显示一级，如图4-96所示。

如果按住 Alt 键，鼠标指针形状将变为 🔍 形状，在图像窗口中单击鼠标左键时，图像将以鼠标左键单击位置为中心缩小显示一级。

在图形上单击鼠标右键，在弹出的快捷菜单中可以执行相应的命令，如图4-97所示。

图4-96　放大图形

图4-97　快捷菜单操作

> ✦ **要点提示**
>
> 无论使用工具箱中的哪种工具，按 Ctrl + + 组合键可以放大显示图像，按 Ctrl + − 组合键可以缩小显示图像，按 Ctrl + 0 组合键可以将图像适配至屏幕显示，按 Ctrl + Alt + 0 组合键可以将图像以100%的比例正常显示。在工具箱中的【缩放工具】 🔍 上双击鼠标左键，可以使图像以实际像素显示。另外，在图像窗口的【缩放】文本框中直接输入要缩放的比例，然后按 Enter 键，可以直接设置图像的缩放比例。

选择工具箱中的 🔍 工具后，其属性栏如图4-98所示，其主要参数介绍如下。

🔍 ⌄ | 🔍 🔍 | ☐ 调整窗口大小以满屏显示 ☐ 缩放所有窗口 ☑ 细微缩放 | 100% | 适合屏幕 | 填充屏幕 | 🔍 ▢ ⌄

图4-98　【缩放工具】的属性栏

- 【放大】按钮🔍：激活此按钮，然后在图像窗口中单击鼠标左键，可以将当前图像放大显示。
- 【缩小】按钮🔍：激活此按钮，然后在图像窗口中单击鼠标左键，可以将当前图像缩小显示。
- 【调整窗口大小以满屏显示】复选项：若不选择此复选项，对图像进行放大或缩小处理时，只改变图像的大小，图像窗口不会改变；若选择此复选项，则对图像进行放大或缩小处理时，系统会自动调整图像窗口的大小，使其与当前图像的显示相适配。
- 【缩放所有窗口】复选项：若选择此复选项，则当前打开的所有窗口会同时进行缩放。
- 【细微缩放】复选项：选择此复选项后，按住鼠标左键从上向下拖动鼠标光标可以放大图形，从下向上拖动可以缩小图形。如果取消选择该复选项，按下鼠标左键拖曳鼠标光标，拖出一个矩形虚线框，释放鼠标左键后即可将虚线框中的图像放大显示，如图4-99和图4-100所示。

图4-99　绘制区域

图4-100　显示结果

- 100% 按钮：单击此按钮，图像恢复原大小，以实际像素尺寸显示，即以100%的比例显示。
- 适合屏幕 按钮：单击此按钮，系统根据工作区剩余空间的大小自动调整图像窗口大小及图像的显示比例，使其在不与工具箱重叠（或同时不与控制面板重叠）的情况下尽可能放大显示。
- 填充屏幕 按钮：单击此按钮，系统根据工作区剩余空间的大小自动分配和调整图像窗口的大小及比例，使其在工作区中尽可能放大显示。

4.3.8　抓手工具

显示屏的大小是有限的，如果用户需要对一些图像的局部进行精细处理，有时会需要将图像放大显示到超出图像窗口的范围，图像在图像窗口内将无法完全显示。利用工具箱中的【抓手工具】在图像中按下鼠标左键拖曳鼠标光标，从而在不影响图像相对位置的前提下，平移图像在窗口中的显示位置，以观察图像窗口中无法显示的图像部分。

① 将鼠标指针移动至图像窗口中，当鼠标指针显示为形状时拖曳即可移动图像，将观察不到的部分显示出来。

② 双击工具箱中的 工具，可以将图像满画布显示。

③ 按住 Ctrl 键，在图像上单击鼠标左键，可以对图像进行放大操作。

④ 按住 Alt 键，在图像上单击鼠标左键，可以对图像进行缩小操作。

⑤ 当使用工具箱中的其他工具时，按住空格键，将鼠标指针移动至图像上，可以将当前工具暂时切换至 工具，释放鼠标左键后，将还原成先前的工具。

> ✦ 要点提示
>
> 在将图像放大至图像窗口无法完全显示的状态时，图像窗口的右侧和下方会各有一个窗口滑块出现，用鼠标光标拖曳这两个滑块，也可以在垂直方向和水平方向上移动图像。

当在工具箱中选择 工具时，其属性栏如图4-101所示，其主要参数介绍如下。

图4-101 【抓手工具】属性栏

- 【滚动所有窗口】复选项：选择此复选项，使用工具滚动窗口时，所有打开的窗口同时被滚动。
- 其他按钮的功能与 工具属性栏中相应按钮的相同。

> ✦ 要点提示
>
> 因为在实际操作中， 和 工具的使用要根据用户的需要灵活运用，且这两种工具只是起到了方便观察的效果，对图像本身并没有影响，所以后面的练习中将不一一介绍要在什么时候使用它们，用户可以根据自己的实际情况灵活运用。

4.3.9 旋转视图工具

抓手工具组中还有一个【旋转视图工具】，该工具的功能与执行【图像】/【图像旋转】命令相似，可以在不破坏图像的情况下旋转画布。不同的是执行【图像】/【图像旋转】命令只能按指定的角度旋转画布，而选择【旋转视图工具】可随意旋转画面，会给工作带来很大的方便。注意，使用 工具的前提是必须选择【使用图形处理器】复选项。

> ✨ 要点提示
>
> 启用【旋转视图工具】，后，选择【使用图形处理器】复选项的方法为，执行【编辑】/【首选项】/【性能】命令，弹出【首选项】对话框，然后选择右侧参数设置区中的【使用图形处理器】复选项即可。选择该复选项后，在处理大型或复杂图像时可以加速视频处理过程。

4.3.10　图框工具

Photoshop CC 2020的【图框工具】用来创建占位符图框，可以将图片放置在用占位符图框划定的固定位置中。

基础训练：图框工具的应用

步骤解析

① 新建一个任意尺寸的画布。

② 选择【图框工具】，然后在画布上绘制一个矩形，如图4-102所示。

③ 选取一张图片，将其拖放到矩形框中，如图4-103所示。

④ 按住 Ctrl + T 组合键缩放图形大小，如图4-104所示。

⑤ 重新创建画布，然后选择【图框工具】，在属性栏中单击按钮，在画布中绘制椭圆形图框，如图4-105所示。

⑥ 将图片拖动到图框中，如图4-106所示。

⑦ 按住 Ctrl + T 组合键来缩放图形大小，如图4-107所示。

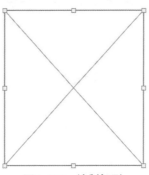
图4-102　绘制矩形

图4-103　放置图片（1）

图4-104　缩放图形（1）

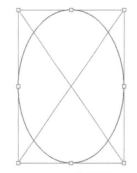
图4-105　绘制椭圆形画框

图4-106 放置图片（2）

图4-107 缩放图形（2）

4.4 典型实例

下面结合典型实例介绍图层和各种图形调整工具的用法。

| 4.4.1 | 制作玉石手镯 |

扫一扫 看视频

步骤解析

① 打开素材文件"素材/第4章/手镯.jpg"。

② 选取 🖉 工具，取消选择属性栏中的【连续】复选项，设置【容差】参数为"50"，在图片黑色背景位置单击鼠标左键，建立选区。

③ 执行【选择】/【反选】命令，将选区反选，如图4-108所示。

④ 执行【图层】/【新建】/【通过拷贝的图层】命令，将手镯复制为"图层1"，如图4-109所示。

⑤ 选择 🔲 工具，绘制出图4-110所示的矩形选框，选择图4-108中右边的玉手镯。

⑥ 执行【图层】/【新建】/【通过剪切的图层】命令（快捷键为 Shift + Ctrl + J），将手镯剪切生成"图层2"，如图4-111所示。

⑦ 分别按 D 和 X 键，将工具箱中的背景色设置成黑色。

图4-108 反选选区

图4-109 新建"图层1"

⑧ 将"背景"层设置为工作层，执行【图像】/【画布大小】命令，在弹出的【画布大小】对话框中设置图4-112所示的参数，然后单击 确定 按钮。

⑨ 按 Ctrl + Delete 组合键将"背景"层重新填充上黑色，覆盖掉"背景"层中的杂色。

图4-110 创建的选区

图4-111 新建"图层2"

图4-112 【画布大小】对话框

⑩ 在【图层】面板中选择"图层1"，然后按住 Shift 键选择"图层2"，将两个图层同时选择，然后使用 ⊕ 工具将手镯图片移动到画面的左下角位置，结果如图4-113所示。

⑪ 设置"图层2"为工作层，然后利用 ⊕ 工具移动手镯图形，将其调整至图4-114所示的交叉摆放状态。

图4-113 手镯放置的位置

图4-114 手镯放置的位置

⑫ 按住 Ctrl 键，单击"图层2"左侧的图层缩览图将手镯选择，如图4-115所示。

⑬ 选取 ☑ 工具，并激活属性栏中的【从选区减去】按钮 █，然后在图4-116所示的位置绘制选区，使其与原选区相减，释放鼠标左键后生成的新选区如图4-117所示。

图4-115 添加选区

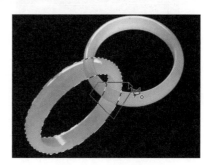

图4-116 绘制的选区

⑭ 按 Delete 键，删除"图层 2"中被选择的部分，得到图4-118所示的效果，再按 Ctrl + D 组合键，将选区去除，结果如图4-119所示。

图4-117 生成的新选区

图4-118 删除后的效果

图4-119 去除选区

⑮ 将鼠标光标移动至【图层】面板中的"图层 1"上，按下鼠标左键并将其向下拖曳至 按钮处，释放鼠标左键后将"图层1"复制为"图层1 拷贝"层，如图4-120所示。

⑯ 将鼠标光标移动到复制出的"图层 1 拷贝"层上，按下鼠标左键并向上拖曳至"图层 2"的上方位置时释放鼠标左键，将"图层 1 拷贝"层调整至"图层 2"的上方，状态如图4-121所示。

图4-120 复制出的图层

图4-121 调整图层堆叠顺序

✦ 要点提示

复制出来的图层"图层 1 拷贝"位于"图层 1"上方，因此此处的两个手镯重叠在一起。

⑰ 利用 工具将复制出的手镯移动到图4-122所示的位置。

⑱ 按住 Ctrl 键单击"图层 2"的缩览图，加载图4-123所示的选区。

图4-122 复制手镯调整的位置

图4-123 加载的选区

⑲ 选取 ⬚ 工具，并激活属性栏中的 ⬚ 按钮，然后在图4-124所示的位置绘制选区，使其与原选区相减。

⑳ 选中"图层 1 拷贝"层，按 Delete 键，删除"图层 1 拷贝"层中被选择的部分，得到图4-125所示的效果，再按 Ctrl + D 组合键，将选区去除，最终效果如图4-126所示。

图4-124　修剪选区状态　　　　图4-125　删除后的效果　　　　图4-126　最终结果

㉑ 按 Shift + Ctrl + S 组合键保存文件。

4.4.2　制作照片拼图

扫一扫　看视频

下面的案例将灵活运用图层的基本操作来制作照片的拼图效果。

步骤解析

① 打开素材文件"素材/第4章/人物.jpg"，如图4-127所示。

② 执行【图层】/【新建】/【背景图层】命令，弹出图4-128所示的【新建图层】对话框，单击 确定 按钮，将"背景"层转换为"图层 0"。

图4-127　打开的图片

图4-128　【新建图层】对话框

③ 执行【图像】/【画布大小】命令，在弹出的【画布大小】对话框中设置参数如图4-129所示，然后单击 确定 按钮，调整后的画布形态如图4-130所示。

图4-129　【画布大小】对话框

图4-130　调整后的画布形态

④ 新建"图层 1"，并将其调整至"图层 0"的下方位置，如图4-131所示。

⑤ 将前景色设置为浅黄色（R：255，G：235，B：185），然后按 Alt + Delete 组合键将其填充至"图层 1"中，效果如图4-132所示。

图4-131　调整图层顺序状态

图4-132　填充颜色后的效果

⑥ 选择"图层 0"，将其设置为当前层，然后执行【图层】/【图层样式】/【混合选项】命令，在弹出的【图层样式】对话框中分别设置【描边】和【投影】选项的参数，如图4-133和图4-134所示。

图4-133　设置描边参数

图4-134　设置投影参数

⑦ 单击　确定　按钮，关闭【图层样式】对话框，添加图层样式后的图像效果如图4-135所示。

⑧ 使用 ▭ 工具在图片左上角绘制出图4-136所示的矩形选区。

图4-135　添加图层样式的图像效果

图4-136　绘制的选区（1）

⑨ 按 Ctrl + J 组合键，将选区中的内容通过复制生成"图层 2"，复制出的图像效果如图4-137所示。

⑩ 继续利用 ⊞ 工具绘制出图4-138所示的矩形选区。

图4-137　复制出的图像（1）

图4-138　绘制的选区（2）

⑪ 将"图层 0"设置为当前层，然后按 Ctrl + J 组合键，将选区中的内容通过复制生成"图层 3"，复制出的图像效果如图4-139所示。

⑫ 用与步骤⑩～⑪相同的方法依次复制出图4-140所示的图像。

图4-139　复制出的图像（2）

图4-140　复制出的图像（3）

⑬ 将"图层 0"隐藏，然后将"图层 2"设置为当前层。

⑭ 按 Ctrl + T 组合键，为"图层 2"中的内容添加自由变形框，并将其调整至图4-141所示的形态，然后按 Enter 键，确认图像的变换操作。

⑮ 用与步骤⑭相同的方法依次将各层中的图像调整至图4-142所示的形态。

图4-141 调整后的图像形态（1）　　　图4-142 调整后的图像形态（2）

⑯ 按 Shift + Ctrl + S 组合键保存文件。

习题

① 简要说明图层的含义和用途。
② 与普通层相比，背景层有何特点？
③ 调整图层的顺序有什么意义？
④ 如何使用吸管工具取样颜色？
⑤ 简要说明放大和缩小图形的方法。

第 **5** 章

渐变填充和
修饰图形

本章将继续学习工具箱中的其他工具，主要包括渐变工具、橡皮擦工具及各种修饰图像工具等。渐变工具是Photoshop CC 2020中应用较多的一种工具，常用来制作发光、阴影和立体效果等；橡皮擦工具主要用来擦除图像中不需要的区域；修饰工具主要用来修饰图像，对图像进行柔化、锐化及像素的明暗调整等。

5.1 渐变工具

渐变是指由多种颜色过渡产生的效果，能制作出缤纷多彩的颜色，避免使用单一颜色产生单调的感觉，如图5-1所示。

使用颜色渐变还能产生立体感的效果，通常可以用来绘制按钮等形状，如图5-2所示。

图5-1 使用渐变产生多彩的颜色

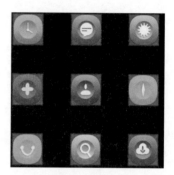

图5-2 使用渐变制作立体按钮

5.1.1 基本选项设置

【渐变工具】 ![icon] 可以在图像文件或选区中填充渐变颜色，是表现渐变背景或绘制立体图形的主要工具。利用此工具可以制作出许多独特美丽的效果图。

在工具箱中选择【渐变工具】 ![icon] ，其属性栏如图5-3所示。

图5-3 【渐变工具】属性栏

- 【点按可编辑渐变】按钮 ![bar] ：单击颜色条部分，将弹出【渐变编辑器】对话框（稍后讲述），该对话框用于编辑渐变色；单击右侧的 ![btn] 按钮，将会弹出【渐变】选项面板，该面板用于选择已有的渐变选项。

- 【线性渐变】按钮 ![icon] ：在图像中拖曳鼠标光标，渐变项色带自鼠标光标落点至终点产生直线渐变效果。其中鼠标光标落点之外以渐变的第1种颜色填充，终点之外以渐变的最后一种颜色填充，效果如图5-4所示。

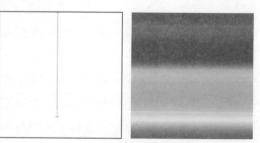

图5-4 线性渐变的效果

- 【径向渐变】按钮 ![icon] ：在画面中填充以鼠标光标的起点为中心，光标拖曳距离为半径的环形渐变效果，如图5-5所示。

- 【角度渐变】按钮 ：可以在画面中填充以鼠标光标起点为中心，自光标拖曳方向起旋转一周的锥形渐变效果，如图5-6所示。

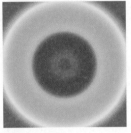
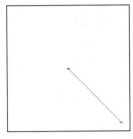

图5-5　径向渐变的效果　　　　　　　　　图5-6　角度渐变的效果

- 【对称渐变】按钮 ：可以产生以经过鼠标光标起点与拖曳方向垂直的直线为对称轴的轴对称直线渐变效果，如图5-7所示。
- 【菱形渐变】按钮 ：可以在画面中填充以鼠标光标的起点为中心，光标拖曳的距离为半径的菱形渐变效果，如图5-8所示。

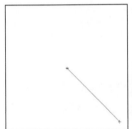
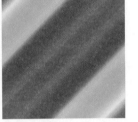

图5-7　对称渐变的效果　　　　　　　　　图5-8　菱形渐变的效果

- 【模式】下拉列表：用来设置填充颜色与原图像所产生的混合效果。
- 【不透明度】下拉列表：用来设置填充颜色的不透明度。
- 【反向】复选项：选择此复选项，在填充渐变色时将颠倒设置的渐变颜色排列顺序。
- 【仿色】复选项：选择此复选项，可以使渐变颜色之间的过渡更加柔和。
- 【透明区域】复选项：选择此复选项，【渐变编辑器】对话框中渐变选项的不透明度才会生效，否则将不支持渐变选项中的透明效果。

5.1.2　【渐变编辑器】对话框

在【渐变工具】属性栏中单击【点按可编辑渐变】按钮 的颜色条部分，将会弹出图5-9所示的【渐变编辑器】对话框。

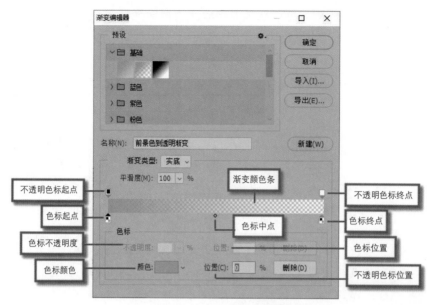

图5-9 【渐变编辑器】对话框

- 【预设】分组框：提供了多种渐变样式，单击缩略图即可选择该样式。
- 【渐变类型】下拉列表：该下拉列表中提供了【实底】和【杂色】两种渐变类型。在此之前编辑的渐变都是实底渐变，如图5-10所示。而杂色渐变中可以添加大量杂色块构成的渐变效果，如图5-11所示。

图5-10　实底渐变效果　　图5-11　杂色渐变效果

✦ 要点提示

选择【杂色】渐变类型后，参数面板如图5-12所示，调整R、G、B颜色滑块可以调整颜色的种类和分布。【粗糙度】用来设置渐变效果的平滑程度，其值越高，颜色层次越丰富，颜色之间的过渡效果越鲜明，如图5-13所示。

图5-12　参数面板

图5-13　【粗糙度】数值对比

- 【平滑度】：此选项用于设置渐变颜色过渡的平滑程度。

- 【不透明度】色标：色带上方的色标称为不透明度色标，它可以根据色带上该位置的透明效果显示相应的灰色。当色带完全不透明时，不透明度色标显示为黑色；色带完全透明时，不透明度色标显示为白色。

- 【颜色】色标：左侧的色标 ▣ 表示该色标使用前景色；右侧的色标 ▣ 表示该色标使用背景色；当色标显示为 ▣ 状态时，表示使用的是自定义的颜色。

- 【不透明度】：当选择一个不透明度色标后，下方的【不透明度】选项可以设置该色标所在位置的不透明度。

- 【颜色】：当选择一个颜色色标后，【颜色】色块显示的是当前使用的颜色，单击该色块或在色标上双击鼠标左键，可在弹出的【拾色器】对话框中设置色标的颜色。单击【颜色】色块右侧的 ⌄ 按钮，可以在弹出的菜单中将色标设置为前景色、背景色或用户颜色。

- 【位置】：可以设置色标在整个色带上的百分比位置。单击 删除(D) 按钮，可以删除当前选择的色标。在需要删除的【颜色】色标上按下鼠标左键，然后向上或向下拖曳鼠标光标，可以快速地删除【颜色】色标。

基础训练：制作阴影小球

步骤解析

① 新建一个【宽度】为"15厘米"、【高度】为"12厘米"、【分辨率】为"200像素/英寸"、【颜色模式】为"RGB颜色"、【背景内容】为"白色"的文件。

② 按 D 键，将工具箱中的前景色和背景色设置为默认的黑色和白色。

③ 选择 ▣ 工具，然后单击属性栏中 ▰▰▰ ▾ 按钮的颜色条，弹出【渐变编辑器】对话框，将鼠标指针移动到图5-14所示的颜色色标上单击鼠标左键，选中该颜色色标。

④ 单击下方【颜色】色块，弹出【拾色器】对话框，设置颜色参数如图5-15所示，然后单击 确定 按钮，再单击【渐变编辑器】对话框中的 确定 按钮，完成渐变颜色的设置。

图5-14　【渐变编辑器】对话框

图5-15　设置颜色参数

⑤ 按住Shift键，将鼠标光标移动到画面中的上方位置按下鼠标左键并向下拖曳，为新建文件的“背景层”填充渐变色，状态如图5-16所示；填充渐变色后的画面效果如图5-17所示。

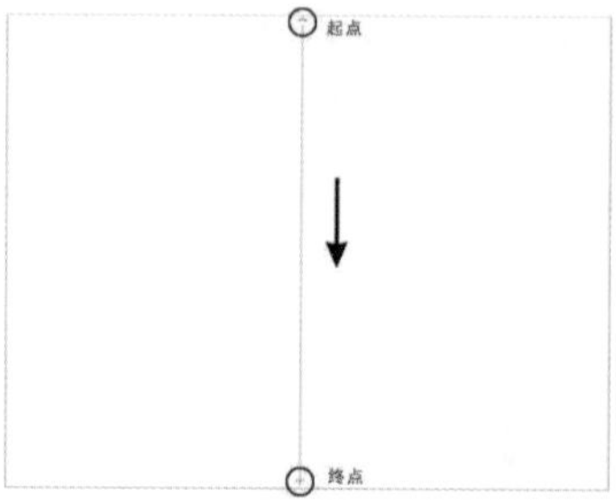

图5-16　拖曳鼠标光标状态

图5-17　填充渐变色后的画面效果

背景绘制完成后，接下来调制球体所用的渐变色，并绘制球体。

⑥ 单击【图层】面板底部的 按键，新建“图层 1”，然后单击【渐变工具】属性栏中 按钮的颜色条，弹出【渐变编辑器】对话框，选择【前景色到背景色渐变】渐变颜色类型（列表中第1个渐变类型）。

⑦ 在色带下面图5-18所示的位置单击鼠标左键，添加一个颜色色标，如图5-19所示，并将【位置】设置为“25%”，如图5-20所示。

要点提示

在添加的颜色色标上按下鼠标左键并左右拖动可以移动其在色带上的位置。

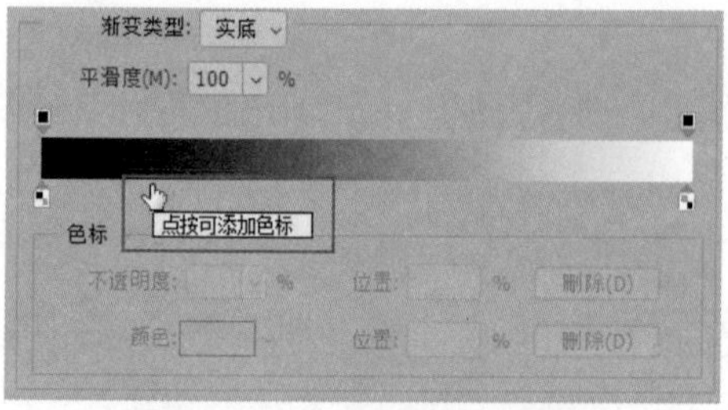

图5-18　鼠标左键单击的位置

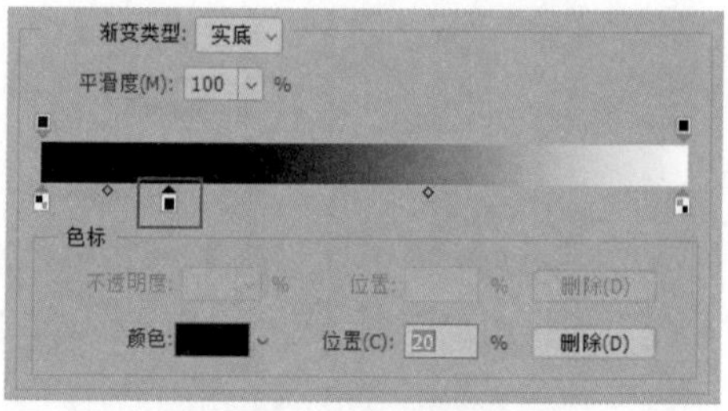

图5-19　添加的颜色色标

⑧ 继续在色带右侧“50%”和“80%”的位置再添加两个颜色色标。

⑨ 依次双击每个色带色标，从左到右分别将5个色带颜色设置为白色、灰色（R：230，G：230，B：230）、灰色（R：160，G：160，B：160）、灰色（R：62，G：58，B：57）和灰色（R：113，G：113，B：113），如图5-21所示。

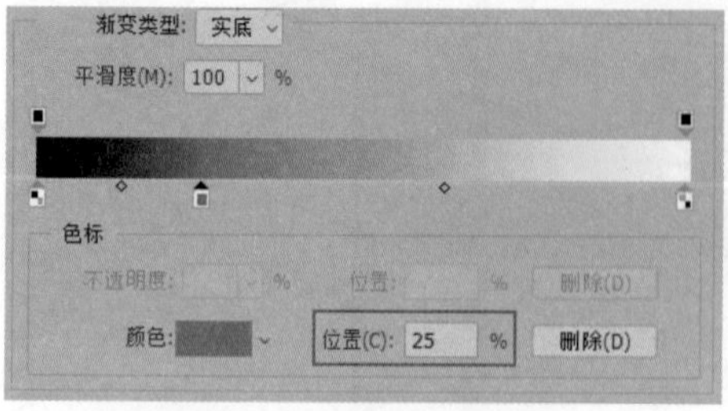

图5-20　设置【位置】参数

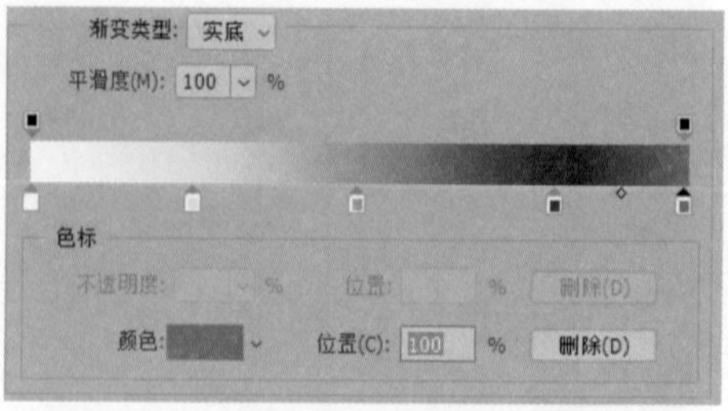

图5-21　添加的颜色色标和设置的颜色

⑩ 单击 新建(W) 按钮，将设置的渐变颜色存储到【预设】分组框中，如图5-22所示，这样以后使用类似的渐变颜色时可以不用再去设置，直接在【预设】分组框中选择就可以了，最后单击 确定 按钮。

⑪ 使用 ⊙ 工具按住 Shift 键绘制一个圆形选区。

⑫ 选择 ▣ 工具，在属性栏中单击 ▣ 按键，设置【径向渐变】类型，然后将鼠标光标移动到选区的左上方，按下鼠标左键并向右下方拖曳，为选区填充设置的渐变色，状态如图5-23所示。

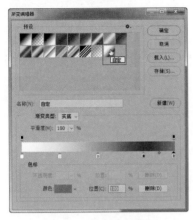

图5-22　新建渐变颜色

图5-23　填充渐变色时的状态

⑬ 释放鼠标左键后，按 Ctrl + D 组合键去除选区，填充渐变色后的效果如图5-24所示。

⑭ 单击【渐变工具】属性栏中 ▆▆▆ ∨ 选项右侧的 ∨ 按钮，弹出【渐变样式】面板，选择图5-25所示的【前景色到透明渐变】颜色类型。

图5-24　填充渐变色后的效果

图5-25　选择的渐变颜色类型

⑮ 新建"图层2"，然后利用 ⊙ 工具绘制出图5-26所示的椭圆形选区。

⑯ 选择 ▣ 工具，单击属性栏中的 ▣ 按钮，设置【线性渐变】类型，并选择【透明区域】复选项，然后在选区中由左向右拖曳鼠标光标，为选区填充渐变颜色，效果如图5-27所示。

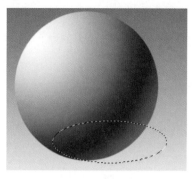
图5-26　绘制的选区

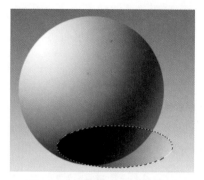
图5-27　填充渐变色后的效果

⑰ 按 Ctrl + D 组合键去除选区，然后执行【图层】/【排列】/【后移一层】命令，将"图层2"调整至"图层1"的下方。

⑱ 选中"图层2"，执行【编辑】/【变换】/【扭曲】命令，为"图层2"的投影添加自由变换框，然后将变换框右边中间的控制点向上拖动，状态如图5-28所示。调整变形后，单击属性栏中的 ✓ 按钮，确认图形的变形调整。

⑲ 执行【滤镜】/【模糊】/【高斯模糊】命令，弹出【高斯模糊】对话框，将【半径】参数设置为"5"像素，然后单击 确定 按钮，最终制作的投影效果如图5-29所示。

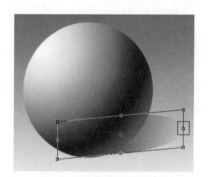
图5-28　调整图形时的状态

图5-29　最终制作的投影效果

⑳ 按 Ctrl + S 组合键保存文件。

✦ 要点提示

本章末的综合实例将继续使用类似方法并综合使用多种设计工具制作一个更加逼真的鸡蛋模型，以进一步熟悉渐变工具的用法。

5.2　橡皮擦工具

橡皮擦工具主要用来擦除图像中不需要的区域，共有3种工具，分别为【橡皮擦工具】、【背景橡皮擦工具】和【魔术橡皮擦工具】。

擦除图像工具的使用方法非常简单，只需在工具箱中选择相应的擦除工具，并在属性栏中设置合适的笔头大小及形状，然后在画面中要擦除的图像位置单击鼠标左键或拖曳鼠标光标即可。

5.2.1 橡皮擦工具

【橡皮擦工具】如图5-30所示，是最基本的擦除工具，跟生活中使用的橡皮用途相似。

- 当在背景层或被锁定透明的普通层中擦除时，被擦除的部分将被工具箱中的背景色替换。
- 当在普通层擦除时，被擦除的部分将显示为透明色，效果如图5-31所示。

在工具箱中选择【橡皮擦工具】，其属性栏如图5-32所示，介绍如下。

图5-30　橡皮擦工具

图5-31　擦除图像后的效果

图5-32　【橡皮擦工具】属性栏

（1）【模式】下拉列表

该下拉列表用于设置橡皮擦擦除图像的方式，包括【画笔】【铅笔】和【块】3个选项，其应用对比如图5-33所示。

- 当选择【画笔】和【铅笔】选项时，工具的选项和使用方法与工具或工具的相似，只不过在背景层上使用时所用的颜色为背景色，在普通层上使用时产生的效果为透明。选择【画笔】选项时，可以创建柔边擦除效果；选择【铅笔】选项时，可以创建硬边擦除效果。
- 当选择【块】选项时，工具在图像窗口中的大小是固定不变的，所以可以将图像放大至一定倍数后，再利用它来对图像中的细节进行修改。当图像放大至1600%时，工具的大小恰好是一个像素的大小，此时可以对图像进行精确到一个像素的修改。

（2）【不透明度】

该选项用来设置擦除强度，当设置为"100%"时，可以完全擦除像素。当【模式】设置为【块】时，该参数不可用。设置不同透明度的对比效果如图5-34所示。

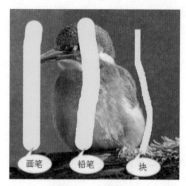

图5-33　应用对比

图5-34　不同透明度的对比效果

（3）【流量】

该选项用于设置涂抹速度。设置不同流量的对比效果如图5-35所示。

（4）【抹到历史记录】复选项

选择此复选项，橡皮擦工具就具有了历史记录画笔工具的功能，如图5-36所示。

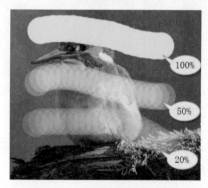

图5-35　不同流量的对比效果

图5-36　抹到历史记录

基础训练：使用橡皮擦工具

步骤解析

① 打开素材文件"素材\第05章\背景01.jpg"，如图5-37所示。

② 执行【文件】/【置入嵌入对象】命令，导入素材"素材\第05章\人物01.jpg"，如图5-38所示。

图5-37 打开素材图片

图5-38 导入人物图片

③ 拖动"人物"图片上的控制点，调整其大小与背景图片等宽，如图5-39所示，然后按 Enter 键确认。

④ 执行【图层】/【栅格化】/【智能对象】命令，将人物图层栅格化，如图5-40所示，然后在【图层】面板中将新建图层名称修改为"人物"。

图5-39 调整图片大小

图5-40 栅格化图层

⑤ 选中刚调整好的"人物"图层，选择工具栏中的 工具，在弹出的面板中选择【柔边圆】，设置笔尖【大小】为"200像素"、【硬度】为"0%"，如图5-41所示。

⑥ 在人物背景处拖曳鼠标光标，擦除人像背景，显现出底部的背景图，如图5-42所示。

图5-41 设置参数

图5-42 擦除后的效果

⑦ 执行【文件】/【置入嵌入对象】命令，导入素材"素材\第05章\前景.jpg"，如图 5-43所示。

⑧ 拖动"前景"图片上的控制点，调整其大小与背景图片等宽，如图5-44所示，然后按 Enter 键确认。

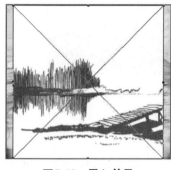  

图5-43　置入前景　　　　　　图5-44　调整图像大小　　　　　图5-45　设置混合模式

⑨ 执行【图层】/【栅格化】/【智能对象】命令，将人物图层栅格化，然后在【图层】面板中将新建图层名称修改为"前景"。

⑩ 在【图层】面板中将【混合模式】设置为【滤色】，如图5-45所示，效果如图5-46所示。

⑪在【图层】面板中将"人物"图层移动到"前景"图层之上，如图5-47所示，最终的图片效果如图5-48所示。

图5-46　图层混合效果　　　　图5-47　【图层】面板　　　　图5-48　最终的图片效果

5.2.2　背景橡皮擦工具

【背景橡皮擦工具】 如图5-49所示，是一种基于色彩差异的智能擦除工具，它可以自动采集画笔中心的色样，同时删除在画笔内出现的这种颜色，使擦除区域成为透明区域。

选择【背景橡皮擦工具】，将鼠标光标移动到画面中，待其变为中心带有"＋"的圆形，圆形代表当前工作范围，"＋"则代表擦除过程中自动采集颜色的位置。在涂抹过程中会自动擦除圆形画笔范围内出现的相近颜色的区域。

利用【背景橡皮擦工具】擦除图像，无论是在背景层上还是在普通层上都可以将图像中的特定颜色擦除为透明色，并且将背景层自动转换为普通层，效果如图5-50所示。

图5-49　背景橡皮擦工具　　　　　　　图5-50　背景橡皮擦应用示例

在工具箱中选择【背景橡皮擦工具】，其属性栏如图5-51所示，介绍如下。

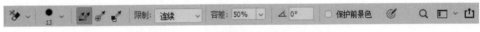

图5-51　【背景橡皮擦工具】属性栏

- 【取样】按钮组：用于控制背景橡皮擦的取样方式。激活【连续】按钮，拖曳鼠标光标擦除图像时，将随着鼠标光标的移动随时取样，如图5-52所示；激活【一次】按钮，只替换第1次取样的颜色，在拖曳鼠标光标过程中不再取样，如图5-53所示；激活【背景色板】按钮，不在图像中取样，而是由工具箱中的背景色决定擦除的颜色范围，如图5-54所示。

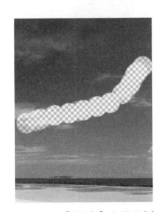

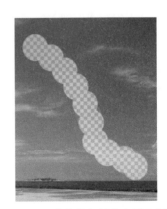

图5-52　【连续】应用示例　　　图5-53　【一次】应用示例　　　图5-54　【背景色板】应用示例

167

- 【限制】下拉列表：用于控制背景橡皮擦擦除颜色的范围。选择【不连续】选项，可以擦除图像中所有包含取样的颜色；选择【连续】选项，只能擦除所有包含取样颜色且与取样点相连的颜色；选择【查找边缘】选项，在擦除图像时将自动查找与取样点相连的颜色边缘，以便更好地保持颜色边界。
- 【容差】：决定在图像中选择要擦除颜色的精度。此值越大，可擦除颜色的范围就越大；此值越小，可擦除颜色的范围就越小。
- 【保护前景色】复选项：选择此复选项，将无法擦除图像中与前景色相同的颜色。

基础训练：使用背景橡皮擦工具

步骤解析

① 打开素材文件"素材\第05章\背景02.jpg"，如图5-55所示。

② 执行【文件】/【置入嵌入对象】命令，导入素材"素材\第05章\人物02.jpg"。

③ 拖动"人物"图片上的控制点，适当调整其大小，如图5-56所示，然后按 Enter 键确认。再执行【图层】/【栅格化】/【智能对象】命令，将人物图层栅格化。

图5-55 打开背景图片　　**图5-56 置入人物图片**

④ 选中"人物02"图层，选择【背景橡皮擦工具】，在其属性工具栏中单击【画笔预设】下拉按钮，设置画笔【大小】为"70像素"、【硬度】为"0%"，如图5-57所示。在属性栏中单击【取样：连续】按钮，设置【限制】选项为【连续】、【容差】值为"20%"。

⑤ 在人物白色背景处按住鼠标左键进行擦除，与光标十字中心处颜色接近的图像都将被擦除，效果如图5-58所示。

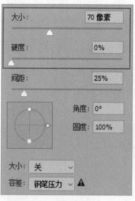

图5-57 设置参数　　**图5-58 擦除背景（1）**

⑥ 继续擦除其他白色背景，效果如图5-59所示。

⑦ 将画笔【大小】重设为"30像素"，继续擦除胳膊和头之间的区域，效果如图5-60所示。

⑧ 执行【文件】/【置入嵌入对象】命令，导入素材"素材\第05章\文字.jpg"。

⑨ 拖动"文字"图片上的控制点，适当调整其大小，如图5-61所示，按Enter键确认。然后执行【图层】/【栅格化】/【智能对象】命令，将文字图层栅格化。

⑩ 单击工具栏中的 ，选择一种柔边圆笔尖，设置笔尖【大小】为"100像素"、【硬度】为"0%"，在人物背景处拖曳鼠标光标，擦除人像背景，最终效果如图5-62所示。

图5-59 擦除背景（2）　　图5-60 擦除背景（3）

图5-61 加入文字图片　　图5-62 最终效果

5.2.3　魔术橡皮擦工具

【魔术橡皮擦工具】 具有魔棒工具识别取样颜色的特征。当图像中含有大片相同或相近的颜色时，利用魔术橡皮擦工具在要擦除的颜色区域内单击，可以一次性擦除所有与取样位置相同或相近的颜色，同样也会将背景层自动转换为普通层。

通过设置【容差】值还可以控制擦除颜色面积的大小，如图5-63所示。

在工具箱中选择【魔术橡皮擦工具】 ，其属性栏如图5-64所示，介绍如下。

（a）容差"32"　　（b）容差"60"

图5-63 设置不同【容差】值擦除的效果

图5-64 【魔术橡皮擦工具】属性栏

- 【容差】文本框：决定在图像中要擦除颜色的精度。此值越大，可擦除颜色的范围就越大；此值越小，可擦除颜色的范围就越小。
- 【消除锯齿】复选项：在擦除图像范围的边缘去除锯齿边。
- 【连续】复选项：在图像中擦除与鼠标光标落点颜色相近且相连的像素，否则将擦除图像中所有与鼠标光标落点颜色相近的像素。
- 【对所有图层取样】复选项：图 工具对图像中的所有图层起作用，否则只对当前层起作用。
- 【不透明度】选项：用于设置 图 工具擦除效果的不透明度。

基础训练：使用魔术橡皮擦工具

步骤解析

① 打开素材文件"素材\第05章\花.jpg"，如图5-65所示。

② 选取 图 工具，将鼠标光标移动到左上方的灰绿色背景位置单击鼠标左键，即可将该处的背景擦除，如图5-66所示。

图5-65 打开的图片

图5-66 擦除后的效果（1）

③ 移动鼠标光标至其他的背景位置依次单击鼠标左键，对图像进行擦除，效果如图5-67和图5-68所示。

图5-67 擦除后的效果（2）

图5-68 擦除后的效果（3）

✨ 要点提示

　　也许读者擦除后的效果与本例给出的不完全一样，这没关系，因为鼠标左键单击位置不同，擦除的效果也会不相同。此处只要沿花形将背景进行擦除即可。

　　④ 选取 🖌️ 工具，然后单击属性栏中的 ⬤ 图标，在弹出的【笔头设置】面板中设置参数如图5-69所示。

　　⑤ 将属性栏中的【不透明度】参数设置为"100%"，然后将鼠标光标移动到图像边缘的绿色背景位置按住鼠标左键拖曳，将花形以外的多余图像擦除，效果如图5-70所示。

图5-69　设置参数

图5-70　擦除后的效果（4）

　　⑥ 选取 🖌️ 工具，将笔头大小设置为"70像素"，然后设置属性栏中的各选项及参数如图5-71所示。

图5-71　【背景橡皮擦工具】的属性设置

　　⑦ 将鼠标光标移动到图5-72所示的背景位置，单击鼠标左键即可将该处背景擦除。

　　⑧ 将鼠标光标依次移动到其他的背景位置单击鼠标左键，擦除图像，最终效果如图5-73所示。

图5-72　鼠标光标放置的位置

图5-73　最终效果

> ✦ 要点提示
>
> 　　在利用 🖼 工具擦除图像时，要注意鼠标中心的十字光标不要触及红色的花瓣。另外，要在背景图像上单击鼠标左键，不要拖曳鼠标光标，这样系统会自动识别图像的边缘。

⑨ 按 Shift + Ctrl + S 组合键保存文件。

5.3　图像的简单修饰

原图图像和经过减淡、加深、去色、加色后的效果如图5-74所示。

图5-74　原图图像和经过减淡、加深、去色、加色后的效果

5.3.1　模糊工具

　　【模糊工具】🖼 如图5-75所示，它可以通过降低图像色彩反差来对图像进行模糊处理，从而使图像边缘变得模糊。使用该工具反复涂抹需要模糊的部位即可达到模糊效果。

　　涂抹次数越多，模糊效果越强烈，如图5-76所示。

图5-75　模糊工具　　图5-76　模糊工具应用示例

　　【模糊工具】属性栏如图5-77所示，介绍如下。

图5-77　【模糊工具】属性栏

· 【模式】下拉列表：用于设置色彩的混合方式。如果仅需要对画面进行局部模糊处

理，只需要选取【正常】选项即可。

- 【强度】选项：用于调节对图像进行涂抹的程度。其值越大，每次涂抹效果越明显。
- 【对所有图层取样】复选项：若选择此复选项，可以对所有图层起作用。若不选择此复选项，则只能对当前图层起作用。

基础训练：使用模糊工具

步骤解析

① 打开素材文件"素材/第5章/汽车.jpg"，如图5-78所示，为使主题汽车凸显出来，可对周围环境适当进行模糊处理。

② 选择【模糊工具】 ，在属性栏中设置画笔【大小】为"100像素"、【模式】为【正常】、【强度】为"50%"。

③ 移动鼠标光标到左侧树木处反复进行涂抹，可以看到涂抹的区域明显变模糊，效果如图5-79所示。

图5-78　打开的汽车图片

图5-79　模糊效果（1）

④ 适当调整画笔大小，继续对右侧远处进行涂抹，使之变模糊，效果如图5-80所示。

⑤ 对天空进行涂抹。注意，越远的背景越需要多次涂抹，才能变得更加模糊，最终效果如图5-81所示。

图5-80　模糊效果（2）

图5-81　最终效果

5.3.2 锐化工具

【锐化工具】△. 如图5-82所
示，其用途与模糊工具 ○. 恰好相
反，它是通过增大图像色彩反差来
锐化图像，从而使图像色彩对比更
强烈，其应用示例如图5-83所示。

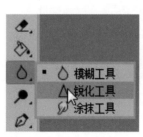

使用该工具反复涂抹需要锐化
的部位，即可达到锐化效果。涂抹
次数越多，锐化效果越强烈。但是

图5-82　锐化工具　　图5-83　锐化工具应用示例

如果涂抹过度，则会在图形上产生噪点和晕影。

锐化工具的属性栏与模糊工具的大致相同，在其属性栏中选择【保护细节】复选项，
在进行锐化处理时可以保护图形中的细节。

基础训练：使用锐化工具

步骤解析

① 打开素材文件"素
材/第5章/玩具熊.jpg"，
如图5-84所示，为使前面
两只玩具熊更加突出，可
对其进行适当锐化处理。

② 选择【锐化工具】
△.，在属性栏中设置画笔
大小为"60像素"、【模
式】为【正常】、【强

图5-84　打开的玩具熊图片　　图5-85　锐化效果

度】为"50%"，取消选择【对所有图层取样】复选项，选择【保护细节】复选项。

③ 移动鼠标光标到前面两只玩具熊处反复进行涂抹，涂抹的区域明显变尖锐，效果
如图5-85所示。

5.3.3 涂抹工具

【涂抹工具】 ⊿. 如图5-86所示，它主要用于涂抹图像，使图像产生类似于在未干的
画面上用手指涂抹的效果，如图5-87所示。

涂抹工具的属性栏与模糊工具、锐化工具的基本相同，只是多了【手指绘画】复选项。选择此复选项，相当于用手指蘸着前景色在图像中进行涂抹；若不选择此复选项，对图像进行涂抹只是使图像中的像素和色彩进行移动。

图5-86　涂抹工具

图5-87　涂抹工具应用示例

基础训练：使用涂抹工具

步骤解析

①打开素材文件"素材/第5章/葡萄.jpg"，如图5-88所示。

②选择【涂抹工具】，在属性栏中设置画笔【大小】为"40像素"、【模式】为【正常】、【强度】为"30%"。

③移动鼠标光标到画面中进行涂抹，效果如图5-89所示。

④将【强度】值调整为"60%"，选择【手指绘画】复选项，继续涂抹或在适当位置单击鼠标左键，结果如图5-90所示。

图5-88　葡萄图片　　图5-89　涂抹效果（1）　　图5-90　涂抹效果（2）

5.3.4　减淡工具

【减淡工具】，如图5-91所示，它可以对图像的阴影、中间色和高光部分进行提亮和加光处理，从而使图像变亮，应用示例如图5-92所示。

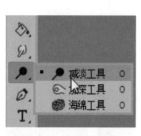

图5-91　减淡工具　　　　　　　　　图5-92　减淡工具应用示例

【减淡工具】 🔍 的属性栏如图5-93所示，介绍如下。

图5-93　【减淡工具】属性栏

· 【范围】下拉列表：包括【阴影】【中间调】和【高光】3个选项，用于设置减淡或加深处理的图像范围。

· 【曝光度】选项：用于设置对图像减淡或加深处理时的曝光强度。

基础训练：使用减淡工具

步骤解析

① 打开素材文件"素材/第5章/娃娃.jpg"，如图5-94所示。

② 选择【减淡工具】 🔍 ，在属性栏中设置画笔【大小】为"60像素"、【范围】为【中间调】、【曝光度】为"50%"，取消选择【保护色调】复选项。

③ 移动鼠标光标到脸部拖动，使皮肤变亮，效果如图5-95所示。

图5-94　娃娃图片　　　　　　　　　图5-95　减淡效果

5.3.5　加深工具

【加深工具】 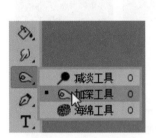 如图5-96所示，它可以对图像的阴影、中间色和高光部分进行遮光变暗处理，应用示例如图5-97所示。其属性栏与减淡工具的完全相同，这里不再介绍。

图5-96　加深工具

图5-97　加深工具应用示例

基础训练：应用加深工具

步骤解析

① 打开素材文件"素材/第5章/鸟.jpg"，如图5-98所示。

② 选择【加深工具】 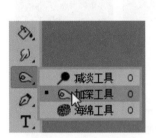，在属性栏中设置画笔【大小】为"60像素"、【范围】为【阴影】，以便修改背景；设置【曝光度】为"100%"，取消选择【保护色调】复选项，以便快速取色。

③ 按住鼠标左键在画面背景上进行涂抹，将背景调整为深蓝色，效果如图5-99所示。

图5-98　鸟图片

图5-99　加深效果

5.3.6　海绵工具

【海绵工具】 如图5-100所示，它可以对图像进行变灰或提纯处理，从而改变图像的饱和度。如果是灰度图形，则可以增加或降低图形的对比度，应用示例如图5-101所示。

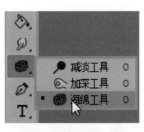

图5-100　海绵工具

图5-101　海绵工具应用示例

【海绵工具】的属性栏如图5-102所示，介绍如下。

图5-102　【海绵工具】属性栏

- 【模式】下拉列表：用于控制海绵工具的作用模式，包括【去色】和【加色】两个选项。若选择【去色】选项，则可以降低图像的饱和度；若选择【加色】选项，则可以增加图像的饱和度。
- 【流量】选项：用于控制去色或加色处理时的强度。数值越大，效果越明显。

基础训练：使用海绵工具

步骤解析

① 打开素材文件"素材/第5章/人物03.jpg"，如图5-103所示。

② 选择【海绵工具】 ，在属性栏中设置画笔【大小】为"100像素"、【流量】为"50%"、【模式】为【加色】。

③ 在人物脸部拖动鼠标光标，使皮肤颜色更加红润，效果如图5-104所示。

④ 设置【模式】为【去色】，继续拖动鼠标光标涂抹衣服，使衣服色彩减淡，呈现出陈旧的效果，如图5-105所示。

  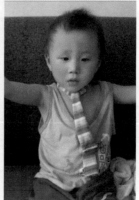

图5-103　人物图片　　图5-104　应用效果（1）　　图5-105　应用效果（2）

5.4 综合实例

下面结合综合实例来介绍本章主要设计工具的用法。

5.4.1	图像合成

扫一扫 看视频

下面灵活运用橡皮擦工具将图像的背景擦除，然后将其合成到新场景中。

步骤解析

① 打开素材文件"素材\第05章\人物04.jpg"和"素材\第05章\公园.jpg"，分别如图5-106和图5-107所示。

图5-106 人物图片　　　　　　　　　　　　　　图5-107 公园图片

② 将"人物04.jpg"文件设置为工作文件，选取【魔术橡皮擦工具】，并设置其属性参数及选项如图5-108所示。

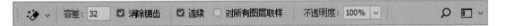

图5-108 设置魔术橡皮擦工具的属性

③ 将鼠标光标移动到画面中图5-109所示的位置单击鼠标左键，去除人物背景，效果如图5-110所示。

图5-109 鼠标光标位置　　　　　　　　　　　　图5-110 擦除背景效果

✦ 要点提示

　　注意，将鼠标光标移动到不同的位置单击鼠标左键，擦除的图像效果也各不相同，但最终目的都是将背景擦除。

　　④ 再次将鼠标光标移动到画面中图5-111所示的红色背景位置单击鼠标左键，擦除背景。

　　⑤ 在属性栏中适当调节魔术橡皮擦的笔头大小，继续擦除背景颜色。注意在鼠标光标的中心有一个小的十字光标，该光标是随机性拾取参考色的点，不能放置到人物上面，否则会将人物擦除，靠近人物轮廓时一定要小心，最终效果如图5-112所示。

图5-111　鼠标指针位置

图5-112　擦除背景状态

　　⑥ 选取【橡皮擦工具】 ，在属性栏中设置选项，如图5-113所示。

图5-113　设置橡皮擦工具属性

　　⑦ 将鼠标光标移动到画面中的红色杂点位置拖曳，继续擦除背景颜色，得到图5-114所示的效果。在擦除过程中，注意随时设置笔头大小，以取得精确的选取效果。

　　⑧ 把去掉背景后的"女生"移动复制到"公园.jpg"文件中，并利用变换命令将其调整至图5-115所示的形态及位置。

图5-114　擦除背景后的效果

图5-115　调整大小及位置后的效果

⑨ 执行【图层】/【图层样式】/【投影】命令，在弹出的【图层样式】对话框中设置【投影】参数如图5-116所示，然后单击 确定 按钮，添加投影后的效果如图5-117所示。

图5-116　设置【投影】参数

图5-117　添加投影后的效果

⑩ 按 Shift + Ctrl + Alt + E 组合键，将当前画面复制并合并为一个图层。

⑪选取【涂抹工具】 ，设置属性栏中的各选项如图5-118所示。

图5-118　设置涂抹工具属性

⑫将鼠标光标移动到人物与草地的接触位置，依次按下鼠标左键并向上涂抹，制作出部分草地超出人物图像的效果。

⑬选取【加深工具】 ，设置属性栏中的各选项如图5-119所示。

图5-119　设置加深工具属性

⑭将鼠标光标移动到人物与草地的接触位置按下鼠标左键并拖曳，表现出人物区域的投影，注意笔头大小的灵活调整，最终效果如图5-120所示。

⑮按 Shift + Ctrl + S 组合键保存文件。

图5-120　涂抹和加深后的效果

5.4.2　绘制创意鸡蛋效果

本例将综合利用减淡、加深、锐化和海绵工具来绘制一个创意鸡蛋。

步骤解析

① 新建一个【宽度】为"15厘米"、【高度】为"15厘米"、【分辨率】为"100像素/英寸"、【颜色模式】为【RGB颜色】、【背景内容】为【白色】的空白文件。

② 单击工具箱中的 ◯ 按钮，在属性栏中选取【路径】选项，然后绘制椭圆形路径，如图5-121所示。

> ✨ **要点提示**
>
> 为了使路径的形状类似于鸡蛋，接下来利用路径的可调整功能对椭圆形路径进行调整。使用工具箱中的 ▷ 工具单击路径时，并不是所有的控制柄都会出现，在路径上共有4个平滑点，将路径分为了四段，当单击不同的路径段时，所出现的控制柄会不同。

③ 单击工具箱中的 ▷ 按钮，在路径上单击鼠标左键，此时路径的平滑点上将出现调节控制柄，将鼠标光标放置在控制柄的控制点上，按住鼠标左键拖曳，对控制柄的角度进行调整，以改变路径形状，结果如图5-122所示。

④ 创建一个新的图层"图层 1"，然后按 Ctrl + Enter 组合键，将路径转换成选择区域，如图5-123所示。

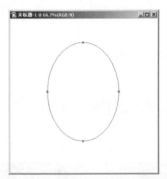

图5-121　绘制出的椭圆形路径

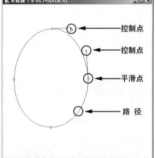

图5-122　调整路径形状

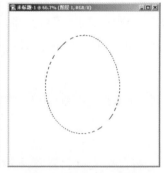

图5-123　转换成的选择区域

⑤ 将前景色设置为白色，将背景色设置为黑色。

⑥ 单击工具箱中的 ▥ 按钮，在属性栏中激活 ▣ 按钮，然后单击 ▭ 按钮右侧的下拉按钮，选取第1个选项【从前景色到背景色渐变】。

⑦ 单击 ▭ 按钮，弹出【渐变编辑器】对话框，将鼠标光标移动放置在渐变选项色带下方，此时光标显示为小手形状，如图5-124所示。

⑧ 单击鼠标左键，在鼠标光标单击的位置将添加一个颜色色标，并使添加的色标处于整条色带的"25%"位置，如图5-125所示。

图5-124　鼠标光标的位置

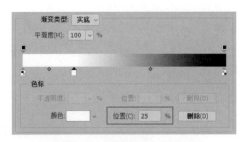

图5-125　添加的颜色色标位置

⑨ 单击【颜色】选项右侧的颜色框，弹出【拾色器】对话框，将颜色设置为灰色（K：10）。

⑩ 用同样的方法在色带的右侧继续添加颜色色标，所有色标等距排列，然后进行颜色设定，添加的颜色色标位置与颜色参数如图5-126所示。

⑪ 单击 确定 按钮，利用设置的渐变色对选区进行渐变填充，填充状态如图5-127所示。

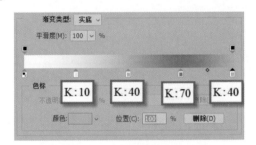

图5-126　渐变颜色与位置设置

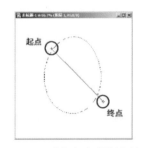

图5-127　进行颜色的渐变填充

⑫ 填充渐变颜色后的效果如图5-128所示，此时出现了鸡蛋图形大体的立体感。

鸡蛋的表面并不是非常平滑的，上面有一些粗糙的纹理，下面再利用滤镜命令来处理鸡蛋上面的粗糙纹理效果。

⑬ 执行【滤镜】/【杂色】/【添加杂色】命令，弹出【添加杂色】对话框，设置其选项及参数如图5-129所示，然后单击 确定 按钮，进行杂色的添加。

图5-128　渐变颜色填充效果

图5-129　【添加杂色】对话框

⑭ 执行【滤镜】/【滤镜库】命令，在打开的对话框中选择【纹理】/【龟裂缝】命令，【龟裂缝】选项及参数设置如图5-130所示，然后单击 ⟨　　确定　　⟩ 按钮，对图形进行龟裂缝效果的添加。

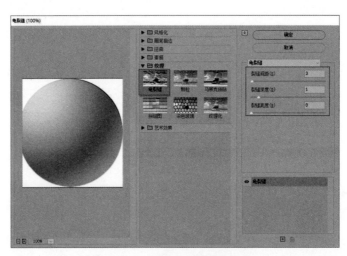

图5-130　设置【龟裂缝】参数

⑮ 按 Ctrl + D 组合键去除选择区域，这时可以看到鸡蛋边缘有一圈黑色的线条，如图5-131所示。

下面将产生的黑色线条去除，按 Ctrl + Alt + Z 组合键，将操作撤销到没有去除选区时的状态。

⑯ 执行【选择】/【修改】/【收缩】命令，弹出【收缩选区】对话框，设置【收缩量】为"1像素"，然后单击 确定 按钮，对选区进行收缩。

⑰ 执行【选择】/【反选】命令，将选区反选，然后按 Delete 键，将反选后选区中的黑色边缘删除，按 Ctrl + D 组合键去除选区，去除黑色边缘后的效果如图5-132所示。

⑱ 执行【滤镜】/【杂色】/【添加杂色】命令，弹出【添加杂色】对话框，设置选项及参数如图5-133所示，然后单击 确定 按钮添加杂色。

图5-131　鸡蛋边缘的黑色线条　　图5-132　去除黑色线条后的效果　　图5-133　【添加杂色】对话框

⑲ 执行【滤镜】/【模糊】/【高斯模糊】命令，弹出【高斯模糊】对话框，设置参数如图5-134所示，然后单击 确定 按钮，对鸡蛋中添加的杂色进行模糊处理。

✦✦ 要点提示

接下来利用减淡和加深工具对鸡蛋的高光区域和阴影区域进行强化处理，使鸡蛋的立体感效果更加突出。

⑳ 单击工具箱中的 🔍 按钮，设置笔头大小为"125像素"、【范围】为【中间调】、【曝光度】为"20%"，在鸡蛋的受光面位置拖曳鼠标光标，进行受光区域的提亮处理，如图5-135所示。将鸡蛋的受光面提亮后的显示效果如图5-136所示。

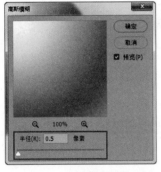

图5-134　【高斯模糊】对话框

图5-135　提高受光面亮度

图5-136　提亮后的鸡蛋显示效果

㉑ 单击工具箱中的 🔍 按钮，设置笔头大小为"60像素"、【范围】为【中间调】、【曝光度】为"10%"，在鸡蛋的背光面位置拖曳鼠标光标，增强鸡蛋明暗交界线的强度，效果如图5-137所示。

✦✦ 要点提示

接下来利用选区和渐变工具绘制鸡蛋的投影。

㉒ 创建"图层 2"，确保工具箱中的前景色为黑色。单击工具箱中的 🔍 按钮，在鸡蛋的右下角绘制图5-138所示的椭圆形选择区域。

图5-137　减暗背光面亮度

图5-138　绘制的选择区域

㉓ 设置前景色为黑色，背景色为白色。

㉔ 单击工具箱中的 ▣ 按钮，选择属性栏中的【线性渐变】工具 ▣ ，在【渐变编辑器】对话框中选择图5-139所示的【前景色到透明渐变】，然后单击 确定 按钮。

㉕ 使用选择的渐变色对选区由左向右进行渐变色的填充，效果如图5-140所示。完成后按 Ctrl + D 组合键，去除选区。

图5-139　【渐变编辑器】对话框

图5-140　填充渐变色后的效果

㉖ 执行【图层】/【排列】/【置为底层】命令，将"图层2"放置在"背景层"的上面。

㉗ 执行【滤镜】/【模糊】/【动感模糊】命令，在弹出的【动感模糊】对话框中设置图5-141所示的参数，模糊后的投影效果如图5-142所示。

图5-141　【动感模糊】对话框

图5-142　模糊后的投影效果

㉘ 按 Ctrl + T 组合键，为投影添加变形框，对投影进行调整变形，使其与光照的方向相一致，如图5-143所示。

㉙ 按 Enter 键确认投影的变形调整，绘制完成的投影效果如图5-144所示。

图5-143　调整投影

图5-144　绘制完成的投影效果

㉚ 将"图层 1"设置为当前工作层。

㉛ 执行【图像】/【调整】/【色彩平衡】命令，弹出【色彩平衡】对话框，设置参数如图5-145所示。完成后单击 确定 按钮，对鸡蛋的颜色进行调整，结果如图5-146所示。

图5-145　【色彩平衡】对话框

图5-146　调整颜色后的鸡蛋

㉜ 单击工具箱中的 △. 按钮，设置笔头大小为"100像素"、【模式】为【变亮】、【强度】为"40%"，然后在鸡蛋上涂抹，增强鸡蛋的粗糙质感，效果如图5-147所示。

㉝ 执行【滤镜】/【模糊】/【高斯模糊】命令，弹出【高斯模糊】对话框，设置【半径】为"0.3"后单击 确定 按钮，对鸡蛋进行模糊处理，效果如图5-148所示。

图5-147　锐化处理后的鸡蛋

图5-148　高斯模糊后的效果

✦ 要点提示

接下来在绘制完成的鸡蛋上面添加一只眼睛，制作出创意鸡蛋效果。

㉞ 打开素材文件"素材\第05章\眼睛.jpg"。

㉟ 单击工具箱中的 ♀. 按钮，在打开的图片中绘制选择区域，将眼睛选取，然后利用 ✛. 工具将选取的眼睛移动复制到鸡蛋画面中。

㊱ 按 Ctrl + T 组合键，为眼睛图形添加变形框，利用添加的变形框进行角度和大小的调整，如图5-149所示。

㊲ 按 Enter 键，确认眼睛图形的调整变形。按住 Ctrl 键，单击【图层】面板中的"图层 3"，进行选择区域的添加。

㊳ 执行【选择】/【修改】/【羽化】命令，弹出【羽化选区】对话框，设置【羽化半径】为"20像素"，单击 确定 按钮对选择区域进行羽化设置。

㊴ 执行【选择】/【反选】命令，将羽化后的选择区域反选，然后按 Delete 键，对眼睛图片进行羽化删除，羽化删除后的效果如图5-150所示。

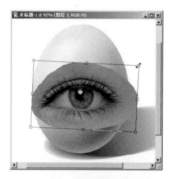
图5-149　将眼睛进行变形

图5-150　羽化删除后的效果

㊵ 单击工具箱中的 按钮，设置笔头大小为"65像素"、【模式】为【去色】、【流量】为"20%"，然后在眼睛图片上按住鼠标左键拖曳鼠标光标进行去色处理，效果如图5-151所示。

㊶ 在属性栏中设置【模式】为【加色】，调整合适大小的笔头后在眼球上拖曳鼠标光标进行加色处理，效果如图5-152所示。

图5-151　去色后的眼睛

图5-152　眼球加色后的效果

㊷ 执行【图像】/【调整】/【色彩平衡】命令，弹出【色彩平衡】对话框，设置参数如图5-153所示，然后单击 确定 按钮，对眼睛整体的颜色进行调整。

㊸ 执行【图像】/【调整】/【亮度/对比度】命令，弹出【亮度/对比度】对话框，设置参数如图5-154所示，然后单击 确定 按钮。

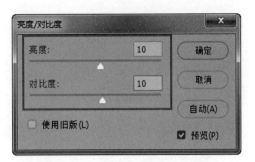

图5-153 【色彩平衡】对话框　　　　　　图5-154 【亮度/对比度】对话框

㊹ 调整眼睛颜色及亮度对比度后的效果如图5-155所示。

至此，鸡蛋创意效果绘制完成，最终效果如图5-156所示。

图5-155 调整颜色后的效果

图5-156 最终效果

㊺ 执行【文件】/【存储】命令，保存文件。

习题

① 使用渐变工具可以创建哪些特效？

② 橡皮擦工具、背景橡皮擦工具和魔术橡皮擦工具在用途上有何区别？

③ 模糊工具和锐化工具的功能完全相反吗？

④ 什么时候使用减淡工具？什么时候使用加深工具？

⑤ 说明海绵工具的主要用途。

第**6**章

文字工具和
矢量绘图

使用文字工具可以在作品中输入文字，还可以对文字进行
多姿多彩的特效制作和样式编辑，使设计的作品更加生动有
趣。使用路径可以方便、准确、快捷地绘制各种图形或选区，
形状工具是路径工具的一个扩展，是一些已经设定好形状的路
径工具。

6.1 创建文字

文字工具组中共有4种文字工具，包括【横排文字工具】 T.、【直排文字工具】 IT.、【横排文字蒙版工具】 T.和【直排文字蒙版工具】 IT.。

<table>
<tr><td>6.1.1</td><td>文字工具</td></tr>
</table>

【横排文字工具】 T.、【直排文字工具】 IT.主要用来创建实体文字，如点文字、段落文字、路径文字和区域文字等。【横排文字蒙版工具】 T.和【直排文字蒙版工具】 IT.则用来创建文字形状的选区。

✦ 要点提示

【横排文字工具】 T.、【直排文字工具】 IT. 的使用方法相同，区别在于文字的排列方式。【横排文字工具】 T. 输入的文字横向排列，是目前最常用的文字排列方式；【直排文字工具】 IT. 输入的文字纵向排列，适用于古典文字。

各种文字的应用示例如图6-1所示。

（a）横排文字和横排文字蒙版　　　　（b）直排文字　　　　（c）直排文字蒙版

图6-1　文字应用示例

利用文字工具可以在文件中输入点文字或段落文字。点文字适合在文字内容较少的画面中使用，例如标题或需要制作特殊效果的文字；当作品中需要输入大量的说明性文字内容时，利用段落文字输入比较适合。

以点文字输入的标题和以段落文字输入的文本内容如图6-2所示。

水调歌头

明月几时有？把酒问青天。不知天上宫阙，今夕是何年。我欲乘风归去，又恐琼楼玉宇，高处不胜寒。起舞弄清影，何似在人间？
转朱阁，低绮户，照无眠。不应有恨，何事长向别时圆？人有悲欢离合，月有阴晴圆缺，此事古难全。但愿人长久，千里共婵娟。

图6-2　输入的点文字和段落文字

6.1.2　设置文字属性

在输入文字之前，需要对文字的字体、大小和颜色等属性进行设置，这些设置可以在文字工具属性栏中进行。

在工具箱中选择【横排文字工具】 T，其属性栏如图6-3所示，其主要参数介绍如下。

图6-3　【横排文字工具】属性栏

（1）转换文字方向

单击【切换文本取向】按钮 T，可以将水平文字转换为垂直文字，或者将垂直文字转换为水平文字。

执行【文字】/【文本排列方向】/【横排】或【竖排】命令，也可转换文字的方向，如图6-4所示。

（a）横排文字　　　　　　　　　（b）竖排文字

图6-4　转换文字方向

（2）设置文字字符格式

· 【设置字体系列】 Tw Cen MT Conden... ：此下拉列表中的字体用于设置输入文字的字体，也可以将输入的文字选择后再在字体列表中重新设置字体，如图6-5所示。

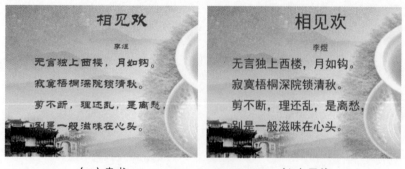

（a）隶书　　　　　　　　　（b）黑体

图6-5　设置字体系列

- 【设置字体样式】<u>Regular ▾</u>：在此下拉列表中可以设置文字的字体样式，根据字体系列不同，有Regular（规则）、Italic（斜体）、Bold（粗体）和Bold Italic（粗斜体）等不同字体样式。

> ✨ **要点提示**
>
> 当在字体列表中选择Arial等部分英文字体时，此列表中的选项才可用。

- 【设置字体大小】<u>36点 ▾</u>：用于设置文字的大小。若要改变部分文字的大小，则先选中这些文字后再设置字体大小。
- 【设置消除锯齿的方法】<u>锐利 ▾</u>：决定文字边缘消除锯齿的方式，包括【无】【锐利】【犀利】【浑厚】【平滑】【Windows LCD】【Windows】等方式。其中前5种最常用：选取【锐利】时文字边缘最锐利；选取【犀利】时文字边缘比较锐利；选取【浑厚】时文字边缘比较厚重；选取【平滑】时文字边缘比较锐利光滑，其对比如图6-6所示。

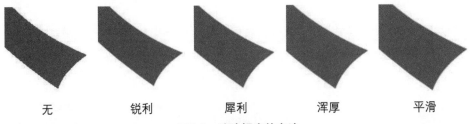

| 无 | 锐利 | 犀利 | 浑厚 | 平滑 |

图6-6　消除锯齿的方法

（3）设置文字对齐方式

- 使用横排文字工具输入水平文字时，对齐方式按钮显示为 ▤▤▤，分别为左对齐、水平居中对齐和右对齐，其对比如图6-7所示。

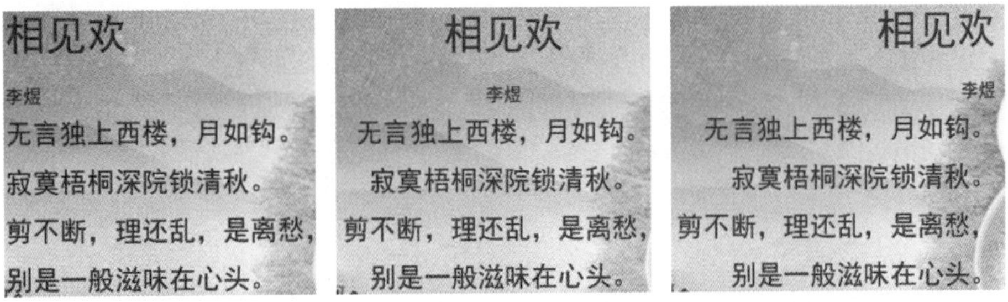

（a）左对齐　　　　（b）水平居中对齐　　　　（c）右对齐

图6-7　文字对齐方式

- 使用直排文字工具输入垂直文字时，对齐方式按钮显示为 ▥▥▥，分别为顶对齐、垂直居中对齐和底对齐。

（4）设置文字颜色

单击【文字颜色】色块，弹出图6-8所示的【拾色器】对话框，利用该对话框可以修改、选择文字的颜色。修改前，需要先选中需要修改的文字，示例如图6-9所示。

图6-8　【拾色器】对话框 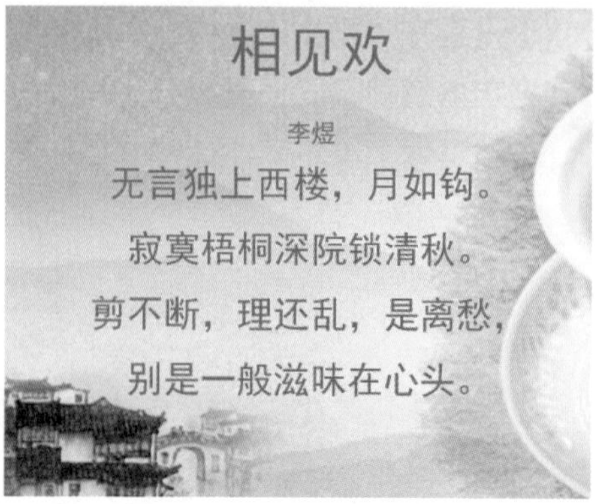　　　　　图6-9　修改文字颜色

（5）设置文字的变形效果

单击【创建文字变形】按钮 ，弹出【变形文字】对话框，该对话框用于设置文字的变形效果。具体操作稍后讲述。

> ✨ 要点提示
>
> 在图像中创建和编辑文字时，属性栏右侧还会出现 ✓ 和 ⊘ 按钮。单击属性栏中的 ✓ 按钮，可以确认添加或修改文字的操作；单击属性栏中的 ⊘ 按钮，则撤销操作。

6.1.3　【字符】面板

执行【窗口】/【字符】命令或【文字】/【面板】/【字符面板】命令，以及单击文字工具属性栏中的 按钮，都将弹出【字符】面板，如图6-10所示。

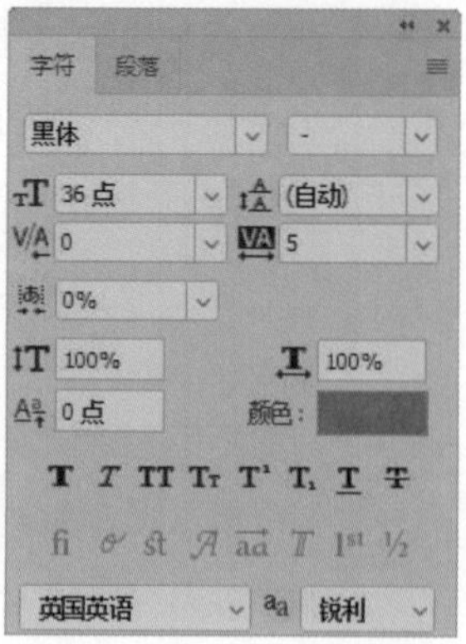

在【字符】面板中设置字体、字号、字型和颜色的方法与在属性栏中设置相同，在此不再赘述。下面介绍设置字间距、行间距和基线偏移等功能的方法。

- 【设置行距】 ：设置文本中每行文字之间的距离。

- 【设置两个字符间的字距微调】 ：设置相邻两个字符之间的距离。设置此选项时不需要选择字符，只需在字符之间单击鼠标左键以指定插入点，然后设置相应的参数即可。

图6-10　【字符】面板

- 【设置所选字符的字距调整】 ：用于设置文本中相邻两个文字之间的距离。

- 【设置所选字符的比例间距】 ：设置所选字符的间距缩放比例。可以在此下拉列表中选择0%～100%的缩放数值。

- 【垂直缩放】 IT 100% 和【水平缩放】 I. 100% ：设置文字在垂直方向和水平方向的缩放比例。
- 【设置基线偏移】 A⁺ 0点 ：设置文字由基线位置向上或向下偏移的高度。在文本框中输入正值，可使横排文字向上偏移，直排文字向右偏移；输入负值，则可使横排文字向下偏移，直排文字向左偏移，效果如图6-11所示。

图6-11　文字偏移效果

- 【语言设置】下拉列表：在此下拉列表中可选择不同国家的语言，主要包括美国、英国、法国及德国等。

【字符】面板中各按钮的含义讲述如下，激活不同按钮时的文字效果如图6-12所示。

图6-12　文字效果

- 【仿粗体】按钮 T ：可以将当前选择的文字加粗显示。
- 【仿斜体】按钮 T ：可以将当前选择的文字倾斜显示。
- 【全部大写字母】按钮 TT ：可以将当前选择的小写字母变为大写字母显示。
- 【小型大写字母】按钮 Tr ：可以将当前选择的字母变为小型大写字母显示。
- 【上标】按钮 T¹ ：可以将当前选择的文字变为上标显示。
- 【下标】按钮 T₁ ：可以将当前选择的文字变为下标显示。
- 【下划线】按钮 T ：可以在当前选择的文字下方添加下划线。
- 【删除线】按钮 T ：可以在当前选择的文字中间添加删除线。

6.1.4　【段落】面板

【段落】面板的主要功能是设置文字的对齐方式及缩进量。在【字符】面板中单击选项卡或执行【窗口】/【段落】命令，都可以弹出【段落】面板。

当选择横向的文本时，【段落】面板如图
6-13所示。

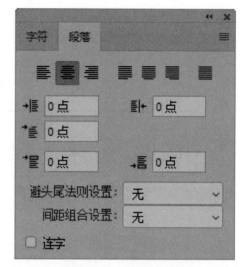

- 按钮：这3个按钮的功能是设置横向文本的对齐方式，分别为左对齐、居中对齐和右对齐。
- 按钮：只有在图像文件中选择段落文本时这4个按钮才可用。它们的功能是调整段落中最后一行的对齐方式，分别为左对齐、居中对齐、右对齐和两端对齐。

当选择竖向的文本时，【段落】面板最上一行各按钮的功能介绍如下。

图6-13 【段落】面板

- 按钮：这3个按钮的功能是设置竖向文本的对齐方式，分别为顶对齐、居中对齐和底对齐。
- 按钮：只有在图像文件中选择段落文本时，这4个按钮才可用。它们的功能是调整段落中最后一列的对齐方式，分别为顶对齐、居中对齐、底对齐和两端对齐。
- 【左缩进】：用于设置段落左侧的缩进量。
- 【右缩进】：用于设置段落右侧的缩进量。
- 【首行缩进】：用于设置段落第1行的缩进量。
- 【段前添加空格】：用于设置每段文本与前一段之间的距离。
- 【段后添加空格】：用于设置每段文本与后一段之间的距离。
- 【避头尾法则设置】和【间距组合设置】：用于编排日语字符。
- 【连字】：选择此复选项，则允许使用连字符连接单词。

6.1.5　调整段落文字

在编辑模式下，通过调整文字定界框可以调整段落文字的位置、大小和形态。

6.1.5.1 调整文字位置和大小

① 将鼠标光标移动到定界框内，当鼠标光标显示为移动符号 ▶ 时按住鼠标左键拖曳，可调整文字的位置，如图6-14所示。

② 将鼠标光标移动到定界框各角的控制点上，当鼠标光标显示为 ↖ 双向箭头时按住鼠标左键拖曳，可调整文字的大小，如图6-15所示。

图6-14 移动文字的位置 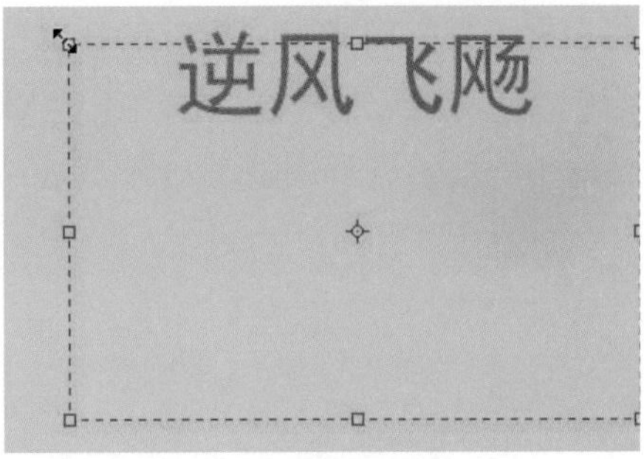　　　　图6-15 调整文字的大小

③ 按下 Ctrl 键拖曳四角的控制点，在不释放 Ctrl 键的同时再按住 Shift 键拖曳，可在缩放文字时保持文字的长宽比不变。

6.1.5.2 调整段落文字

① 在段落文字的编辑模式下，将鼠标光标放置在定界框任意的控制点上，当鼠标光标显示为双向箭头时按住鼠标左键拖曳，可直接调整定界框的大小，此时文字的大小不会发生变化，只会在调整后的定界框内重新排列，示例如图6-16所示。

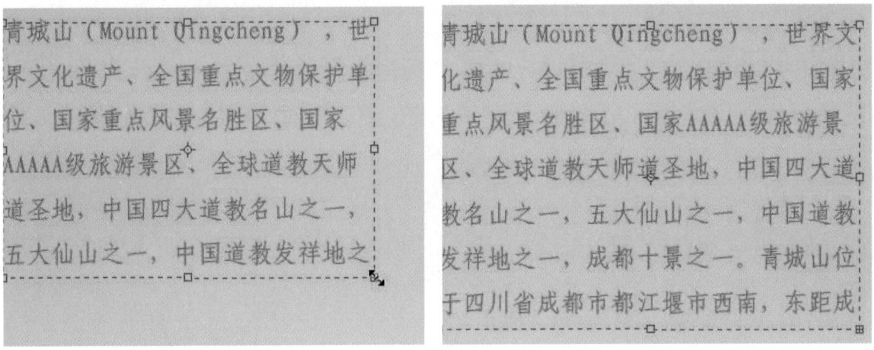

（a）调整前　　　　　　　　　　（b）调整后

图6-16 缩放定界框（1）

② 若按住 Ctrl 键缩放定界框，则框内文字会同步缩放，内容不变，示例如图6-17所示。

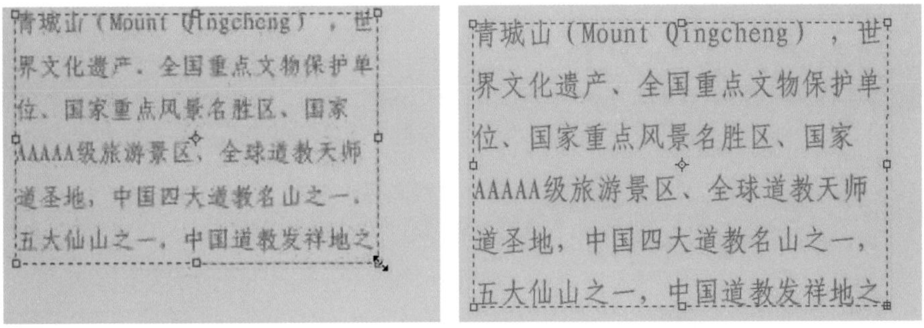

（a）调整前　　　　　　　　　　（b）调整后

图6-17 缩放定界框（2）

③ 将鼠标光标移动到定界框外的任意位置，当鼠标光标显示为旋转符号 ✥ 时按住鼠标左键拖曳，可以使文字旋转。按下 Ctrl 键的同时再按住 Shift 键进行旋转，可将旋转限制为按 15° 角的增量进行调整，示例如图6-18所示。

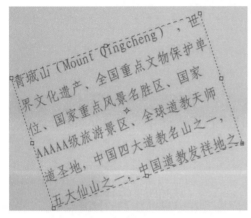

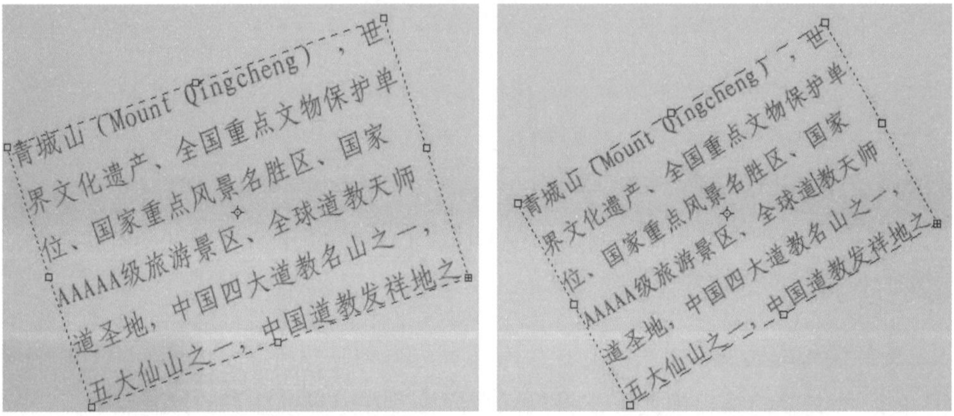

（a）任意角度旋转　　　　　　　　　　（b）15°倍数旋转

图6-18　旋转文字

6.1.5.3 调整旋转中心

① 在按住 Ctrl 键的同时将鼠标光标移动到定界框的中心位置，当鼠标光标显示为符号 ▶◆ 时按住鼠标左键拖曳，可调整旋转中心的位置，示例如图6-19所示。

（a）调整前　　　　　　　　　　　　（b）调整后

图6-19　调整旋转中心的位置

② 按住 Ctrl 键将鼠标光标移动到定界框的任意控制点上，当鼠标光标显示为倾斜符号 ▶ 时按住鼠标左键拖曳，可以使文字倾斜，示例如图6-20所示。

（a）调整前　　　　　　　　　　　　（b）调整后

图6-20　倾斜文字

> ✦ 要点提示
>
> 对文字进行变形操作除利用定界框外，还可利用菜单【编辑】/【变换】中的命令，但不能执行【扭曲】和【透视】变形，只有将文字层转换为普通层后才可用。

6.1.6　创建点文字

利用文字工具输入点文字时，每行文字都是独立的，行的长度随着文字的输入不断增加，无论输入多少文字都是在一行内，只有按 Enter 键才能切换到下一行输入文字。

在文字工具组中选择 T. 或 IT. 工具，鼠标指针将显示为文字输入光标 [] 或 [][]，在文件中单击鼠标左键，指定输入文字的起点。

此时【图层】面板中将会增加一个文字图层，如图6-21所示，在属性栏或【字符】面板中设置相应的文字选项，再输入需要的文字即可。按 Enter 键可使文字切换到下一行；单击属性栏中的 ✔ 按钮，可完成点文字的输入，如图6-22所示。

图6-21　新建文字图层　　　　图6-22　输入文字

如果要修改部分字符的属性，可以拖动鼠标光标将其选中，如图6-23所示，然后在属性栏或【字符】面板中进行修改，结果如图6-24所示。

图6-23　选取对象　　　　图6-24　修改结果

6.1.7　创建段落文字

在图像中添加文字，很多时候需要输入一段内容，如一段商品介绍等。输入这种文字时，可利用定界框来创建段落文字，即先利用文字工具绘制一个矩形定界框，以限定段落文字的范围，再输入文字时，系统将根据定界框的宽度自动换行。

段落文字常用于书籍、报纸等整齐排列文字的版面设计。

在文字工具组中选择 T. 或 IT. 工具，然后在文件中拖曳鼠标光标绘制一个定界框，并在属性栏、【字符】面板或【段落】面板中设置相应的选项，即可在定界框中输入需要的文字，如图6-25所示。文字输入到定界框的右侧时将自动切换到下一行，如图6-26所示。

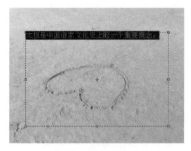
图6-25　输入文字

图6-26　自动换行

输入完一段文字后，按 Enter 键可以切换到下一段文字，如图6-27所示。

当文字太多定界框无法全部容纳时，定界框右下角将出现溢出标记符号 田，通过拖曳定界框四周的控制点，可以调整定界框的大小，显示全部的文字内容，如图6-28所示。

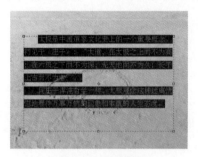
图6-27　切换段落

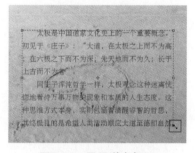
图6-28　显示溢出标记

文字输入完成后，单击属性栏中的 ✓ 按钮，即可完成段落文字的输入。

✦ 要点提示

在绘制定界框之前，按住 Alt 键单击鼠标左键或拖曳鼠标光标，将会弹出【段落文字大小】对话框，在该对话框中设置定界框的宽度和高度，如图6-29所示，然后单击 确定 按钮，可以按照指定的大小绘制定界框。按住 Shift 键拖动鼠标光标，可以创建正方形的文字定界框，如图6-30所示。

图6-29　【段落文字大小】对话框

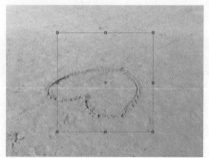
图6-30　创建正方形的文字定界框

6.1.8　创建文字选区

用【横排文字蒙版工具】⊡ 和【直排文字蒙版工具】⊡ 可以创建文字选区，文字选区具有与其他选区相同的性质。

创建文字选区的操作方法为：选择文字工具组中的 ⊡ 或 ⊡ 工具，并设置文字选项，再在文件中单击鼠标左键，此时图像暂时转换为快速蒙版模式，画面中会出现一个红色的蒙版，此时可开始输入需要的文字。

在输入文字过程中，如要移动文字的位置，可按住 Ctrl 键，然后将鼠标光标移动到变形框内按下并拖曳。单击属性栏中的 ✓ 按钮，即可完成文字选区的创建。

6.1.9　点文本与段落文本相互转换

在实际操作中，经常需要将点文字转换为段落文字，以便在定界框中重新排列字符，或者将段落文字转换为点文字，使各行文字独立排列。

其转换方法非常简单，在【图层】面板中选择要转换的文字层，并确保文字没有处于编辑状态，然后执行【文字】/【转换为段落文本】或【转换为点文本】命令，即可完成点文字与段落文字之间的相互转换。

基础训练：输入文字并编辑

下面通过为画面添加文字，学习文字的基本输入方法及利用【字符】面板设置文字属性的操作方法。

步骤解析

① 打开素材文件"素材/第6章/背景.jpg"，如图6-31所示。

② 选取【横排文字工具】⊡，在画面中依次输入图6-32所示文字。

③ 选择"绿色行动"后释放鼠标左键，然后为其选择字体（本例为"汉仪大黑简"），如图6-33所示。

图6-31　打开的图片

图6-32　输入的文字

图6-33 选择的字体

在文字输入完成后若想更改个别文字的格式，必须先选择这些文字。选择文字的具体操作如下。

- 在要选择字符的起点位置按下鼠标左键，然后向前或向后拖曳鼠标光标。
- 在要选择字符的起点位置单击鼠标左键，然后按住 Shift 键或 Ctrl + Shift 组合键不放，再按键盘中的 → 或 ← 键。
- 在要选择字符的起点位置单击鼠标左键，然后按住 Shift 键并在选择字符的终点位置再次单击，可以选择某个范围内的全部字符。
- 执行【选择】/【全部】命令或按 Ctrl + A 组合键，可选择该图层中的所有字符。
- 在文本的任意位置双击鼠标左键，可以选择该位置的一句文字；快速单击鼠标左键3次，可以选择整行文字；快速单击鼠标左键5次，可以选择该图层中的所有字符。

④ 单击属性栏中的 ▤ 按钮，在弹出的【字符】面板中修改文字的颜色为白色，然后修改字体、大小及行间距参数如图6-34所示。

图6-34 修改字体及大小等参数

⑤ 打开【段落】面板，按照图6-35所示设置行间距。

图6-35 设置行间距

⑥ 用与步骤③相同的方法，将第2行文字选择，然后在【字符】面板中设置字体、大小参数及颜色，如图6-36所示，最后单击属性栏中的 ☑ 按钮完成文字的设置。

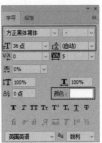

图6-36　设置的文字字体及大小

⑦ 单击 ▤ 按钮将输入的文字居中对齐，结果如图6-37所示。

图6-37　调整文字对齐方式

⑧ 按住 Ctrl 键将当前工具暂时切换为 ✛ 工具，在文字上按下鼠标左键并拖曳鼠标光标，将调整后的文字移动到图6-38所示的位置。

图6-38　移动文字位置

⑨ 执行【图层】/【图层样式】/【斜面和浮雕】命令，为文字添加斜面和浮雕效果，参数设置如图6-39所示。

⑩ 执行【图层】/【图层样式】/【外发光】命令，为文字添加外发光效果（发光颜色为"142，45，45"），参数设置如图6-40所示，最终设计结果如图6-41所示。

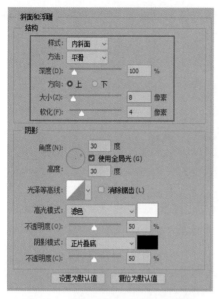

图6-39 设置【斜面与浮雕】参数

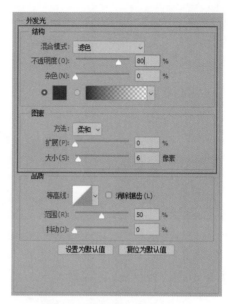

图6-40 设置【外发光】参数

图6-41 最后设计结果

⑪ 按 Shift + Ctrl + S 组合键保存文件。

6.2 文字转换和变形

利用Photoshop CC 2020中的文字工具在作品中输入文字后，通过Photoshop CC 2020强大的编辑功能可以对文字进行转换和变形，使设计出的作品更加生动有趣。

6.2.1 文字转换

文字转换的具体操作如下。

（1）将文字转换为路径

执行【文字】/【创建工作路径】命令可以将文字转换为路径，转换后将以临时路径

"工作路径"出现在【路径】面板中。在文字图层中创建的工作路径可以像其他路径那样存储和编辑，但不能将此路径形态的文字作为文本再进行编辑。将文字转换为工作路径后，原文字图层保持不变并可继续进行编辑。

（2）将文字转换为形状

执行【文字】/【转换为形状】命令，可以将文字图层转换为具有矢量蒙版的形状图层，此时可以编辑矢量蒙版来改变文字的形状，或者为其应用图层样式，但是无法在图层中将字符再作为文本进行编辑。

（3）将文字层转换为工作层

许多编辑命令和编辑工具无法在文字层中使用，必须先将文字层转换为普通层才可以，其转换方法有以下3种。

- 将要转换的文字层设置为工作层，然后执行【文字】/【栅格化文字图层】命令，即可将其转换为普通层。
- 在【图层】面板中要转换的文字层上单击鼠标右键，在弹出的快捷菜单中选择【栅格化文字】命令。
- 在文字层中使用编辑工具或命令（例如画笔工具、橡皮擦工具和各种滤镜命令等）时，会弹出询问对话框，直接单击 确定 按钮也可以将文字栅格化。

6.2.2　文字变形

利用文字的变形命令可以扭曲文字，以生成扇形、弧形、拱形或波浪等各种不同形态的特殊文字效果。对文字应用变形后，还可随时更改文字的变形样式，以改变文字的变形效果。

单击属性栏中的 按钮或执行【文字】/【文字变形】命令，将弹出【变形文字】对话框，利用该对话框设置输入文字的变形效果。

> ✨ **要点提示**
>
> 在【变形文字】对话框中只有当【样式】下拉列表中选择除【无】以外的其他选项后各参数才可调整，如图6-42所示。

图6-42　【变形文字】对话框

- 【样式】下拉列表：用于设置文本最终的变形效果，在该下拉列表中选择不同的选项，文字的变形效果也各不相同。
- 【水平】和【垂直】单选项：设置文本的变形是在水平方向还是垂直方向上进行。

- 【弯曲】：设置文本扭曲的程度。
- 【水平扭曲】：设置文本在水平方向上的扭曲程度。
- 【垂直扭曲】：设置文本在垂直方向上的扭曲程度。

选择不同的样式，文本变形后的不同效果如图6-43所示。

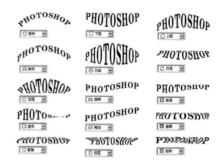

图6-43　文本变形效果

6.3　沿路径文字

在Photoshop CC 2020中，可以利用文字工具沿着路径输入文字，路径可以是用钢笔工具或矢量形状工具创建的任意形状路径，在路径边缘或内部输入文字后还可以移动路径或更改路径的形状，且文字会顺应新的路径位置或形状。

沿路径输入文字的效果如图6-44所示。

（a）在开放路径上输入文字　　　　（b）在闭合路径内输入文字

图6-44　沿路径输入文字的效果

6.3.1　创建沿路径排列文字

沿路径排列的文字可以沿开放路径排列也可以沿闭合路径排列，只是在闭合路径内输入文字相当于创建段落文字。

6.3.1.1　在开放路径上输入文字

使用钢笔工具在画面中绘制路径，如图6-45所示。

选取 T. 工具，将鼠标指针移动到路径上，当其变为 ♪ 形状时单击鼠标左键，此时在路径的单击处会出现一个闪烁的插入点光标，此处为文字的起点。

路径的终点会变为一个小圆圈，此圆圈表示文字的终点，从起点到终点就是路径文字的显示范围，然后输入需要的文字，文字即会沿路径排列。

输入完成后，单击属性栏中的 ☑ 按钮，即可完成沿路径文字的输入，如图6-46所示。

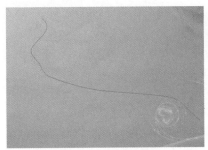
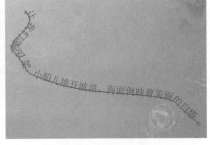

图6-45　绘制路径　　　　　　　　　　**图6-46　创建文字**

6.3.1.2 在闭合路径内输入文字

选择 T. 或 IT. 工具，将鼠标指针移动到闭合路径内，当鼠标指针显示为 ↓ 形状时单击鼠标左键，指定插入点，此时在路径内会出现闪烁的光标。在路径外出现文字定界框，即可输入文字，如图6-47所示。

（a）示例1　　　　　　　　　　　（b）示例2

图6-47　在闭合路径内输入文字

6.3.2　编辑沿路径文字

文字沿路径排列后，还可对其进行编辑，包括调整路径上文字的位置、显示隐藏文字和调整路径的形状等。

6.3.2.1 编辑路径上的文字

利用 ▶. 或 ▶. 工具可以移动路径上文字的位置。

选择 ⬚ 或 ⬚ 工具，将鼠标指针移动到路径文字的起点，待其变为 ⬚ 形状时，在路径的外侧沿着路径拖曳鼠标指针，即可移动文字在路径上的位置，如图6-48所示。

（a）移动前　　　　　　　　　　　　　（b）移动后

图6-48　移动路径上文字的位置

当鼠标指针显示 ⬚ 形状时，在圆形路径内侧单击鼠标左键或拖曳鼠标指针，文字将会跨越到路径的另一侧，如图6-49所示。

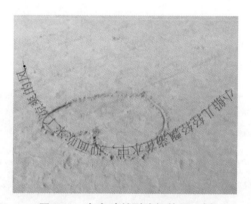

图6-49　文字跨越到路径的另一侧

通过设置【字符】面板中的【设置基线偏移】选项，可以调整文字与路径之间的距离，如图6-50所示。

图6-50　文字与路径的距离

6.3.2.2 隐藏和显示路径上的文字

选择 [图标] 或 [图标] 工具，将鼠标指针移动到路径文字的起点或终点位置，当其显示为 [图标] 形状时顺时针或逆时针方向拖曳鼠标指针，可以在路径上隐藏部分文字，此时文字终点图标显示为 ⊕ 形状，如图6-51所示。

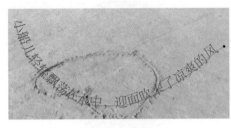

（a）隐藏前　　　　　　　　　　　（b）隐藏后

图6-51　隐藏文字

当拖曳至文字的起点位置时，文字将全部隐藏，再拖曳鼠标指针，文字又会在路径上显示。

6.3.2.3 改变路径的形状

当路径的形状发生变化后，路径上的文字将跟随路径一起发生变化。利用 [图标]、[图标]、[图标] 或 [图标] 工具都可以调整路径的形状，如图6-52所示。

（a）调整前　　　　　　　　　　　（b）调整后

图6-52　改变路径的形状

基础训练：设计标贴

下面将灵活运用文字工具及沿路径排列的功能来设计一个标贴。

步骤解析

① 新建一个【宽度】为"18厘米"、【高度】为"20厘米"、【分辨率】为"150像素/英寸"、【颜色模式】为【RGB颜色】、【背景内容】为【白色】的文件。

② 新建"图层1"，利用 [图标] 工具绘制出图6-53所示的椭圆形选区，然后为其填充深绿色（R：44，G：79，B：45）。

③执行【选择】/【变换选区】命令，打开其工具属性栏。

④激活属性栏中的 按钮，并将属性栏中的【W】【H】选项设置为"70%"，选区缩小后的状态如图6-54所示。

图6-53 绘制的选区

图6-54 等比例缩小选区

⑤按 Enter 键确认选区的缩小操作，然后按 Delete 键，将选中的部分删除，效果如图6-55所示。

⑥再次执行【选择】/【变换选区】命令，打开其工具属性栏，然后激活属性栏中的按钮，并将属性栏中的【W】选项参数设置为"145%"，选区放大后的状态如图6-56所示，按 Enter 键确认。

⑦新建"图层2"，执行【编辑】/【描边】命令，在弹出的【描边】对话框中将描边【宽度】设置为"2像素"，然后单击 确定 按钮，效果如图6-57所示。

图6-55 删除后的效果   图6-56 选区放大后的效果   图6-57 描边效果

⑧用与步骤⑥、⑦相同的方法将选区缩小66%并描绘边缘，然后按 Ctrl + D 组合键去除选区，效果如图6-58所示。

⑨打开素材文件"素材/第6章/矢量图案.jpg"。

⑩选取 工具，将矢量图移动复制到文件中，并将生成的"图层3"调整到"图层1"的下方，然后将图像调整至图6-59所示的大小及位置。

⑪选取 工具，在属性栏左侧的下拉列表中选择【路径】选项，然后在画面中绘制图6-60所示的路径。

图6-58 描边后的效果　　　图6-59 插入插画　　　图6-60 绘制的路径

⑫ 选取 T. 工具，将鼠标指针移动到路径的左上方位置，当鼠标指针显示为 I 形状时单击鼠标左键，插入文字输入光标，如图6-61所示。

⑬ 沿路径输入"夏日阳光休闲旅店"文字，调整文字字体（汉仪大黑简）、字号（40）及字间距后的效果如图6-62所示，然后单击属性栏中的 ☑ 按钮确认输入文字操作。

⑭ 选择 ▶. 工具，调整文字位置，结果如图6-63所示。

图6-61 设置的文字输入起点　　　图6-62 输入的文字　　　图6-63 调整文字位置

⑮ 激活 T. 工具，设置【字符】面板中的【设置基线偏移】选项参数，如图6-64所示，结果如图6-65所示。

⑯ 给文字设置适当的图层样式，效果如图6-66所示。

⑰ 使用类似的方法绘制路径，如图6-67所示。

图6-64 设置基线偏移　　　图6-65 修改结果　　　图6-66 修改图层样式　　　图6-67 绘制路径

⑱ 输入文字并调整其位置，结果如图6-68所示。

⑲ 设置适当的图层样式，结果如图6-69所示。

图6-68　输入文字

图6-69　修改图层样式

⑳ 按 Ctrl + S 组合键保存文件。

6.4 路径工具

学习使用路径，就先要了解什么是路径，本节对路径的一些基本概念进行简单的介绍。

6.4.1　路径的概念

路径是由一条或多条线段、曲线组成的，每一段都有锚点标记，通过编辑路径的锚点，可以很方便地改变路径的形状。路径的构成说明如图6-70所示。

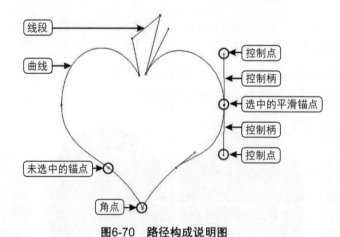

图6-70　路径构成说明图

6.4.1.1　路径的构成

路径中角点和平滑点都属于路径的锚点，选中的锚点显示为实心方形，而未选中的锚点显示为空心方形。

在曲线路径上，每个选中的锚点将显示一条或两条控制柄，控制柄以控制点结束。控制柄和控制点的位置决定曲线的大小和形状，移动这些元素将改变路径中曲线的形状。

> ✨ **要点提示**
>
> 路径不是图像中的真实像素，而只是一种矢量绘图工具绘制的线形或图形，对图像进行放大或缩小时，路径不会产生影响。

路径可以是闭合的，没有起点或终点，也可以是开放的，有明显的起止点，如图6-71所示。

图6-71 闭合路径与开放路径说明图

6.4.1.2 工作路径和子路径

一个工作路径可以由一个或多个子路径构成。在图像中，每次使用【钢笔工具】 🖋 或【自由钢笔工具】 🖋 创建的路径都是一个子路径。

如图6-72所示就是一个工作路径，其中四边形路径、三角形路径和曲线路径都是子路径，它们共同构成一个工作路径。每个子路径可以进行单独的移动、变形等操作。同一个工作路径中的多个子路径间可以进行计算、对齐和分布等操作。

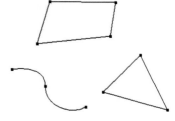

图6-72 工作路径

6.4.1.3 使用路径工具

Photoshop CC 2020提供的路径工具包括【钢笔工具】 🖋、【自由钢笔工具】 🖋、【弯度钢笔工具】 🖋、【添加锚点工具】 🖋、【删除锚点工具】 🖋 及【转换点工具】 ⌐。下面详细介绍这些工具的功能和使用方法。

使用路径工具可以轻松绘制出各种形式的矢量图形和路径，具体绘制图形还是路径取决于属性栏左侧下拉列表中的选项。

- 【形状】选项：选择此选项，可以创建用前景色填充的图形，同时在【图层】面板中自动生成包括图层缩览图和矢量蒙版缩览图的形状层，并在【路径】面板中生成矢量蒙版。双击图层缩览图可以修改形状的填充颜色。当路径的形状调整后，填充的颜色及添加的效果会跟随一起发生变化。

- 【路径】选项：选择此选项，可以创建普通的工作路径，此时在【图层】面板中不会生成新图层，仅在【路径】面板中生成工作路径。
- 【像素】选项：选择此选项，可以绘制用前景色填充的图形，但不在【图层】面板中生成新图层，也不在【路径】面板中生成工作路径。注意，使用钢笔工具时此选项显示为灰色不可用，只有使用矢量形状工具时才可用。

6.4.2　钢笔工具

选择【钢笔工具】 ，在图像文件中依次单击鼠标左键，可以创建直线形态的路径；拖曳鼠标指针可以创建平滑流畅的曲线路径。

将鼠标指针移动到第1个锚点上，当笔尖旁出现小圆圈时单击鼠标左键可创建闭合路径。在路径未闭合之前按住 Ctrl 键，在路径外单击鼠标左键，可创建开放路径。绘制的曲线路径示例如图6-73所示。

（a）直线路径　　　　　　　　　　　　　（b）曲线路径

图6-73　路径使用示例

在绘制直线路径时，按住 Shift 键，可以限制在45°的倍数方向绘制。在绘制曲线路径时，按住 Alt 键，拖曳鼠标指针可以调整控制点的方向，释放 Alt 键和鼠标左键，重新移动鼠标指针至合适的位置拖曳鼠标指针，可创建具有锐角的曲线路径，示例如图6-74所示。

沿曲线方向拖动控制柄使路径对齐于图像轮廓

按住 Alt 键拖动控制柄，可以改变曲线的方向，绘制出锐角的曲线路径

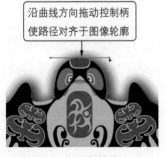
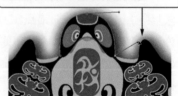

（a）对齐轮廓　　　　　　　　　　　　　（b）按住 Alt 键绘制

图6-74　绘制直线路径

当选择不同的绘制类型时，钢笔工具的属性栏也不相同。当选择【路径】选项时，其

属性栏如图6-75所示。

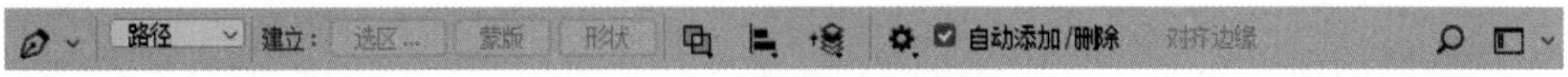

图6-75 【钢笔工具】属性栏

- 【建立】选项：可以使路径与选区、蒙版和形状间的转换更加方便、快捷。绘制完路径后，右侧的按钮才变得可用。单击 选区… 按钮，可将当前绘制的路径转换为选区；单击 蒙版 按钮，可创建图层蒙版；单击 形状 按钮，可将绘制的路径转换为形状图形，并以当前的前景色填充。

✨ 要点提示

注意： 蒙版 按钮只有在普通层上绘制路径后才可用，如在背景层或形状层上绘制路径，该选项显示为灰色。

- 【路径操作】按钮 🔲：单击此按钮，在弹出的下拉列表中选择相应的选项可对路径进行相加、相减、相交或反交运算，该按钮的功能与选区运算的相同。
- 【路径对齐方式】按钮 🔳：可以设置路径的对齐方式，当有两条以上的路径被选择时才可用。
- 【路径排列方式】按钮 🔳：设置路径的排列方式。
- 【选项】按钮 ⚙：单击此按钮，在弹出的面板中选择【橡皮带】复选项，则在创建路径的过程中，当鼠标光标移动时，系统会自动显示路径轨迹的预览效果。
- 【自动添加/删除】复选项：在使用钢笔工具绘制图形或路径时，选择此复选项，则钢笔工具将具有添加锚点工具和删除锚点工具的功能。
- 【对齐边缘】复选项：将矢量形状边缘与像素网格对齐，只有在左侧下拉列表中选择【形状】选项时该复选项才可用。

6.4.3 自由钢笔工具

利用【自由钢笔工具】 📝 在图像文件中的相应位置单击鼠标左键并拖曳鼠标光标，便可绘制出路径，并且在路径上自动生成锚点。

鼠标指针回到起始位置时，右下角会出现一个小圆圈，此时释放鼠标左键即可创建闭合的钢笔路径；鼠标指针回到起始位置之前，在任意位置释放鼠标左键可以绘制一条开放路径。按住 Ctrl 键释放鼠标左键，可以在当前位置和起点之间生成一段线段闭合路径。

另外，在绘制路径的过程中，按住 Alt 键时拖曳鼠标指针后单击鼠标左键，可以绘制直线路径；只拖曳鼠标指针可以绘制自由路径。

【自由钢笔工具】 📝 的属性栏同钢笔工具的相似，只是【磁性的】复选项替换了【自动添加/删除】复选项，如图6-76所示。

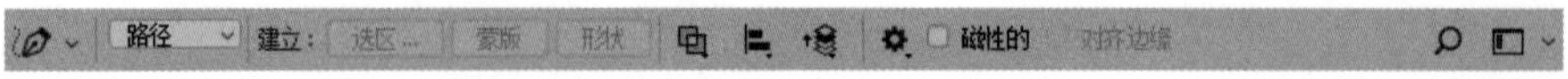

图6-76　【自由钢笔工具】属性栏

单击 ⚙ 按钮，将弹出【自由钢笔选项】面板，如图6-77所示。该面板可以用于定义路径对齐图像边缘的范围和灵敏度，以及所绘路径的复杂程度。

- 【路径选项】选项：设置路径粗细、颜色等参数。
- 【曲线拟合】选项：控制生成的路径与鼠标指针移动轨迹的相似程度。数值越小，路径上产生的锚点越多，路径形状越接近鼠标指针的移动轨迹。
- 【磁性的】复选项：选择此复选项，自由钢笔工具将具有磁性功能，可以像磁性套索工具一样自动查找不同颜色的边缘。其下的【宽度】【对比】和

图6-77　【自由钢笔选项】面板

【频率】选项分别用于控制产生磁性的宽度范围、查找颜色边缘的灵敏度和路径上产生锚点的密度。

- 【钢笔压力】复选项：如果计算机连接了外接绘图板绘画工具，则选择此复选项后，将应用绘图板的压力更改钢笔的宽度，从而决定自由钢笔绘制路径的精确程度。

6.4.4　弯度钢笔工具

使用【弯度钢笔工具】 ⬢ 可以绘制自带曲度的路径线条，绘图时可以通过单击鼠标左键绘制曲线路径，双击鼠标左键绘制直线路径，如图6-78所示。

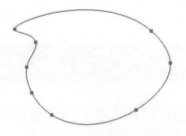

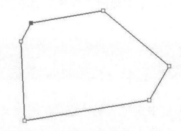

（a）单击鼠标左键绘制曲线路径　　　　　（b）双击鼠标左键绘制直线路径

图6-78　使用弯度钢笔工具绘制路径

【弯度钢笔工具】 ⬢ 的属性栏如图6-79所示，其中的主要选项与钢笔工具的相同。

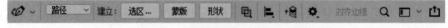

图6-79　【弯度钢笔工具】属性栏

选中路径上的控制锚点，移动控制锚点可以调整曲线的曲度及控制锚点的位置，如图6-80所示。

（a）调整曲线路径节点　　　　　　　　（b）调整直线路径节点

图6-80　调整控制锚点位置

在路径上单击鼠标左键即可新建一个控制锚点，选中一个控制锚点，按 Delete 键即可将其删除，如图6-81所示。

（a）添加控制锚点　　　　　　　　　　（b）删除控制锚点

图6-81　添加或删除控制锚点

在任意控制锚点上双击鼠标左键，可以将该点处的直线过渡转换为曲线过渡，或者将该点处的曲线过渡转换为直线过渡，如图6-82所示。

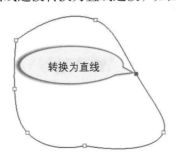

（a）将曲线过渡转换为直线过渡　　　　（b）将直线过渡转换为曲线过渡

图6-82　转换控制锚点处的过渡类型

6.4.5　添加锚点工具和删除锚点工具

选择【添加锚点工具】，将鼠标指针移动到要添加锚点的路径上，指针显示为添加锚点符号时单击鼠标左键，即可在路径的单击点处添加锚点，此时不会更改路径的形状。

如果在单击的同时拖曳鼠标指针，则可在路径的单击处添加锚点，并可以更改路径的形状。添加锚点操作示意图如图6-83所示。

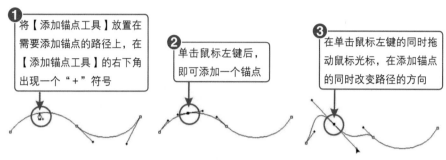

图6-83 添加锚点操作示意图

选择【删除锚点工具】，将鼠标指针移动到要删除的锚点上，当指针显示为删除锚点符号时单击鼠标左键，即可删除选择的锚点并重新调整路径的形状以适合其余的锚点。

在路径的锚点上单击鼠标左键并拖曳鼠标指针，可重新调整路径的形状。删除锚点操作示意图如图6-84所示。

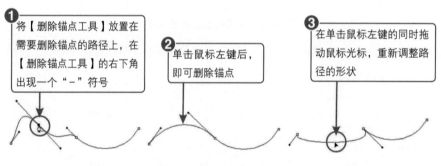

图6-84 删除锚点操作示意图

6.4.6 转换点工具

利用【转换点工具】可以使锚点在角点和平滑点之间进行转换，并可以调整控制柄的长度和方向，以确定路径的形状。

6.4.6.1 平滑点转换为角点

利用【转换点工具】在平滑点上单击鼠标左键，可以将平滑点转换为没有控制柄的角点；当平滑点两侧显示控制柄时，拖曳鼠标指针调整控制柄的方向，使控制柄断开，可以将平滑点转换为带有控制柄的角点，如图6-85所示。

图6-85　平滑点转换为角点操作示意图

6.4.6.2　角点转换为平滑点

在路径的角点上向外拖曳鼠标指针，可在锚点两侧出现两条控制柄，将角点转换为平滑点。按住 Alt 键在角点上拖曳鼠标指针，可以调整角点一侧的路径形状，如图6-86所示。

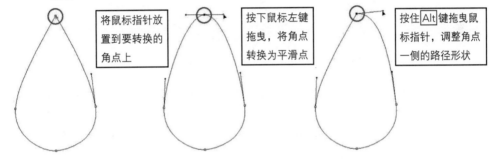

图6-86　角点转换为平滑点操作示意图

6.4.6.3　调整控制柄编辑路径

利用【转换点工具】调整带控制柄的角点或平滑点一侧的控制点，可以调整锚点一侧曲线路径的形状；按住 Ctrl 键调整平滑锚点一侧的控制点，可以同时调整平滑点两侧的路径形态。按住 Ctrl 键在锚点上拖曳鼠标指针，可以移动该锚点的位置，如图6-87所示。

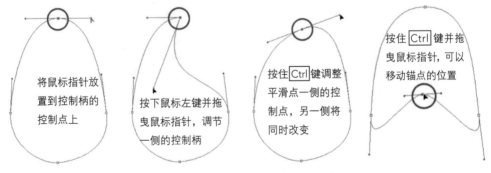

图6-87　调整控制柄编辑路径操作示意图

基础训练：标志设计

下面通过绘制一个标志图形来练习路径工具的应用。

步骤解析

① 新建一个【宽度】为"20厘米"、【高度】为"10厘米"、【分辨率】为"150像

素/英寸"、【颜色模式】为【RGB颜色】、【背景内容】为【白色】的文件。

② 新建"图层1",选择 ✎ 工具,并在属性栏中选择【路径】选项,然后在画面中依次单击鼠标左键绘制出图6-88所示标志的大体形状。

③ 选择 ⬉ 工具,将鼠标指针放置在路径的控制点上拖曳鼠标指针,此时出现两条控制柄,拖曳鼠标指针调整控制柄,将路径调整平滑后释放鼠标左键,效果如图6-89所示。

④ 用相同的调整方法依次对路径上的其他控制点进行调整,效果如图6-90所示。

⑤ 按 Ctrl + Enter 组合键,将钢笔路径转换成选区,如图6-91所示。

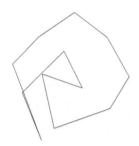  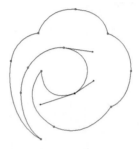 

图6-88 绘制的大体 　图6-89 出现的控制柄 　图6-90 依次调整出理 　图6-91 将路径转化为
　　　形状 　　　　　　　　　　　　　　　　　　想的形状 　　　　　　选区

⑥ 将前景色设置为红色(R:201,G:0,B:0)、背景色设置为黄色(R:255,G:231,B:30)。

⑦ 选择 ▣ 工具,为选区自左向右填充由前景色到背景色的线性渐变色,效果如图6-92所示,然后按 Ctrl + D 组合键去除选区。

⑧ 新建"图层2",利用 ✎ 和工具 ⬉ 调整出图6-93所示的"波浪"路径。

图6-92 为选区填充渐变色 　　　　 图6-93 绘制"波浪"路径

⑨ 按 Ctrl + Enter 组合键将路径转换为选区,然后为其填充深红色(R:206,G:22,B:30),去除选区后的效果如图6-94所示。

⑩ 依次新建"图层3"和"图层4",用与步骤⑧~⑨相同的方法分别绘制出图6-95所示的红色(R:230,G:0,B:18)和橙色(R:241,G:91,B:0)图形。

图6-94 填充深红色后的图形效果 　　　 图6-95 绘制红色和橙色图形

⑪ 将前景色设置为黑色，然后选择文字工具 ⬚，并在画面右侧输入图6-96所示的文字效果。

⑫ 新建"图层5"，选择 ⬚ 工具，再在属性栏中选择【像素】选项，并将【粗细】选项的参数设置为"2像素"。

⑬ 确认前景色为黑色，按住 Shift 键在画面中绘制出图6-97所示的黑色横条。

图6-96　为画面添加文字效果

图6-97　绘制黑色横条

⑭ 利用 ⬚ 工具框选字母区域，并按 Delete 键去除选区内的黑色横条，如图6-98所示。

⑮ 按 Ctrl + D 组合键去除选区，即可完成标志的设计，最终效果如图6-99所示。

图6-98　去除选区内的黑色横条

图6-99　设计完成的标志

⑯ 按 Ctrl + S 组合键保存文件。

6.5 【路径】面板

对路径进行应用的操作都是在【路径】面板中进行的，【路径】面板主要用于显示绘图过程中存储的路径、工作路径和当前矢量蒙版的名称及缩略图，并可以快速地在路径和选区之间进行转换，还可以用设置的颜色为路径描边或在路径中填充。【路径】面板如图6-100所示。

下面介绍【路径】面板的一些相关功能。

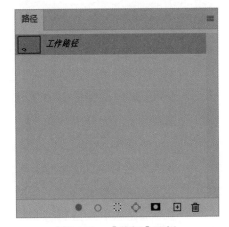
图6-100　【路径】面板

6.5.1 基本操作

【路径】面板的结构与【图层】面板有些相似，其部分操作方法也相似，如移动、堆叠位置、复制、删除和新建等操作。下面简单介绍其结构及功能。

当前文件中的工作路径堆叠在【路径】面板靠上部分，其中左侧为路径的缩览图，显示路径的缩览图效果，右侧为路径的名称。

6.5.1.1 存储工作路径

默认情况下，利用钢笔工具或矢量形状工具绘制的路径是以"工作路径"形式存在的。工作路径是临时路径，如果取消其选择状态，当再次绘制路径时，新路径将自动取代原来的工作路径。

如果工作路径在后面的绘图过程中还要使用，应该保存路径以免丢失。在【路径】面板中，将鼠标指针放置到"工作路径"上，按下鼠标左键并向下拖曳至 回 按钮上释放鼠标左键，即可将其以"路径 1"名称命名，且保存路径。

> ✦ 要点提示
>
> 在绘制路径之前，单击【路径】面板底部的 回 按钮或按住 Alt 键单击 回 按钮创建一个新路径，然后再利用钢笔工具或矢量形状工具绘制路径，系统将自动保存路径。另外，双击路径的名称，也可以修改其名称。

6.5.1.2 路径的显示和隐藏

在【路径】面板中单击相应的路径名称，可将该路径显示。单击【路径】面板中的灰色区域或在路径没有被选择的情况下按 Esc 键，可将路径隐藏。

6.5.2 功能按钮

【路径】面板中各按钮的功能介绍如下。

- 【用前景色填充路径】按钮 ● ：单击此按钮，将用前景色填充创建的路径。
- 【用画笔描边路径】按钮 ○ ：单击此按钮，将用前景色为创建的路径进行描边，其描边宽度为一个像素。
- 【将路径作为选区载入】按钮 ⬚ ：单击此按钮，可以将创建的路径转换为选区。
- 【从选区生成工作路径】按钮 ◇ ：确认图形文件中有选区，单击此按钮，可以将选区转换为路径。
- 【添加蒙版】按钮 ▣ ：当页面中有路径的情况下单击此按钮，可为当前层添加图层蒙版，如当前层为背景层，将直接转换为普通层。在页面中有选区的情况下单击此按钮，将以选区的形式添加图层蒙版，选区以外的图像会被隐藏。

- 【创建新路径】按钮 ⊡：单击此按钮，可在【路径】面板中新建一个路径。若【路径】面板中已经有路径存在，将鼠标指针放置到创建的路径名称处，按下鼠标左键向下拖曳至此按钮处释放鼠标左键，可以完成路径的复制。
- 【删除当前路径】按钮 🗑：单击此按钮，可以删除当前选择的路径。

基础训练：制作邮票效果

下面利用【路径】面板中的描绘路径功能结合橡皮擦工具来制作邮票效果。

步骤解析

① 新建【宽度】为"20厘米"、【高度】为"13厘米"、【分辨率】为"100像素/英寸"的白色文件。

② 选取 ■ 工具，按 D 键，将工具箱中的前景色和背景色设置为默认的黑色和白色。

③ 确认属性栏中选择了【前景色到背景色渐变】样式 ▰▰▱ ，激活按钮 ■，按住 Shift 键为画面自上而下填充图6-101所示的线性渐变色。

④ 选取 ⬜ 工具，确认属性栏中选择【路径】选项，在画面中绘制图6-102所示的路径。

图6-101　填充渐变色后的效果

图6-102　绘制的路径

⑤ 按 Ctrl + Enter 组合键将路径转换为选区，然后新建"图层1"，并为选区填充白色。

✦ 要点提示

此处利用矩形工具绘制白色图形，而没有选择最常用的矩形选框工具，是因为接下来还要用到路径。

⑥ 按 Ctrl + D 组合键去除选区，然后在【路径】面板中单击路径，将其在画面中显示。

⑦ 选取 ✍ 工具，再单击属性栏中的 ✏ 按钮，在弹出的【画笔】面板中设置参数如图6-103所示。

⑧ 单击【路径】面板下方的 ■ 按钮，利用橡皮擦配合使用 Ctrl 键擦除得到图6-104所示的邮票边缘锯齿效果。

图6-103 设置橡皮擦工具参数

图6-104 生成的锯齿效果

⑨ 单击【路径】面板中的空白处，将路径隐藏。

⑩ 执行【图层】/【图层样式】/【投影】命令，在弹出的【图层样式】对话框中设置投影参数如图6-105所示，然后单击 确定 按钮，添加的投影效果如图6-106所示。

图6-105 设置投影参数

图6-106 添加的投影效果

⑪ 打开素材文件"素材/第6章/风景.jpg"，如图6-107所示。

⑫ 将打开的文件移动复制到新建文件中，生成"图层2"。

⑬ 按 Ctrl + T 组合键，为图片添加自由变换框，然后将其等比例缩小调整到与邮票内框宽度相适应，再将鼠标光标移动到变形框下方中间的控制点上按下并向上拖曳，将其调整至与邮票内框等高，最后按 Enter 键，确认图片调整，结果如图6-108所示。

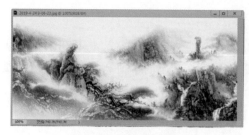

图6-107 打开的图片

图6-108 调整图片状态

⑭ 按住 Shift 键单击【图层】面板中的"图层 1"，将两个图层同时选择，如图6-109 所示。

⑮ 依次单击 ⊕ 工具属性栏中的 ⊩ 和 ⬇ 按钮，将两个图层中的图像以中心对齐，结果如图6-110所示。

图6-109　选择的图层

图6-110　制作的邮票效果

⑯ 选取 T. 工具，在画面左上方输入文字（黑色、18点、仿宋_GB2312），即可完成邮票的制作，最终效果如图6-111所示。

图6-111　最终效果

⑰ 按 Ctrl + S 组合键保存文件。

6.6 形状工具

使用形状工具可以快速地绘制各种简单的图形，包括矩形、圆角矩形、椭圆、多边形、直线或任意自定义形状的矢量图形，也可以利用该工具创建一些特殊的路径效果。Photoshop CC 2020工具箱中的形状工具如图6-112所示。

图6-112　工具箱中的形状工具

- 【矩形工具】 ▣：可以绘制矩形图形或路径；按住 Shift 键可以绘制正方形图形或路径。

- 【圆角矩形工具】 ▣：可以绘制带有圆角效果的矩形或路径，当属性栏中的【半径】值为"0"时，此工具的功能相当于矩形工具。

- 【椭圆工具】 ：可以绘制椭圆图形或路径；按住 Shift 键可以绘制圆形图形或路径。

- 【多边形工具】：可以创建任意边数（3~100）的多边形或各种星形图形。属性栏中的【边】选项用于设置多边形或星形的边数。

- 【直线工具】：可以绘制直线或带箭头的直线图形。通过设置直线工具属性栏中的【粗细】选项，可以设置绘制直线或带箭头直线的粗细。

- 【自定形状工具】：可以绘制各种不规则图形或路径。单击属性栏中的【形状】按钮，可在弹出的【形状】选项面板中选择需要绘制的形状图形；单击【形状】选项面板右侧的 按钮，可加载系统自带的其他自定义形状。

6.6.1　形状工具选项

下面分别介绍各种形状工具的个性选项。

6.6.1.1 矩形工具

【矩形工具】 的属性栏如图6-113所示。单击属性栏中的 按钮，系统弹出图6-114所示的【矩形选项】面板，其主要参数介绍如下。

图6-113　【矩形工具】的属性栏

- 【不受约束】单选项：选择此单选项后，在图像文件中拖曳鼠标光标可以绘制任意大小和任意长宽比例的矩形。

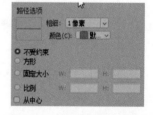

- 【方形】单选项：选择此单选项后，在图像文件中拖曳鼠标光标可以绘制正方形。

- 【固定大小】单选项：选择此单选项后，在其后的文本 　**图6-114　【矩形选项】面板**
框中设置固定的长宽值，再在图像文件中拖曳鼠标光标，只能绘制固定大小的矩形。

- 【比例】单选项：选择此单选项后，在其后的文本框中设置矩形的长宽比例，再在图像文件中拖曳鼠标光标，只能绘制设置好长宽比例的矩形。

- 【从中心】复选项：选择此复选项后，在图像文件中以任何方式创建矩形时，鼠标光标指针的起点都为矩形的中心。

6.6.1.2 圆角矩形工具

【圆角矩形工具】 的用法和属性栏都与矩形工具的相似，圆角矩形工具只是属性栏中多了一个【半径】选项，此选项主要用于设置圆角矩形的平滑度，数值越大，边角越平滑。

6.6.1.3 【椭圆工具】

【椭圆工具】 的用法及属性栏与矩形工具的相同，在此不再赘述。

6.6.1.4 【多边形工具】

【多边形工具】 是绘制正多边形或星形的工具。默认情况下，激活此按钮后，在图像文件中拖曳鼠标光标可绘制正多边形。多边形工具的属性栏也与矩形工具的相似，只是多了一个设置多边形或星形边数的【边】选项。单击属性栏中的 按钮，系统将弹出图6-115所示的属性面板。

图6-115 属性面板

- 【半径】文本框：用于设置多边形或星形的半径长度。设置相应的参数后，只能绘制固定大小的正多边形或星形。
- 【平滑拐角】复选项：选择此复选项后，在图像文件中拖曳鼠标光标，可以绘制圆角效果的正多边形或星形。
- 【星形】复选项：选择此复选项后，在图像文件中拖曳鼠标光标，可以绘制边向中心位置缩进的星形图形。
- 【缩进边依据】文本框：在文本框中设置相应的参数，可以限定边缩进的程度，取值范围为1%～99%。数值越大，缩进量越大。只有选择了【星形】复选项后，此选项才可用。
- 【平滑缩进】复选项：此复选项可以使多边形的边平滑地向中心缩进。

6.6.1.5 直线工具

【直线工具】 的属性栏也与矩形工具的相似，只是多了一个设置线段或箭头粗细的【粗细】选项。单击属性栏中的 按钮，系统将弹出图6-116所示的属性面板。

- 【起点】复选项：选择此复选项后，在绘制线段时起点处带有箭头。
- 【终点】复选项：选择此复选项后，在绘制线段时终点处带有箭头。
- 【宽度】文本框：在文本框中设置相应的参数，可以确定箭头宽度与线段宽度的百分比。
- 【长度】文本框：在文本框中设置相应的参数，可以确定箭头长度与线段长度的百分比。

图6-116 属性面板

- 【凹度】文本框：在文本框中设置相应的参数，可以确定箭头中央凹陷的程度。其值为正值时，箭头尾部向内凹陷；为负值时，箭头尾部向外凸出；为"0"时，箭头尾部平齐，如图6-117所示。

227

图6-117　当【凹度】数值设置为"50""-50"和"0"时绘制的箭头图形

6.6.1.6 自定形状工具

【自定形状工具】 的属性栏也与矩形工具的相似，只是增加了一个【形状】选项，如图6-118所示。

图6-118　【自定形状工具】的属性栏

单击【形状】选项右侧的下拉列表，弹出图6-119所示的【自定形状选项】面板。在面板中选择需要的图形，然后在图像文件中拖曳鼠标光标，即可绘制相应的图形。

单击面板右上角的 按钮，在弹出的下拉菜单中选择【小列表】命令，即可将全部的图形名称显示，如图6-120所示。

图6-119　【自定形状选项】面板

图6-120　显示图形名称

6.6.2　形状层

选择工具箱中的 工具，在属性栏中选择【形状】选项，然后在图像中拖曳鼠标光标，可以创建椭圆形。同时在【图层】面板中会创建一个名为"椭圆 1"的形状图层，如图6-121所示。

双击"椭圆 1"形状图层缩览图，可以在弹出的【拾色器】对话框中调整形状的颜色。在图层名称上单击鼠标右键，在弹出的快捷菜单中选择【栅格化图层】命令，可将形状层转换为普通层。

执行【窗口】/【属性】命令，弹出图6-122所示的【属性】面板。此面板中的选项与属性栏中的相同，可用于调整绘制图形的大小及颜色。

利用 工具选中图形控制点，拖动控制柄对其形状进行调整，使其变形。在弹出的警告对话框中单击 是(Y) 按钮，此时的【属性】面板如图6-123所示。

图6-121　创建形状图层

图6-122　【属性】面板

图6-123　调整后的【属性】面板

- 【密度】：用于设置形状图形之外区域的显示程度。

> ✨ **要点提示**
>
> 　　形状层其实是一个带有图层剪贴路径的填充层，当【密度】选项的数值为"100%"时，形状图形之外的区域完全透明；数值为"0%"时，填充层的图形就会全部显示。

- 【羽化】：用于设置形状图形边缘的羽化程度。

6.7　综合实例

下面结合实例来介绍本章主要设计工具的用法。

6.7.1　制作时尚壁纸

扫一扫　看视频

本例将综合使用路径工具和变换工具来制作一张漂亮的壁纸。

步骤解析

　　① 新建一个【宽度】为"17厘米"、【高度】为"13厘米"、【分辨率】为"150像素/英寸"、【颜色模式】为【RGB颜色】、【背景内容】为【白色】的文件。

　　② 将前景色设置为浅绿色（R：142，G：189），按 Alt + Delete 组合键，为背景填充浅绿色。

　　③ 利用 工具，根据画面的高度绘制出图6-124所示的路径，然后按 Ctrl + Enter 组合键将路径转换为选区。

　　④ 新建"图层 1"，为选区填充浅绿色（R：219，G：255，B：103），然后按 Ctrl + D 组合键去除选区，并利用 工具将填

图6-124　绘制的路径

充颜色的图形移动到图6-125所示的位置。

⑤ 按 Ctrl + Alt + T 组合键，将"图层1"中的图形复制，并为复制图形添加自由变形框。

⑥ 将自由变形框的旋转中心向下移动至图6-126所示的位置，然后将属性栏中的【旋转】参数设置为"－15"度，旋转后的图形形态如图6-127所示。

图6-125 调整图形的位置   图6-126 移动旋转中心   图6-127 旋转后的形态

⑦ 按 Enter 键确认图形的旋转复制操作，然后按住 Shift + Ctrl + Alt 组合键，再多次按 T 键，重复旋转复制出图6-128所示的图形。

⑧ 将除"背景"层外的所有图层同时选择，然后按 Ctrl + E 组合键，将选择的图层合并为"图层1"。

⑨ 利用 ⬚ 和 ⬚ 工具绘制并调整出图6-129所示的路径，然后按 Ctrl + Enter 组合键，将路径转换为选区。

⑩ 新建"图层2"，为选区填充上黑色，效果如图6-130所示，然后按 Ctrl + D 组合键去除选区。

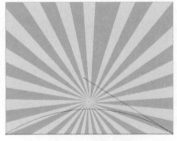
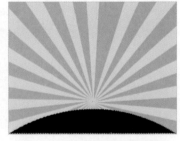

图6-128 旋转复制出的图形   图6-129 绘制的路径   图6-130 填充颜色后的效果

⑪ 选取 ⬚ 工具，单击画笔右侧的 · 按钮，在弹出的【画笔】选项面板中选择图6-131所示的画笔。

⑫ 利用 ⬚ 工具在黑色图形的边缘涂抹，制作出如图6-132所示的效果。

⑬ 将前景色设置为红色（R：230，B：18），选择 ⬚ 工具，然后在属性栏中选择【形状】选项，并在画面中绘制图6-133所示的形状图形。

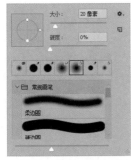

图6-131 【画笔】选项面板

图6-132 涂抹后的效果

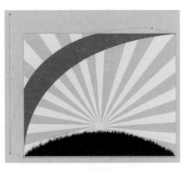

图6-133 绘制的形状图形

⑭ 按 Ctrl + J 组合键复制图形，然后在【图层】面板中双击填充层的缩览图，在弹出的【拾色器】对话框中将填充色设置为橙色（R：255，G：150，B：11），然后为形状填充颜色。最后使用 ✛ 工具将其移动位置，效果如图6-134所示。

⑮ 用同样的方法复制出图6-135所示的5个形状图形，填充色分别设置为黄色（R：255，G：240，B：3）、绿色（R：10，G：124，B：1）、青色（R：4，G：238，B：230）、蓝色（R：3，G：36，B：205）和紫色（R：157，B：247）。

⑯ 将"形状 1副本6"复制出"形状 1副本7"，然后选中"形状 1"到"形状 1副本6"图层，按 Ctrl + E 组合键合并为"图层 3"，如图6-136所示。

图6-134 移动复制后的图形

图6-135 复制出的形状图形

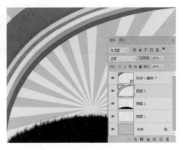

图6-136 合并图层后的状态

⑰ 按住 Ctrl 键单击"形状 1副本7"层的剪贴蒙版位置，添加选区，然后将该图层在画面中隐藏。

⑱ 利用选区工具将选区移动到图6-137所示的位置，然后确认合并后的"图层 3"处于当前状态，按 Delete 键，将多余的部分删除，效果如图6-138所示。

图6-137 移动选区后的状态

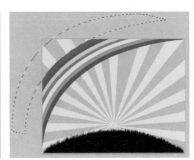

图6-138 删除多余部分

⑲ 按 Ctrl + D 组合键去除选区，然后将前景色设置为黑色。

⑳ 选择 工具，并在属性栏中单击 按钮，在弹出的【形状】选项面板中单击右上角的 按钮，在弹出的菜单中选择【大缩略图】选项，如图6-139所示。

图6-139　询问面板

图6-140　选择的形状图形

㉑ 在图6-140所示的【形状】选项面板中选择树形状，设置适当的前景色，然后在画面中拖曳鼠标光标，绘制出图6-141所示的形状图形并适当调整形状。

㉒ 在【形状】选项面板中再选择图6-142所示的虎形状，然后在画面中绘制出图6-143所示的虎图形。

图6-141　绘制的树图形

图6-142　选择的虎形状

图6-143　绘制的虎图形

㉓ 选择 工具，在属性栏中将【粗细】选项设置为"2像素"，然后在画面的上方依次绘制出长短不一的线段，如图6-144所示。

㉔ 选择 工具，使用相同的方法依次选择适当的图形并在画面中绘制，效果如图6-145所示。

图6-144　绘制的直线图形

图6-145　绘制出各种不同的形状图形

㉕ 选取 工具，单击属性栏中的 按钮，在弹出的【画笔设置】面板中设置参数，如图6-146所示。

㉖ 在【图层】面板中新建"图层4"，将工具箱中的前景色设置为白色，然后在画面中绘制一些大小不等的白色点，效果如图6-147所示。

㉗ 执行【图层】/【图层样式】/【外发光】命令，弹出【外发光】对话框，设置选项参数如图6-148所示。

图6-146　设置画笔参数

㉘ 单击 确定 按钮，添加外发光后的效果如图6-149所示。

图6-147　绘制的白色小圆点　　图6-148　设置外发光参数　　图6-149　添加外发光后的效果

㉙ 打开素材文件"素材/第6章/天空.jpg"，如图6-150所示。

㉚ 将天空图片移动复制到新建文件中，并调整至与画面相同的大小，然后将其【图层混合模式】设置为【亮光】、【不透明度】设置为"60%"，最终效果如图6-151所示。

图6-150　打开的图片　　　　　　　　　　　图6-151　最终效果

㉛ 按 Ctrl + S 组合键保存文件。

6.7.2 制作金属效果文字

扫一扫 看视频

本例将制作一种非常漂亮的金属字。

步骤解析

① 新建【宽度】为"20"厘米、【高度】为"6"厘米、【分辨率】为"150"像素/英寸、【颜色模式】为【RGB颜色】、【背景色】为【白色】的文件，如图6-152所示，结果如图6-153所示。

② 按 D 键，将工具箱中的前景色和背景色设置为默认的

图6-152 参数设置

图6-153 新建文件

图6-154 输入的文字

黑色和白色，然后单击工具箱中的 T. 按钮，在属性栏中设置字体大小为"130点"，将设置消除锯齿的方式设置为【锐利】，在设置字体列表中选择一种字体（本例为"汉仪大黑简"），在画面中输入图6-154所示的文字，然后适当调整文字位置，使之居中布置。

③ 执行【图层】/【栅格化】/【文字】命令，将文字层转换为普通层。

④ 双击刚转化后的图层，弹出【图层样式】对话框，设置【斜面和浮雕】选项及参数如图6-155所示。

⑤ 在【图层样式】对话框左侧选择【渐变叠加】复选项，按照图6-156所示设置其参数，然后双击【渐变】色块，在弹出的【渐变编辑器】对话框中设置渐变参数，如图6-157所示。

⑥ 单击 确定 按钮，添加效果后的文字如图6-158所示。

⑦ 新建"图层1"，然后按住 Ctrl 键单击文字层，将文字作为选区载入"图层 1"中，如图6-159所示。

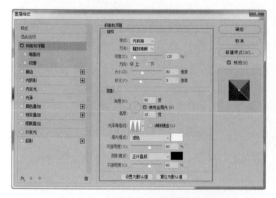

图6-155 设置【斜面和浮雕】选项

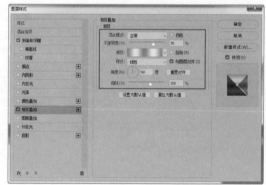

图6-156 设置【渐变叠加】参数

⑧ 执行【选择】/【修改】/【收缩】命令，在弹出的【收缩选区】对话框中设置【收缩量】为"10"像素，然后单击 确定 按钮，结果如图6-160所示。

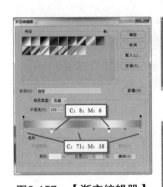

图6-157 　【渐变编辑器】
对话框

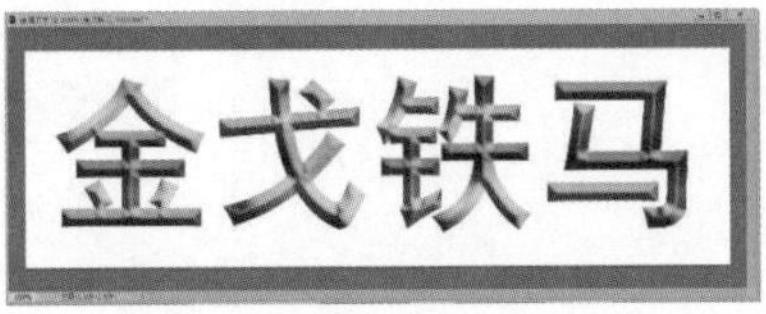

图6-158 　添加效果后的文字

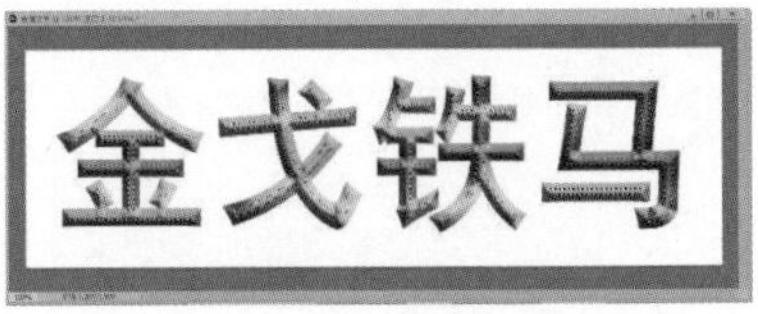

图6-160 　收缩选区

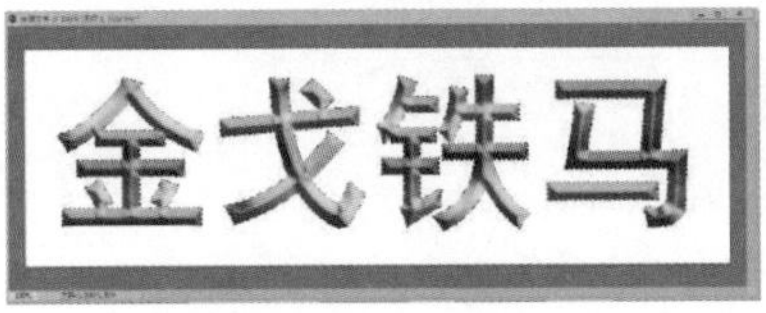

图6-159 　选取文字

图6-161 　填充灰色后的文字效果

⑨ 给选择区域填充灰色（K：50），去除选区后的文字效果如图6-161所示。

⑩ 执行【滤镜】/【渲染】/【光照效果】命令，打开【光照效果】属性面板，单击色块，弹出【拾色器】对话框，按照图6-162所示设置颜色，按照图6-163所示设置其他参数，然后拖动光源调整其至图6-164所示的位置。

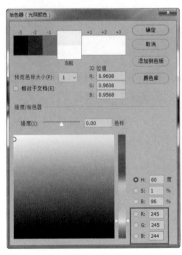

图6-162 　颜色设置（1）

图6-163 　参数设置（1）

图6-164 　调整光源位置（1）

⑪ 在属性栏中单击 ☉ 按钮新建一个点光源，单击 颜色：☐ 色块，按照图6-165所示设置颜色，按照图6-166所示设置其他参数，然后拖动光源调整其至图6-167所示的位置。最后在属性栏中单击 确定 按钮，结果如图6-168所示。

⑫ 执行【图像】/【调整】/【曲线】命令，弹出【曲线】对话框，调整曲线如图6-169所示，然后单击 确定 按钮。再次打开【曲线】对话框并稍加调整，如图6-170所示，然后单击 确定 按钮，此时文字大体具有了金属的质感，效果如图6-171所示。

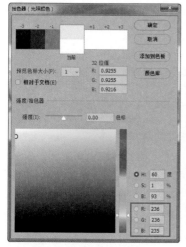

图6-167　调整光源位置（2）

图6-165　颜色设置（2）　　　图6-166　参数设置（2）

图6-168　设计效果

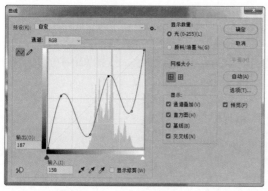

图6-169　【曲线】对话框（1）

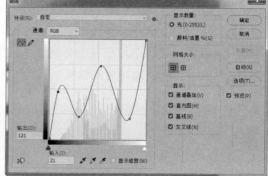

图6-170　【曲线】对话框（2）

图6-171　调整结果

> ✨ **要点提示**
>
> 　　如果只执行一次曲线命令进行明暗变化调整，将很难调整出用户需要的明暗效果，所以此处通过按 Ctrl + Alt + M 组合键调出了刚刚调整的曲线，目的是在已有的明暗变化基础上再次进行调整。

　　⑬ 执行【图层】/【图层样式】/【渐变叠加】命令，弹出【图层样式】对话框，设置【渐变叠加】参数如图6-172所示。单击【渐变】颜色面板，在弹出的【渐变编辑器】对话框中选取一种渐变预设，如图6-173所示，然后单击 确定 按钮，此时的文字效果如图6-174所示。

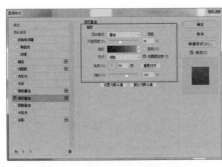

图6-172　设置【渐变叠加】参数

图6-173　选择渐变预设

图6-174　文字效果

⑭ 在【图层】面板中按住 Ctrl 键选中文字层和"图层1"，然后单击鼠标右键，在弹出的快捷菜单中选择【合并图层】命令。

⑮ 执行【图层】/【图层样式】/【混合选项】命令，打开【图层样式】对话框，设置各选项参数如图6-175～图6-178所示，然后单击 确定 按钮，此时的文字效果如图6-179所示。

图6-175　设置【投影】参数

图6-176　设置【斜面和浮雕】参数

⑯ 新建"图层2"，载入"图层1"的文字选区并填充灰色（K：50），去除选区后的文字效果如图6-180所示。

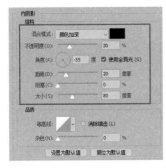

图6-177　设置【内阴影】参数

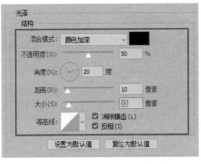

图6-178　设置【光泽】参数

图6-179　添加图层样式后的文字效果

图6-180　填充灰色后的文字效果

⑰ 执行【图层】/【图层样式】/【混合选项】命令，打开【图层样式】对话框，设置各选项参数如图6-181～图6-183所示，然后单击 确定 按钮，此时的文字效果如图6-184所示。

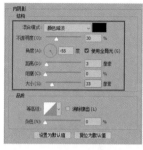

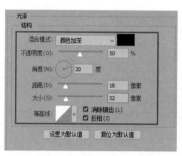

图6-181　设置【内阴影】
　　　　参数

图6-182　设置【光泽】参数

图6-183　设置【描边】参数

⑱ 将"图层2"的图层混合模式设置为【叠加】模式，至此金属文字效果制作完成，文字最终效果如图6-185所示。

图6-184　文字效果

图6-185　制作完成的金属字最终效果

⑲ 按 Ctrl + S 组合键保存文件。

+ 习题

① 说明PhotoShop CC 2020中文字工具的种类和用途。
② 点文字和段落文字在用途上有何区别？
③ 什么是路径，有何用途？
④ 如何将文字转换为路径？
⑤ 说明弯度钢笔工具和钢笔工具在用法上的差异。

第 **7** 章

通道和蒙版

通道和蒙版是Photoshop CC 2020中的重要设计工具，应用非常广泛，在建立和保存特殊选择区域方面更能表现出其强大的灵活性。使用通道可以方便地进行色彩调整和抠图。利用蒙版可以更好地对画面进行修饰和"合成"。

7.1 通道

通道主要用于保存颜色数据，利用它可以查看各种通道信息且可以对通道进行编辑，从而达到编辑图像的目的。在对通道进行操作时，可以分别对各原色通道进行明暗度、对比度的调整，也可以对原色通道单独执行滤镜命令，制作出许多特殊的效果。

7.1.1　【通道】面板

通道在Photoshop中用于存储颜色信息和选区信息。图像颜色模式不同，通道的数量也不同。

7.1.1.1　【通道】面板的组成

执行【窗口】/【通道】命令，打开【通道】面板，如图7-1所示。在这里可以看到一个彩色的缩览图和几个灰色的缩览图，这些就是"通道"。

在默认情况下，打开通道就会显示颜色通道，只要是支持图像颜色模式的格式，都可以保留颜色通道。如果要保存Alpha通道，可以将文件存储为PDF、TIFF、PSB或RAW格式。如果要保存专色通道，可将文件存储为DCS 2.0格式。

图7-1　【通道】面板

【通道】面板中的主要要素包括以下内容。

- 复合通道：记录图像中所有颜色信息。
- 颜色通道：不同颜色模式的图像显示的颜色通道数量不同。
- 专色通道：使用专色可以设置特定的油墨颜色，使图形印刷效果更佳。
- Alpha通道：用来保存选区，可以在其中绘画、填充颜色、填充渐变和应用滤镜等。在该通道中，白色部分为选区内部，黑色部分为选区外部，灰色部分为半透明区域。
- 【将通道作为选区载入】按钮 ⬚：单击此按钮，或者按住 Ctrl 键单击某通道可以载入所选通道的选区。在通道中，白色部分为选区内部，黑色部分为选区外部，灰色部分为半透明区域。
- 【将选区存储为通道】按钮 ▣：如果图像中有选区，可将选区中的内容存储为Alpha通道，选区内部会被填充为白色；选区外部填充为黑色；羽化的选区为灰色。
- 【创建新通道】按钮 ⊞：单击此按钮，创建一个Alpha通道。
- 【删除当前通道】按钮 🗑：将通道拖曳到该按钮上可以将其删除。

- 【指示通道可视性】图标 👁：与【图层】面板中的 👁 图标相同，单击时可以使通
道在显示或隐藏之间切换。当某一单色通道被隐藏后，复合通道会自动隐藏；当选
择或显示复合通道后，所有的单色通道也会自动显示。
- 通道缩览图：👁 图标右侧为通道缩览图，主要作用是显示通道的颜色信息。
- 通道名称：通道缩览图的右侧为通道名称，它能使用户快速识别各种通道。通道名
称的右侧为切换该通道的快捷键。

> **✦ 要点提示**
>
> 删除通道时，如果删除了红、绿和蓝通道中的任意一个，那么RGB通道也会被删除。
> 如果删除了复合通道，那么将删除Alpha通道和专色通道以外的其他通道。

7.1.1.2 【通道】面板中通道的基本操作

通道的创建、复制、移动堆叠位置（只有Alpha通道可以移动）和删除操作与图层相
似，此处不再详细介绍。

- 在【通道】面板中单击复合通道，同时选择复合通道及颜色通道，此时在图像窗口
中显示图像的效果，可以对图像进行编辑。
- 单击除复合通道外的任意通道，在图像窗口中显示相应通道的效果，此时可以对选
择的通道进行编辑。
- 按住 Shift 键，可以同时选择几个通道，图像窗口中显示被选择通道的叠加效果。
- 单击通道左侧的 👁 按钮，可以隐藏对应的通道效果，再次单击可以将通道效果显
示出来。

7.1.1.3 从通道载入选区

按住 Ctrl 键，在【通道】面板中单击通道的缩览图，可以根据该通道在【图像】窗口
中建立新的选区。

如果图像窗口中已存在选区，操作如下。

- 按住 Ctrl + Alt 组合键，在【通道】面板中单击通道缩览图，新生成的选区是从原
选区中减去根据该通道建立的选区部分。
- 按住 Ctrl + Shift 组合键，在【通道】面板中单击通道的缩览图，根据该通道建立
的选区添加至原选区作为新的选区。
- 按住 Ctrl + Alt + Shift 组合键，在【通道】面板中单击通道的缩览图，根据该通
道建立的选区与原选区重叠的部分作为新的选区。

7.1.1.4 【通道】面板菜单命令

单击【通道】面板右上角的 按钮，弹出图7-2所示的菜单，菜单的功能介绍如下。

（1）新建通道

选择【新建通道】命令，弹出【新建通道】对话框，如图7-3所示，该对话框用于创建新的Alpha通道。

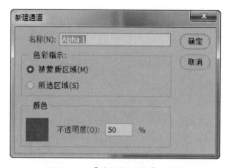

图7-2 【通道】面板菜单命令　　　　图7-3 【新建通道】对话框

- 在【名称】文本框中输入新的Alpha通道名称。
- 在【色彩指示】分组框中选择【被蒙版区域】单选项，创建一个黑色的Alpha通道；选择【所选区域】单选项，则创建一个白色的Alpha通道。
- 【颜色】分组框中的选项实际上是蒙版的选项。前面提到过在创建蒙版的同时会创建一个Alpha通道。通道、蒙版、选区之间是可以互相转换的。

（2）复制通道

在【通道】面板中选择除复合通道外的任意一个通道，然后选择【复制通道】命令可以复制当前通道。弹出的【复制通道】对话框如图7-4所示。

- 在【为】文本框内输入新复制通道的名称。
- 单击【文档】下拉列表，从中选择要将通道复制到哪一个文件中。在【文档】下拉列表

图7-4 【复制通道】对话框

中，除了当前图像文件外，还包括工作区中打开的且与当前图像文件大小相等（也就是长度和宽度完全相等）的文件。当在【文档】下拉列表中选择【新建】选项时，可以在其下的【名称】文本框中输入新创建图像的名称。
- 选择【反相】复选项，新复制的通道是当前通道的反相效果，也就是它们的黑白完全相反。

（3）删除通道

在【通道】面板中选择要删除的通道后，选择【删除通道】命令，可以将其删除。

（4）创建专色通道

在【通道】面板中选择【新建专色通道】命令，弹出【新建专色通道】对话框，如图7-5所示。利用该对话框可以创建一个新的颜色通道，这种颜色通道只能在图像中产生一种颜色，所以

图7-5 【新建专色通道】对话框

也称专色通道。

- 在【新建专色通道】对话框的【颜色】色块内显示的是利用该专色通道可在图像中产生的颜色。
- 【密度】值决定该专色通道在图像中产生颜色的透明度。

（5）合并专色通道

【通道】面板中的【合并专色通道】命令只有在图像中创建了新的专色通道后才可用。图像中颜色通道的数量和类型是受图像的颜色模式控制的，使用该命令可以将新的专色通道合并入图像默认的颜色通道中。

（6）设置通道选项

【通道】面板中的【通道选项】命令只在选择了Alpha通道和新创建的专色通道时才起作用，它主要用来设置Alpha通道和专色通道的选项。

- 如果当前选择了Alpha通道，选择【通道选项】命令后弹出的【通道选项】对话框如图7-6所示。如果选择【专色】单选项，则单击 确定 按钮后可以将通道转换为专色通道。转换后的专色通道颜色即为【颜色】色块内设置的颜色。

图7-6 【通道选项】对话框

- 如果当前选择的是专色通道，选择【通道选项】命令后弹出的【专色通道选项】对话框如图7-7所示，利用该对话框可以设置对应的油墨特性参数。

图7-7 【专色通道选项】对话框

（7）分离通道

在图像处理过程中，有时需要将通道分离为多个单独的灰度图像，然后重新进行合并，对其进行编辑处理，从而制作各种特殊的图像效果。

对于只有背景层的图像文件，在【通道】面板中选择【分离通道】命令，可以将图像中的颜色通道、Alpha通道和专色通道分离为多个单独的灰度图像。此时原图像被关闭，生成的灰度图像以原文件名和通道缩写形式重新命名，它们分别置于不同的图像窗口中，相互独立，如图7-8所示。

图7-8 分离的通道

（8）合并通道

要使用【通道】面板中的【合并通道】命令必须满足3个
条件：一是作为通道进行合并的图像颜色模式必须是灰度的，
二是这些图像的长度、宽度和分辨率必须完全相同，三是它们
必须是已经打开的。选择【合并通道】命令，弹出【合并通
道】对话框，如图7-9所示。

图7-9　【合并通道】对话框

- 在【模式】下拉列表中可以选择新合并图像的颜色模式。
- 【通道】值决定合并文件的通道数量。如果在【模式】下拉列表中选择了【多通
  道】选项，则【通道】值可以设置为小于当前打开的要用作合并通道的文件的
  数量。

  如果在【模式】下拉列表中选择了其他颜色模式，那么【通道】值只能设置为该模
  式可用的通道数。例如，若在【模式】下拉列表中选择了【RGB颜色】选项，那么
  【通道】值只能设置为"3"。

- 单击【合并通道】对话框中的
  确定 按钮，在弹出的【合并多
  通道】对话框中选择使用哪一个
  文件作为颜色通道，如图7-10所
  示。单击 模式(M) 按钮，可以回
  到【合并通道】对话框中重新进行设置。

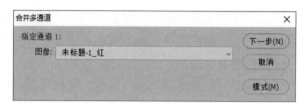

图7-10　指定通道

7.1.2　复合通道

不同模式的图像其通道的数量也不一样。在默认情况下，位图、灰度和索引模式的图
像只有1个通道，RGB和LAB模式的图像有3个通道，CMYK模式的图像有4个通道。如一
幅RGB色彩模式的图像包括R、G、B这3个通道，一幅CMYK色彩模式的图像包括C、
M、Y、K这4个通道。图7-11所示为通道原理图，图中上面的一层代表叠加每一个通道后
的图像颜色，下面的层代表拆分后的单色通道。

图7-11　RGB和CMYK颜色模式的图像通道原理图解

✦ 要点提示

　　每一幅位图图像都有一个或多个通道，每个通道中都存储着关于图像色素的信息，通过叠加每个通道从而得到图像中的色彩像素。图像中默认的颜色通道数取决于其颜色模式。在四色印刷中，蓝、红、黄、黑印版就相当于CMYK颜色模式图像中的C、M、Y、K 4个通道。

基础训练：观察颜色通道

　　根据图像颜色模式的不同，其保存的单色通道信息也会不同。下面通过一个RGB颜色模式的图像载入单色通道的选区后填充纯色操作，深入地理解通道的组成原理。

步骤解析

① 打开素材文件"素材/第7章/水果.jpg"，如图7-12所示。

② 新建"图层 1"并填充上黑色。

③ 新建"图层 2"，并将【图层混合模式】设置为【滤色】，如图7-13所示。

图7-12　打开的文件

图7-13　【图层】面板

④ 单击"图层 1"左侧的 ◉ 图标，隐藏"图层 1"。

⑤ 打开【通道】面板，选中"红"通道，画面即可显示"红"通道的灰色图像效果，如图7-14所示。

⑥ 在【通道】面板底部单击 ▦ 按钮，画面中出现"红"通道的选区，如图7-15所示。

图7-14　"红"通道的灰色图像效果

图7-15　出现的选区

> **✦ 要点提示**
>
> 在通道中，白色代替图像的透明区域，表示要处理的部分，可以直接添加选区；黑色表示不需处理的部分，不能直接添加选区。

⑦ 按 Ctrl + 2 组合键切换到"RGB"通道。

⑧ 打开【图层】面板，将"图层 1"显示。

⑨ 将前景色设置为红色（R：255），然后为"图层2"填充红色，取消选区后就是"红"通道的组成状况，如图7-16所示。

⑩ 将"图层 1"和"图层 2"暂时隐藏，再新建"图层3"，并将【图层混合模式】设置为【滤色】。

⑪ 打开【通道】面板，选中"绿"通道，在【通道】面板底部单击 按钮载入"绿"通道的选区。

⑫ 按 Ctrl + 2 组合键切换到"RGB"通道，在"图层3"中填充绿色（G：255），然后取消选区。

⑬ 重新显示"图层 1"，得到"绿"通道的组成状况，如图7-17所示。

⑭ 使用相同的操作方法载入"蓝"色通道选区，并在"图层 4"中填充蓝色（B：255），取消选区，并将"图层1"显示，此时就是"蓝"通道的组成状况，如图7-18所示。

⑮ 将"图层 3"和"图层 2"显示，即组成了由"红""绿""蓝"3个通道叠加后的图像原色效果，如图7-19所示。

图7-16 "红"通道

图7-17 "绿"通道

图7-18 "蓝"通道

图7-19 "红""绿""蓝"通道叠加后的效果

⑯ 按 Shift + Ctrl + S 组合键保存文件。

7.1.3 颜色通道

颜色通道将构成整体图像的颜色信息表现为单色图像，在【通道】面板中颜色通道都显示为灰度图像。打开一个图片后，【通道】面板显示颜色通道，这些颜色通道与图像的颜色模式一一对应。

RGB颜色模式的图像，其【通道】面板中将显示RGB通道、R通道、G通道和B通道，如图7-20所示。其中RGB通道为复合通道，显示整个图像的全通道信息，其余3个通道则控制各自颜色在画面中显示的多少。

图像颜色模式不同时，颜色通道的数量也不同。CMYK颜色模式的图像具有CMYK、青色、洋红、黄色和黑色5个通道，如图7-21所示。索引颜色模式只有一个通道，如图7-22所示。

图7-20　RGB颜色模式图像的通道

图7-21　CMYK颜色模式图像的通道

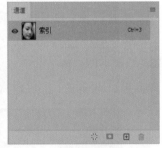
图7-22　索引颜色模式图像的通道

要点提示

在【通道】面板中单击可以选中某一通道，每个通道后面的"Ctrl＋数字"表示格式快捷键，例如在RGB颜色模式图像中按下 Ctrl ＋ 3 组合键可以选中红色通道。按住 Shift 键单击可以选中多个通道。单击某一通道后，会自动隐藏其他通道。如果需要观察其他通道，可以单击通道缩略图前方的 ◉ 按钮。

基础训练：使用颜色通道

默认情况下，通道中均显示为灰度图像，如果要使用某个通道中的灰度图像，可以将其复制出来。

（1）复制通道

① 打开素材文件"素材/第7章/鸟.jpg"，如图7-23所示。

② 执行【窗口】/【通道】命令，打开【通道】面板，单击选中红色通道，显示该通道的灰度图像，如图7-24所示。

图7-23　打开的图像

图7-24　选中的通道

③按下 Ctrl + A 组合键选中全部内容，然后按 Ctrl + C 组合键复制内容。

④转到【图层】面板，新建一个图层。

⑤选中新建图层，按下 Ctrl + V 组合键将灰度图像粘贴到该图层中。

✦⁺ 要点提示

得到的灰度图像不但可以用来制作黑白照片，还能重新设置图像混合模式，制作具有特殊效果的图形。

（2）翻转图形

①重新打开素材文件，按 Ctrl + 3 组合键选中红色通道。

②按 Ctrl + A 组合键选择全部图像，执行【编辑】/【变换】/【水平翻转】命令，得到图7-25所示的效果。

③单击RGB通道，可以看到图像变成了红色和青色，并出现两只鸟，如图7-26所示。

图7-25　水平翻转图像

图7-26　叠加图像

（3）分离通道

①重新打开素材文件。

②在【通道】面板中执行【分离通道】命令，如图7-27所示。

③系统自动将"红""绿"和"蓝"3个通道单独分离成3张灰度图像并关闭彩色图像，如图7-28所示。

图7-27　分离通道操作

图7-28　分离后的通道

（4）通过通道调整图形颜色属性

①重新打开素材文件。

② 执行【图层】/【新建调整图层】/【曲线】命令，在弹出的【新建图层】对话框中单击 确定 按钮。

③ 在【属性】面板中设置【通道】为【红】，在曲线的高光部分单击鼠标左键并向下拖动鼠标光标，然后在阴影部分单击鼠标左键并向上拖动鼠标光标，如图7-29所示。这样可以在亮部减淡红色，在暗部加深红色，效果如图7-30所示。

图7-29　调整曲线（1）

图7-30　调整结果（1）

④ 在【属性】面板中设置【通道】为【RGB】，在曲线的高光部分单击鼠标左键并向上拖动鼠标光标，然后在阴影部分单击鼠标左键并向下拖动鼠标光标，如图7-31所示。这样可以在亮部减少红色，在暗部增加红色，效果如图7-32所示。

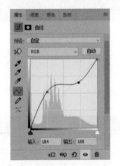

图7-31　调整曲线（2）

图7-32　调整结果（2）

✦ 要点提示

在通道中通过0~256级亮度的灰度来表示颜色，很难控制图像的颜色效果，所以一般不采取直接修改颜色通道的方法来改变图像的颜色。

7.1.4　Alpha 通道

Alpha通道实际上是一种选区存储与编辑工具，能够以黑白图形的形式存储选区，白色为选区内部，黑色为选区外部，灰色为羽化的选区。

Alpha通道主要用来存储选区，常用于保存蒙版，让被屏蔽的区域不受任何编辑操作的影响，从而增强图像的编辑操作性。

基础训练：使用 Alpha 通道

步骤解析

（1）使用Alpha通道创建选区

在图像编辑过程中，经常需要制作一些选区，对于比较复杂的选区，往往无法直接创建。由于通道与选区是可以相互转换的，所以可以通过调整通道内容的黑白关系来获取可以制作出合适选区的黑白图像。

① 打开一张图片文件。

② 在【通道】面板中单击 ⊞ 按钮，创建一个Alpha通道，如图7-33所示。此时的Alpha通道为纯黑色，没有任何选区，效果如图7-34所示。

图7-33　【通道】面板

图7-34　新建通道

③ 使用【铅笔工具】 ✐ 在Alpha通道中绘图，如图7-35所示。

④ 确保选中Alpha通道，单击面板底部的 ⬚ 按钮，得到选区，如图7-36所示。

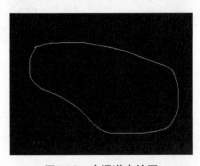

图7-35　在通道中绘图

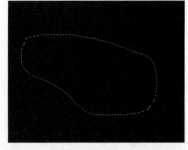

图7-36　创建选区

（2）复制颜色通道到Alpha通道

通道内容与选区是可以互相转换的，在【通道】面板中通过对通道内容黑白关系的调整，可以制作出合适选区的黑白图像，这也是通道抠图的基本思路。

① 打开一张图片文件。

② 选择【蓝】通道，在其上单击鼠标右键，在弹出的快捷菜单中选取【复制通道】命令，如图7-37所示，在弹出的【复制通道】对话框中单击 确定 按钮即可得到一个相同内容的Alpha通道，如图7-38所示。

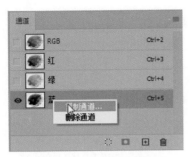
图7-37 复制通道操作

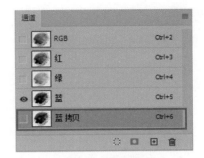
图7-38 复制通道

（3）以当前选区创建Alpha通道

以当前选区创建Alpha通道相当于将选区存储在通道中，需要时可以随时调用。将选区创建为Alpha通道后，选区变成了灰度图像，可以通过编辑图形实现对选区的编辑。

① 打开素材文件"素材/第7章/柠檬.jpg"。

② 使用 工具并配合【选择】/【反选】命令在图像中创建选区，如图7-39所示。

③ 在【通道】面板中单击 按钮，创建一个Alpha通道，如图7-40所示。

④ 选中Alpha通道，可以看到选区内的部分填充为白色，选区外的部分填充为黑色，如图7-41所示。

图7-39 创建选区

图7-40 创建通道

图7-41 创建的通道选区

⑤ 按下 Ctrl + D 组合键取消选区，使用 工具绘制椭圆选区，并为其填充颜色，然后再次取消选区，如图7-42所示。

⑥ 显示RGB通道，然后单击【通道】面板底部的 按钮，得到编辑后的选区，如图7-43所示。

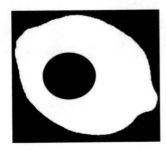
图7-42 编辑Alpha通道

图7-43 编辑后的选区

7.1.5　专色通道

彩色印刷品的印刷是通过将C（青色）、M（洋红）、Y（黄色）和K（黑色）4种颜色的油墨以特定比例混合来形成各种色彩的。

7.1.5.1　专色

专色是指在印刷时不通过C、M、Y、K 4种颜色混合，而采用专门的油墨，使印刷效果更精准。由于并不是随意设置出来的专色都可以被精准印刷出来，因此在没有特殊要求的情况下不要轻易使用自定义专色。

> ✨ **要点提示**
>
> 　　如果画面中只包含一种颜色，这种颜色是采用四色印刷的话需要两种颜色混合，而使用专色印刷只需要一种颜色，这样不但色彩准确，还能降低成本，例如包装印刷时常使用专色来印刷大面积的底色。

7.1.5.2　专色通道

专色通道就是用来保存专色信息的通道。每个专色通道能存储一种专色的颜色信息，以及该颜色所处的范围。除了位图模式外，其余色彩模式的图像也能建立专色通道。

基础训练：创建专色通道

① 打开素材文件"素材/第7章/菠萝.jpg"，如图7-44所示。

② 使用魔棒工具 ∕. 选中图片中的黑色背景，如图7-45所示。

图7-44　打开的图片

图7-45　选中黑色背景

③ 打开【通道】面板，单击右上角的菜单按钮 ☰，在弹出的菜单中选取【新建专色通道】命令，如图7-46所示。

④ 在打开的【新建专色通道】对话框中设置通道名称，如图7-47所示。

图7-46　快捷菜单操作　　　　　图7-47　【新建专色通道】对话框

⑤ 单击【颜色】后面的按钮，弹出【拾色器（专色）】对话框，如图7-48所示，单击 颜色库 按钮，打开【颜色库】对话框，如图7-49所示，从中选取一种颜色，然后单击 确定 按钮。

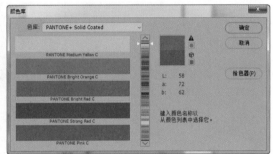

图7-48　【拾色器（专色）】对话框　　　图7-49　【颜色库】对话框

✦✦ 要点提示

在【颜色库】对话框中，首先从顶部下拉列表中选取一种色库，然后拖动中部颜色滑块选择一种颜色种类，最后从左侧列表中选择一种具体的颜色样式。

⑥ 在【新建专色通道】对话框中设置【密度】值来调整颜色浓度，如图7-50所示，然后单击 确定 按钮创建专色通道，效果如图7-51所示。

图7-50　设置颜色浓度　　　　　图7-51　新建专色通道

7.2 蒙版

蒙版原是摄影中的术语，指用于控制照片不同区域曝光的传统暗房技术。Photoshop中的蒙版也具有类似的功能。

7.2.1　蒙版的概念和种类

蒙版将不同灰度色值转化为不同的透明度，并作用到它所在的图层中，使图层不同部位的透明度产生相应的变化。黑色为完全透明，白色为完全不透明。

蒙版还具有保护和隐藏图像的功能，当对图像的某一部分进行特殊处理时，利用蒙版可以隔离并保护图像其余的部分不被修改和破坏。蒙版概念示意图如图7-52所示。

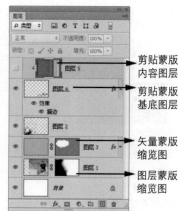

剪贴蒙版内容图层

剪贴蒙版基底图层

矢量蒙版缩览图

图层蒙版缩览图

图7-52　蒙版概念示意图

✦ 要点提示

在【图层】面板中，图层蒙版和矢量蒙版都显示为图层缩览图右边的附加缩览图。对于图层蒙版，此缩览图代表添加图层蒙版时创建的灰度通道。矢量蒙版缩览图代表从图层内容中剪下来的路径。

根据创建方式的不同，蒙版可分为图层蒙版、矢量蒙版、剪贴蒙版和快速编辑蒙版4种类型。下面分别讲解这4种蒙版的性质及其特点。

7.2.1.1 图层蒙版

图层蒙版是位图图像，与分辨率相关，它是由绘图或选框工具创建的，用来显示或隐藏图层中某一部分的图像。利用图层蒙版也可以保护图层透明区域不被编辑，它是图像特效处理及编辑过程中使用频率最高的蒙版。

利用图层蒙版可以生成梦幻般羽化图像的合成效果，且图层中的图像不会遭到破坏，仍保留原有的效果，如图7-53所示。

（a）蒙版效果　　　　　　（b）【图层】面板

图7-53　图层蒙版

　　图层蒙版是一种灰度图像，因此用黑色绘制的区域将被隐藏，用白色绘制的区域是可见的，而用灰度绘制的区域则会出现不同层次的透明区域。

7.2.1.2 矢量蒙版

　　矢量蒙版与分辨率无关，是由钢笔路径或形状工具绘制闭合的路径形状后创建的，路径内的区域显示出图层中的内容，路径之外的区域是被屏蔽的区域，如图7-54所示。

（a）蒙版效果　　　　　　（b）【图层】面板

图7-54　矢量蒙版（1）

当路径的形状编辑修改后，蒙版被屏蔽的区域也会随之发生变化，如图7-55所示。

（a）蒙版效果　　　　　　（b）【图层】面板

图7-55　矢量蒙版（2）

7.2.1.3 剪贴蒙版

剪贴蒙版是由基底图层和内容图层创建的，将两个或两个以上的图层创建剪贴蒙版后，可用剪贴蒙版中最下方的图层（基底图层）形状来覆盖上面的图层（内容图层）内容。

例如，一个图像的剪贴蒙版中下方图层为某个形状，上面的图层为图像或文字，如果将上面的图层都创建为剪贴蒙版，则上面图层的图像只能通过下面图层的形状来显示其内容，如图7-56所示。

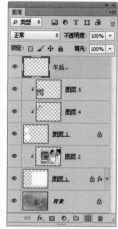

（a）蒙版效果　　　　　　　　　　（b）【图层】面板

图7-56　剪贴蒙版

7.2.1.4 快速编辑蒙版

快速编辑蒙版是用来创建、编辑和修改选区的。单击工具箱下方的 ▣ 按钮就可直接创建快速蒙版，此时【通道】面板中会增加一个临时的快速蒙版通道。

在快速蒙版状态下，被选择的区域显示原图像，而被屏蔽不被选择的区域显示默认的半透明红色，如图7-57所示。当操作结束后，单击 ▣ 按钮，恢复到系统默认的编辑模式，【通道】面板中将不会保存该蒙版，而是直接生成选区，如图7-58所示。

图7-57　在快速蒙版状态下选择对象　　　　图7-58　快速蒙版创建的选区

7.2.2　创建剪贴蒙版

在剪贴蒙版中，基底图层只有一个，而内容图层可以有多个。

基础训练：创建剪贴蒙版

① 打开素材文件"素材/第7章/剪贴蒙版01.psd"，如图7-59所示，其中包含了3个图层，如图7-60所示。

图7-59　打开的文件

图7-60　【图层】面板

② 将"图案"图层选作内容图层，在其上单击鼠标右键，在弹出的快捷菜单中选择【创建剪贴蒙版】命令，如图7-61所示，随后内容图层只显示下方文字图层的内容，如图7-62所示。

③ 内容图层前方会出现 符号，表示已经为下方图层创建了剪贴蒙版，如图7-63所示。

图7-61　创建剪贴蒙版

图7-62　文字效果

图7-63　【图层】面板

④ 打开素材文件"素材/第7章/剪贴蒙版02.psd"，其中包含了5个图层，如图7-64所示。

⑤ 按住 Ctrl 键选中"图层1""图层2"和"图层3"，在其上单击鼠标右键，在弹出的快捷菜单中选择【创建剪贴蒙版】命令，可以使用多个内容图层创建剪贴蒙版，结果如图7-65所示。

⑥ 选中"文字"层，设置图层混合模式为【线性光】，得到的效果如图7-66所示。

| 图7-64 打开的图形 | 图7-65 创建剪贴蒙版效果 | 图7-66 修改混合模式 |

⑦ 在"图层3"上单击鼠标右键，在弹出的快捷菜单中选择【释放剪贴蒙版】命令，可以去掉该图层的剪贴蒙版（释放剪贴蒙版），结果如图7-67所示。

⑧ 撤销上一步操作，在"图层1"上单击鼠标右键，在弹出的快捷菜单中选择【释放剪贴蒙版】命令，如图7-68所示，可以释放整个模板组，结果如图7-69所示。

⑨ 撤销上一步操作，将"图层2"拖放到"文字"层下方，如图7-70所示，也可以对该图层进行释放剪贴蒙版操作。

| 图7-67 释放剪贴蒙版（1） | 图7-68 释放剪贴蒙版操作 |

| 图7-69 释放剪贴蒙版效果（2） | 图7-70 调整图层位置 |

7.2.3 创建图层蒙版

当为图像添加图层蒙版之后，蒙版中显示黑色的区域将是画面被屏蔽的区域。图层蒙版常用于隐藏画面的局部内容来对画面进行局部修饰，这种隐藏而非删除的方式不会破坏画面本身的完整性。

图层蒙版只用在一个图层上,为某一图层添加图层蒙版后,可以通过在蒙版上绘制黑色或白色区域来控制图层的显示和隐藏。

7.2.3.1 直接创建图层蒙版

创建图层蒙版有两种方式:在没有任何选区的情况下可以创建空的蒙版,画面中的内容不会被隐藏;在包含选区的情况下创建图层蒙版,选区内的部分为显示状态,选区外的部分为隐藏状态。

基础训练:直接创建图层蒙版

① 打开素材文件"素材/第7章/花01.jpg",如图7-71所示。

② 在【图层】面板底部单击 ▣ 按钮即可为该图层添加蒙版,此时画面并没有明显变化,但在【图层】面板的图层缩略图右侧会增加一个图层蒙版缩略图图标,如图7-72所示。

图7-71 打开的图像

图7-72 【图层】面板

✧✦ 要点提示

每个图层只能创建一个图层蒙版,如果一个图层上已经创建了图层蒙版,再次单击 ▣ 按钮后将创建矢量蒙版。

③ 设置前景色为黑色,在【图层】面板中单击图层蒙版缩略图,如图7-73所示,然后使用画笔工具在蒙版上涂抹,被黑色画笔涂抹的部分被隐藏,效果如图7-74所示。

图7-73 选中缩略图

图7-74 用黑色涂抹图形

④ 将前景色设置为白色继续涂抹，被白色涂抹的部分又将重新显示出来，效果如图7-75所示。

⑤ 将前景色设置为灰色继续涂抹，被灰色涂抹的部分将以半透明的形式显示出来，效果如图7-76所示。

图7-75　用白色涂抹图形

图7-76　用灰色涂抹图形

⑥ 关闭当前文件（不保存），按照步骤①和步骤②重新打开素材文件并创建图层蒙版，在【图层】面板中选中图层蒙版缩略图。

⑦ 单击 ⬛ 工具，在属性栏中设置渐变方式为 ⬛⬛⬛⬛⬛（线性渐变），然后从上到下绘制渐变填充线，填充效果如图7-77所示。

⑧ 撤销上一步操作，选择 🪣 工具，向画面中填充灰色，效果如图7-78所示。

图7-77　使用渐变填充

图7-78　使用油漆桶填充

7.2.3.2　基于选区创建图层蒙版

如果在图形中已经创建了选区，那么在创建图层蒙版后选区内的部分将显示出来，选区外的部分将被隐藏。

基础训练：基于选区创建图层蒙版

① 打开素材文件"素材/第7章/花02.jpg"，并创建圆形选区，如图7-79所示。

② 执行【图层】/【图层蒙版】命令，弹出图7-80所示的下拉菜单。

③ 选择【显示全部】命令，为当前层添加蒙版，此时图像文件的画面没有发生改

变，其【图层】面板如图7-81所示。

图7-79 创建选区   图7-80 弹出的下拉菜单   图7-81 【图层】面板

> ✦ 要点提示
>
> 【显示全部】和【隐藏全部】命令在不创建选择区域的情况下就可执行，而【显示选区】和【隐藏选区】命令只有在图像文件中创建了选择区域后才可用。

④ 确认前景色为黑色，利用画笔工具在图像文件中拖曳鼠标光标涂抹颜色，可以将画面覆盖，其画面效果和【图层】面板状态分别如图7-82和图7-83所示。

图7-82 涂抹效果（1）   图7-83 图层状态（1）

⑤ 确认前景色为白色，利用画笔工具在图像文件中拖曳鼠标光标涂抹颜色，可以将画面显示，其画面效果和【图层】面板状态分别如图7-84和图7-85所示。

图7-84 涂抹效果（2）   图7-85 图层状态（2）

⑥ 关闭当前文件（不保存），重新打开文件并创建选区，然后执行【图层】/【图层

蒙版】/【隐藏全部】命令，将当前层的图像全部隐藏。

　　⑦ 确认前景色为白色，利用画笔工具在图像文件中拖曳鼠标光标涂抹颜色，可以显示选区内的图形，如图7-86所示，此时的【图层】面板如图7-87所示。

图7-86　涂抹效果（3）　　　　　　　图7-87　图层状态（3）

　　⑧ 关闭当前文件（不保存），重新打开文件并创建选区，然后执行【图层】/【图层蒙版】/【显示选区】命令，将选区以外的区域屏蔽，如图7-88所示。若选区为带有羽化效果的选区，则可以制作图像的虚化效果，如图7-89所示。

图7-88　屏蔽选区外的区域　　　　　　图7-89　设置羽化效果（1）

　　⑨ 关闭当前文件（不保存），重新打开文件并创建选区，然后执行【图层】/【图层蒙版】/【隐藏选区】命令，将选择区域内的图像屏蔽，如图7-90所示。若选区具有羽化性质，也可以制作图像的虚化效果，如图7-91所示。

图7-90　屏蔽选区内的区域　　　　　　图7-91　设置羽化效果（2）

7.2.3.3 编辑图层蒙版

在【图层】面板中单击蒙版缩览图使之成为工作状态。

（1）修改屏蔽区域

在工具箱中选择任一绘图工具，执行下列任一操作即可编辑蒙版。

- 在蒙版图像中绘制黑色，可增加蒙版被屏蔽的区域，并显示更少的图像。
- 在蒙版图像中绘制白色，可减少蒙版被屏蔽的区域，并显示更多的图像。
- 在蒙版图像中绘制灰色，可创建半透明效果的屏蔽区域。

（2）停用和启用蒙版

添加蒙版后，执行【图层】/【图层蒙版】/【停用】命令可停用蒙版，此时【图层】面板中的蒙版缩览图上会出现一个红色的交叉符号，如图7-92所示，且图像文件中会显示不带蒙版效果的图层内容。

图7-92　停用蒙版

> ✨ **要点提示**
>
> 　　按住 Shift 键反复单击【图层】面板中的蒙版缩览图，可在停用蒙版和启用蒙版之间切换。

（3）应用图层蒙版

执行【图层】/【图层蒙版】/【应用】命令，或者在选取图层蒙版缩览图后单击【图层】面板下方的 🗑 按钮，在弹出的警告对话框中单击 应用 按钮，即可在当前层中应用编辑后的蒙版。

（4）删除图层蒙版

执行【图层】/【图层蒙版】/【删除】命令，或者在选取图层蒙版缩览图后单击【图层】面板下方的 🗑 按钮，在弹出的警告对话框中单击 删除 按钮，即可在当前层中删除编辑后的蒙版。

（5）取消图层与蒙版的链接

默认情况下，图层和蒙版处于链接状态，当使用 ↔ 工具移动图层或蒙版时，该图层及其蒙版会在图像文件中一起移动，只有在取消它们的链接后才可以进行单独移动。

- 执行【图层】/【图层蒙版】/【取消链接】命令，即可将图层与蒙版之间的链接取消。

> ✨ **要点提示**
>
> 　　执行【图层】/【图层蒙版】/【取消链接】或【图层】/【矢量蒙版】/【取消链接】命令后，【取消链接】命令将显示为【链接】命令，选择此命令，图层与蒙版之间将重建链接。

- 在【图层】面板中单击图层缩览图与蒙版缩览图之间的链接图标 🔗，链接图标消失，如图7-93所示，表明图层与蒙版之间已取消链接；当在此处再次单击鼠标左键，链接图标出现时，表明图层与蒙版之间又重建链接。

图7-93　取消链接

7.2.4　创建矢量蒙版

矢量蒙版通过路径形状控制图像的显示区域，路径范围内显示图像，路径范围之外则隐藏图像。

基础训练：创建矢量蒙版

① 打开素材文件"素材/第7章/花03.jpg"，如图7-94所示。

② 使用钢笔工具在图形上绘制开放路径（在属性栏第1个下拉列表中选取【路径】选项），如图7-95所示。

图7-94　打开的图形

图7-95　绘制开放路径

③ 执行【图层】/【矢量蒙版】/【当前路径】命令，即可以当前路径为图层创建一个矢量蒙版，在路径范围内显示图形，路径范围外隐藏图形，如图7-96所示，此时的【图层】面板如图7-97所示。

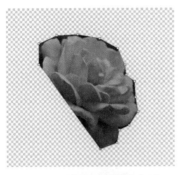

图7-96　创建矢量蒙版（1）

图7-97　【图层】面板

④ 撤销上一步操作取消蒙版，继续使用钢笔工具使路径封闭，如图7-98所示。

⑤ 执行【图层】/【矢量蒙版】/【当前路径】命令，创建矢量蒙版，按 Enter 键隐藏路径后的结果如图7-99所示。

图7-98　绘制封闭路径

图7-99　创建矢量蒙版（2）

⑥ 由于矢量蒙版使用路径控制图层的显示和隐藏，所以可以看到矢量蒙版的图层边缘均很锐利。在【图层】面板选中矢量蒙版缩略图，在【属性】面板中增大【羽化】值，如图7-100所示，即可得到柔和的图层边缘，如图7-101所示。

图7-100　【属性】面板

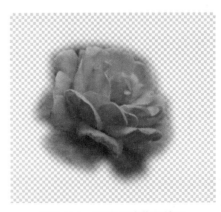

图7-101　修改后的蒙版效果

⑦ 在【图层】或【路径】面板中单击矢量蒙版缩览图，将重新显示路径，如图7-102

所示。

⑧ 利用钢笔工具或路径编辑工具更改路径的形状，即可编辑矢量蒙版，如图7-103
所示。

图7-102　显示路径　　　　　　　　　　　　图7-103　修改路径

✦ 要点提示

　　按住 Ctrl 键，然后单击【图层】面板底部的 ▣ 按钮，可以为图层添加一个新的矢量
蒙版；当图层上已有图层蒙版时，再次单击【图层】面板底部的 ▣ 按钮，可以为该图层
再创建一个矢量蒙版，其中第1个缩略图为图层蒙版，第2个缩略图为矢量蒙版，如图7-104
所示。在【图层】面板中选择要编辑的矢量蒙版层，执行【图层】/【栅格化】/【矢量蒙
版】命令（或在矢量蒙版缩略图上单击鼠标右键，然后在弹出的快捷菜单中选择【栅格化
矢量蒙版】命令），可将矢量蒙版转换为图层蒙版，如图7-105所示。

图7-104　添加双蒙版　　　　　　　　　　　图7-105　栅格化蒙版

7.2.5　创建快速蒙版

快速蒙版相当于一种选区工具，其创建的对象实际上是选区。

基础训练：创建快速蒙版

① 打开素材文件"素材/第7章/天空.jpg"，如图7-106所示。

② 单击工具栏底部的【以快速蒙版模式编辑】按钮 ⬛ 或按Q键，当 ⬛ 按钮变换为 ⬛ 时即处于快速蒙版编辑模式，对比前后的工具栏如图7-107所示。

图7-106　打开的图形

图7-107　对比前后工具栏

③ 使用 ✏ 工具在画面上进行绘制，在快速蒙版下只能区分黑、白和灰3种颜色，使用黑色绘制的部分在画面中将被半透明的红色覆盖，如图7-108所示；使用白色绘制可以擦掉被红色覆盖的部分，如图7-109所示。

图7-108　使用黑色绘制图形

图7-109　使用白色绘制图形

④ 单击工具栏底部的 ⬛ 按钮或按Q键，当 ⬛ 按钮变换为 ⬛ 时即退出快速蒙版编辑模式，得到红色以外部分的选区，如图7-110所示。

⑤ 执行【选择】/【反选】命令，如图7-111所示。

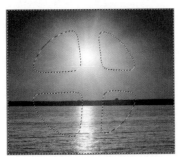

图7-110　得到的选区

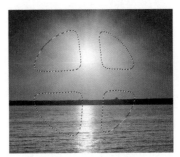

图7-111　反选选区

⑥ 为选区填充一种颜色，结果如图7-112所示。

⑦ 按Ctrl + D组合键取消选区，结果如图7-113所示。

图7-112　为选区填色

图7-113　填色效果

7.3 综合实例

下面结合综合实例来介绍通道和蒙版在设计中的应用。

7.3.1　选取复杂的对象

本例将从一个图片中选取较为复杂的树枝对象，然后给选定的对象重新设置背景。

步骤解析

① 打开素材文件"素材/第7章/树枝.jpg"，如图7-114所示。

② 打开【通道】面板，依次单击各通道，观察各通道的明暗对比。

③ 将鼠标光标放置到明暗对比较明显的"蓝"通道上，按下鼠标左键并向下拖曳至 ⊞ 按钮位置处释放，将"蓝"通道复制生成为"蓝 拷贝"通道，如图7-115所示。创建的"蓝 拷贝"通道效果如图7-116所示。

图7-114　打开的图像

图7-115　创建通道副本

图7-116　"蓝 拷贝"通道

④ 执行【图像】/【调整】/【色阶】命令，在弹出的【色阶】对话框中设置参数如图7-117所示，然后单击 确定 按钮，调整后的图像效果如图7-118所示。

⑤ 将前景色设置为白色，然后利用 工具在画面中的四角和边界处喷绘白色，去除杂色，效果如图7-119所示。

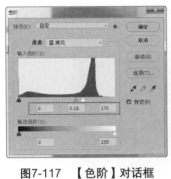

图7-117　【色阶】对话框

图7-118　调整后的效果

图7-119　喷绘白色后的效果

⑥ 按 Ctrl + I 组合键，将画面反相显示，效果如图7-120所示。

⑦ 单击【通道】面板底部的 按钮，载入"蓝 拷贝"通道的选区，然后单击上方的"RGB通道"或按 Ctrl + 2 组合键转换到RGB通道模式，载入的选区形态如图7-121所示。

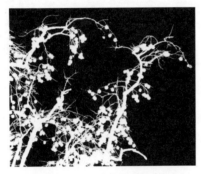

图7-120　反相显示后的效果

图7-121　载入的选区

⑧ 按 Ctrl + J 组合键，将选区中的内容通过复制生成"图层 1"，然后将"背景"层隐藏，此时的树枝效果如图7-122所示。

⑨ 打开素材文件"素材/第7章/风景.jpg"，如图7-123所示。

图7-122　树枝效果

图7-123　打开的图片

⑩ 将"风景"图片移动复制到"树枝"文件中生成"图层 2"，再按 Ctrl + T 组合键添加自由变换框，并将其调整至图7-124所示的形态，然后按 Enter 键，确认图片的变换操作。

⑪ 将"图层 2"调整至"图层 1"的下方位置，调整图层堆叠顺序后的效果如图7-125所示。

图7-124　调整后的图片形态

图7-125　调整图层堆叠顺序后的效果

⑫ 按 Shift + Ctrl + S 组合键保存文件。

7.3.2　去除人物照片中的背景

扫一扫　看视频

本例将练习使用蒙版来选取图片中的人物，然后去掉人物背景。

步骤解析

① 打开素材文件"素材/第7章/儿童.jpg"，如图7-126所示。

② 双击工具箱下面的 按钮，在弹出的【快速蒙版选项】对话框中选择【所选区域】单选项，设置【不透明度】参数为"50%"，如图7-127所示，然后单击 确定 按钮，随后进入快速蒙版模式。

图7-126　打开的图片

图7-127　【快速蒙版选项】对话框

③ 单击工具箱中的 按钮，单击 图标，在打开的面板中设置笔头【大小】为"10像素"、【硬度】为"100%"，如图7-128所示。

④ 按 Ctrl + + 组合键将图像放大显示。按住空格键进行图像位置的平移，将人物的头部显示，如图7-129所示。

⑤ 确认工具箱中的前景色为黑色，利用设置的画笔沿人物的边缘涂抹颜色，如图7-130所示。

图7-128 设置笔头参数　　　图7-129 显示人物头部　　　图7-130 绘制选区

✨ 要点提示

　　在沿人物的边缘进行颜色的涂抹时，难免会有些颜色涂抹到人物的外面，为了使绘制的颜色沿人物的边缘更为准确，可以设置工具箱中的前景色为白色，然后在多余的颜色上涂抹，修改涂抹颜色后的效果如图7-131所示。

图7-131 编辑选区

　　⑥ 用同样的方法用【画笔】工具沿人物的边缘涂抹上颜色，如图7-132所示。

　　⑦ 单击工具箱中的 按钮，在属性栏中选中【连续的】复选项，设置【不透明度】为"100%"、【容差】为"32"，然后在人物上单击鼠标左键，进行颜色的填充，填充颜色后的效果如图7-133所示。

　　⑧ 单击工具箱中底部的 按钮，回到标准模式编辑状态，此时在人物上将出现选择区域，如图7-134所示。

图7-132 涂抹颜色　　　　图7-133 填充颜色　　　　图7-134 显示选区

　　⑨ 执行【选择】/【修改】/【羽化】命令，在弹出的【羽化选区】对话框中设置【羽化半径】为"1"像素，如图7-135所示，然后单击 确定 按钮对选区进行羽化处理，结果

如图7-136所示。

⑩ 执行【选择】/【修改】/【收缩】命令，在弹出的【收缩选区】对话框中设置【收缩量】为"4"像素，然后单击 确定 按钮对选区收缩处理，结果如图7-137所示。

图7-135 【羽化选区】对话框

图7-136 羽化选区

图7-137 收缩选区

✦ 要点提示

此处是否需要设置选区收缩及设置具体的【收缩量】值需要根据操作后选区的实际情况来决定，如果选区过小，还可以使用【选择】/【修改】/【扩展】命令进行扩展。

⑪ 执行【图层】/【新建】/【通过拷贝的图层】命令，将选区中的人物通过拷贝生成一个新的图层"图层1"，如图7-138所示。

⑫ 在【图层】面板中选中"背景"层，在其上单击鼠标右键，在弹出的快捷菜单中选取【删除图层】命令，如图7-139所示，删除背景层的结果如图7-140所示。

⑬ 打开素材文件"素材/第7章/背景.jpg"，如图7-141所示，然后将其移动复制到"人物"文件中生成"图层2"。

图7-138 【图层】面板

图7-139 删除图层

图7-140 删除背景层结果

图7-141 打开的图片

⑭ 按 Ctrl + T 组合键调整其与人物图像大小相适应，如图7-142所示，然后按 Enter 键，确认图片的变换操作。

⑮ 将"图层 2"调整至"图层 1"的下方位置，最终设计结果如图7-143所示。

图7-142　变换图形

图7-143　设计效果

⑯ 执行【文件】/【存储为】命令，保存文件。

习题

① 什么是通道？通道有哪些种类?

② Alpha通道有什么特点和用途?

③ 简要说明蒙版的种类和用途。

④ 如何创建专色通道?

⑤ 如何将图层蒙版转换为矢量蒙版?

第8章

图像颜色调整

　　【图像】/【调整】菜单下的命令主要是对图像或图像中某一部分的颜色、亮度、饱和度及对比度等进行调整，使用这些命令可以使图像产生多种色彩上的变化。另外，在对图像的颜色进行调整时要注意选区的添加与运用，以及与图层调整和蒙版的配合使用。

8.1 颜色调整概述

图像的色彩很大程度上决定了图像质量，与图像所表达主题相匹配的颜色才能正确传达图像的内涵，因此正确使用颜色是艺术设计的重点。

8.1.1 颜色模式

颜色模式决定了用来显示和打印处理图像的颜色方法。Photoshop的颜色模式基于颜色模型，选择某种特定的颜色模式就等于选用了某种特定的颜色模型。

在【图像】/【模式】菜单中可以选择颜色模式，包括RGB、CMYK、Lab等基本颜色模式，以及用于特殊色彩输出的索引颜色和双色调等颜色模式，如图8-1所示。

8.1.1.1 位图模式

位图模式的图像只包含纯黑和纯白两种颜色，彩色图像转换为位图模式时，像素中的色相和饱和度信息都会被删除，只保留亮度信息。

图8-1 【图像】/
【模式】菜单

> ✦ 要点提示
>
> 只有灰度模式和双色调模式才能够转换为位图模式，因此如果要将这两种模式之外的图像转换为位图模式，需要先将其转换为灰度模式或双色调模式，然后才能转换为位图模式。

① 打开素材文件"素材/第8章/玫瑰.jpg"，如图8-2所示。

② 执行【图像】/【模式】/【灰度】命令，在弹出的【信息】对话框中单击 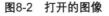 按钮将其转换为灰度图形，如图8-3所示。

③ 执行【图像】/【模式】/【位图】命令，打开【位图】对话框，如图8-4所示，在【输出】文本框中设置图像的输出分辨率。

图8-2 打开的图像　　图8-3 转化为灰度图像

④ 在【方法】分组框中选择一种转换方法，包括【50%阈值】【图案仿色】【扩散仿色】【半调网屏】和【自定图案】，如图8-5所示。

- 【50%阈值】选项：将50%色调作为分界点，灰度值高于中间色阶128的像素转换为白色，灰度值低于中间色阶128的像素转换为黑色，从而创建对比度分明的黑白图像，如图8-6所示。

图8-4　【位图】对话框　　图8-5　转换方法

- 【图案仿色】选项：使用黑白点的图案来模拟色调，如图8-7所示。

- 【扩散仿色】选项：通过使用从图像左上角开始的误差扩散过程来转换图像，由于转换过程的误差原因，会产生颗粒状的纹理，如图8-8所示。

图8-6　50%阈值效果　　图8-7　图案仿色效果　　图8-8　扩散仿色效果

- 【半调网屏】选项：可模拟平面印刷中使用的半调网点外观，如图8-9所示。

- 【自定图案】选项：可选择一种图案来模拟图像中的色调，如图8-10所示。

图8-9　半调网屏效果　　　图8-10　自定图案效果

8.1.1.2　灰度模式

灰度模式的图像不包含颜色，彩色的图像转换为该模式后色彩信息都会被删除。

打开素材文件"素材/第8章/老虎.jpg，如图8-11所示，执行【图像】/

图8-11　彩色图像　　　　图8-12　灰度图像

【模式】/【灰度】命令后将其转换为灰度模式，效果如图8-12所示。

灰度图像中的每个像素都有一个0～255之间的亮度值，0代表黑色，255代表白色，其他值代表黑、白中间过渡的灰色。

在8位图像中最多有256级灰度，而在16和32位图像中灰度的级数要比8位图像大得多。

8.1.1.3 双色调模式

在Photoshop中可以创建单色调、双色调、三色调和四色调的图像。

单色调是用非黑色的单一油墨打印的灰度图像，双色调、三色调和四色调分别是用两种、3种和4种油墨打印的灰度图像。

在这些图像中将使用彩色油墨来重现带色彩灰色。将打开的图片分别设置为双色调、三色调和四色调，效果如图8-13所示。

打开的图片　　　　　双色调效果　　　　　三色调效果　　　　　四色调效果

图8-13　原图与转换模式后的效果

✨ 要点提示

只有灰度模式的图像才能转换为双色调模式，如果要将其他模式的图像转换为双色调模式，应先将其转换为灰度模式。

打开图像后执行【图像】/【模式】/【双色调】命令，打开【双色调选项】对话框，在【类型】下拉列表中可选择【单色调】【双色调】【三色调】和【四色调】选项，如图8-14所示。

选择【四色调】选项后，单击各个油墨右侧的颜色块，可在打开的【拾色器】对话框中设置油墨颜色，设置不同颜色后的效果如图8-15所示。

图8-14　【双色调选项】对话框　　**图8-15　设置的颜色**

8.1.1.4 索引颜色模式

索引是GIF文件格式的默认颜色模式，最多支持256种颜色。当彩色图像转换为索引颜色时，Photoshop将构建一个颜色查找表（CLUT），用以存放并索引图像中的颜色。

> ✨🔷 **要点提示**
>
> 如果原图像中的某种颜色没有出现在该表中，则程序会选取最接近的一种或者使用仿色，以现有颜色来模拟该颜色。

打开素材文件"素材/第8章/老虎.jpg"，执行【图像】/【模式】/【索引颜色】命令，弹出图8-16所示的【索引颜色】对话框，使用默认参数的图像效果如图8-17所示。

图8-16 【索引颜色】对话框　　图8-17 使用默认参数的图像效果

- 【调板】下拉列表：可选择转换为索引颜色后使用的调板类型，它决定了将使用哪些颜色。如果选择【平均】【局部（可感知）】或【局部（随样性）】选项，可通过输入【颜色】值来指定要显示的实际颜色数量。
- 【强制】下拉列表：可选择将某些颜色强制包括在颜色表的选项中。选择【黑白】选项，可将纯黑色和纯白色添加到颜色表中；选择【三原色】选项，可添加红色、绿色、蓝色、青色、洋红、黄色、黑色和白色；选择【Web】选项，可添加216种Web安全色；选择【自定】选项，则允许定义要添加的自定颜色。
- 【杂边】下拉列表：指定用于填充与图像的透明区域相邻的消除锯齿边缘的背景色。
- 【仿色】下拉列表：可以选择是否使用仿色，除非正在使用【实际】颜色表选项，否则颜色表可能不会包含图像中使用的所有颜色。如果要模拟颜色表中没有的颜色，可以采用仿色。仿色混合现有颜色的像素，以模拟缺少的颜色。要使用仿色，可在该下拉列表中选择仿色选项，并输入仿色数量的百分比值。该值越高，所仿颜色越多，但也可能会增加文件大小。

8.1.1.5 RGB颜色模式

RGB模式是一种用于屏幕显示的颜色模式，R代表红色、G代表绿色、B代表蓝色。在24位图像中，每一种颜色都有256种亮度值，因此【RGB颜色】模式可以重现约1670万种颜色（256×256×256）。

8.1.1.6 CMYK颜色模式

CMYK颜色模式主要用于打印输出图像，C代表青色、M代表洋红、Y代表黄色、K代表黑色。在CMYK模式下，可以为每个像素的每种印刷油墨指定一个百分比值。CMYK模式的色域要比RGB模式小，只有在制作要印刷的图像时才使用该模式。

8.1.1.7 Lab颜色模式

Lab模式是Photoshop进行颜色模式转换时使用的中间模式。例如，在将RGB图像转换为CMYK模式时，Photoshop会在内部先将其转换为Lab模式，再由Lab模式转换为CMYK模式。Lab的色域最宽，它包含了RGB和CMYK的色域。

> **✨ 要点提示**
>
> 在Lab颜色模式中，L代表了亮度分量，它的范围为0~100；a代表了由绿色到红色的光谱变化；b代表了由蓝色到黄色的光谱变化。颜色分量a和b的取值范围均为–128~＋127。

8.1.1.8 多通道模式

将图像转换为多通道模式后，Photoshop将根据原图像产生相同数目的新通道。在多通道模式下，每个通道都使用256级灰度。在特殊打印时，多通道图像非常有用。

8.1.1.9 8位/通道、16位/通道、32位/通道模式

位深度也称为像素深度或颜色深度，表示显示或打印图像中的每个像素时颜色信息量的大小。较大的位深度意味着数字图像具有较多的可用颜色和较精确的颜色表示。

① 8位/通道的位深度为8位，每个通道可支持256种颜色。

② 16位/通道的位深度为16位，每个通道可支持65 000种颜色。在16位模式下工作，可以得到更精确的改善和编辑结果。

③ 高动态范围（HDR）图像的位深度为32位，每个颜色通道包含的颜色要比标准的8位/通道多得多，可以存储100 000∶1的对比度。在Photoshop中，使用32位长的浮点数字来存储HDR图像的亮度值。

8.1.2 颜色表

执行【图像】/【模式】/【索引颜色】命令，将图像的颜色模式转换为索引模式后，【图像】/【模式】/【颜色表】命令才可用。选择该命令后，Photoshop将从图像中提取256种典型颜色。

打开图8-18所示的图像，该图像的颜色表如图8-19所示。

在【颜色表】下拉列表中可
以选择一种预定义的颜色表，包
括【自定】【黑体】【灰度】
【色谱】【系统（Mac OS）】
和【系统（Windows）】。

图8-18 打开的图片

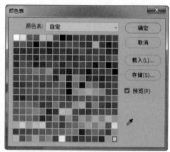

图8-19 【颜色表】对话框

- 【自定】选项：用于创建
  指定的调色板。自定颜色
  表对于颜色数量有限的索
  引颜色图像可以产生特殊
  效果。

- 【黑体】选项：用于显示
  基于不同颜色的面板，这
  些颜色是黑体辐射物被加
  热时发出的，从黑色到红
  色、橙色、黄色和白色，
  如图8-20和图8-21所示。

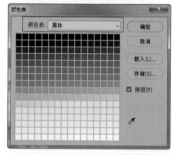

图8-20 【黑体】选项

图8-21 黑体效果

- 【灰度】选项：用于显示
  基于从黑色到白色的256
  个灰阶的面板。

- 【色谱】选项：用于显示
  基于白光穿过棱镜所产生
  颜色的调色板，从紫色、
  蓝色、绿色到黄色、橙色
  和红色，如图8-22和图8-23所示。

图8-22 【色谱】选项

图8-23 色谱效果

- 【系统（Mac OS）】选项：用于显示标准的Mac OS 256色系统
  面板。

- 【系统（Windows）】选项：用于显示标准的Windows 256色系
  统面板。

8.2 颜色调整

执行【图像】/【调整】命令，将弹出图8-24所示的子菜单。子菜
单中的命令主要是对图像或选择区域中的图像进行颜色、亮度、饱和度
及对比度等的调整，使用这些命令可以使图像产生多种色彩上的变化。

图8-24 【调整】
子菜单

8.2.1	自动调色命令

在【图像】菜单中有3个用于自动调色的命令，这3个命令不需要进行参数设置，适合处理一些数码照片中常见的偏色、偏灰、偏暗或偏亮的情况。

8.2.1.1 【自动对比度】命令

【自动对比度】命令可以用于校正图像对比度过低的问题。打开一幅图像，如果画面整体偏灰，可执行【图像】/【自动对比度】命令，偏灰的图像会自动提高对比度。应用示例如图8-25所示。

（a）调整前 （b）调整后

图8-25 【自动对比度】命令应用示例

8.2.1.2 【自动色调】命令

【自动色调】命令用于校正图像中常见的偏色问题。偏色的图像通常都显示出泛黄色，执行【图像】/【自动色调】命令，可以去除过多的黄色成分。应用示例如图8-26所示。

（a）调整前 （b）调整后

图8-26 【自动色调】命令应用示例

8.2.1.3 【自动颜色】命令

【自动颜色】命令用于校正图像中的颜色偏差。执行【图像】/【自动颜色】命令，即可自动调整图像中的颜色。应用示例如图8-27所示。

（a）调整前 （b）调整后

图8-27 【自动颜色】命令应用示例

8.2.2　图像的明暗调整

图像的明暗调整通过调整亮度、对比度及色阶等来调整图形明暗对比效果。

8.2.2.1　【亮度/对比度】命令

【亮度/对比度】命令通过调整参数或滑块的位置来改变图像的亮度及对比度。

执行【图像】/【调整】/【亮度/对比度】命令，将弹出图8-28所示的【亮度/对比度】对话框；执行【图层】/【新建调整图层】/【亮度/对比度】命令，可以创建一个【亮度/对比度】调整图层。

图8-28　【亮度/对比度】对话框

【亮度/对比度】对话框的主要参数介绍如下。

- 【亮度】选项：用来调整图像的亮度，向左拖曳滑块可以使图像变暗；向右拖曳滑块可以使图像变亮。数值为负值时，将降低图形亮度；数值为正值时，将提高图形亮度。应用示例如图8-29所示。

（a）调整亮度前　　　　　（b）调整亮度后

图8-29　亮度调节应用示例

- 【对比度】选项：用来调整图像的对比度，向左拖曳滑块可以减小图像的对比

（a）调整对比度前　　　　　（b）调整对比度后

图8-30　对比度调节应用示例

度；向右拖曳滑块可以增大图像的对比度。数值为负值时，对比减弱；数值为正值时，对比增强。应用示例如图8-30所示

- 【预览】复选项：选择此复选项后，在【亮度/对比度】对话框中调整参数时，可以在图形上实时查看调整的变化过程。
- 【使用旧版】复选项：选择此复选项后，可以得到与Photoshop以前版本相同的调整结果。
- 自动(A) 按钮：单击此按钮，Photoshop会自动根据画面进行调整。

8.2.2.2 【色阶】命令

【色阶】命令是处理图像时常用的调整色阶对比的命令，通过调整图像中暗调、中间调和高光区域的色阶分布情况来增强图像的色阶对比。

对于光线较暗的图像，可在【色阶】对话框中将右侧的白色滑块向左拖曳，从而增大图像中高光区域的范围，使图像变亮。

执行【图像】/【调整】/【色阶】命令，打开【色阶】对话框，如图8-31所示。执行【图层】/【新建调整图层】/【色阶】命令，创建一个【色阶】调整图层，如图8-32所示。

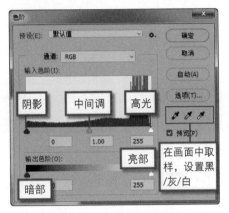

图8-31　【色阶】对话框

图8-32　【色阶】调整图层

✦ 要点提示

【色阶】命令的优势在于它不仅可以单独对画面的阴影、中间调、高光以及亮部和暗部进行调整，还能对各个通道进行调整。

对于高亮度的图像，用鼠标光标将左侧的黑色滑块向右拖曳，可以增大图像中暗调的范围，使图像变暗。将中间的灰色滑块向右拖曳，可以减少图像中的中间色调的范围，从而增大图像的对比度；同理，若将此滑块向左拖曳，则可以增加中间色调的范围，从而减小图像的对比度。

基础训练：调整色阶

步骤解析

（1）打开文件

打开素材文件"素材/第8章/风景01.jpg"，如图8-33所示。

（2）调整输入色阶

在输入色阶中可以通过拖动滑块来调整阴影、中间调和高光。

图8-33　打开的图片

① 执行【图像】/【调整】/【色阶】命令，打开【色阶】对话框。

② 向右移动阴影滑块，画面暗部区域明显变暗，如图8-34所示。

③ 向左移动高光滑块，画面亮部区域将变得更亮，如图8-35所示。

图8-34 调整阴影 　　　　图8-35 调整高光

④ 向左移动中间调滑块，画面中间调区域将变得更亮，受其影响，画面大部分区域都将变亮，如图8-36所示。

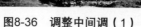

图8-36 调整中间调（1） 　　图8-37 调整中间调（2）

⑤ 向右移动中间调滑块，画面中间调区域将变得更暗，受其影响，画面大部分区域都将变暗，如图8-37所示。

（3）调整输出色阶

在输出色阶中可以设置图像的亮度范围，从而降低对比度。

① 向右移动暗部滑块，画面暗部区域将会变亮，画面产生"变灰"效果，如图8-38所示。

图8-38 调整暗部区域 　　图8-39 调整亮部区域

② 向左移动亮部滑块，画面亮部区域将会变暗，画面产生"变灰"效果，如图8-39所示。

③ 使用【在图像中取样以设置黑场】吸管 在图像中单击鼠标左键取样，可以将单击处的像素调整为黑色，同时图像中比该单击点更暗的像素也将变为黑色，如图8-40所示。

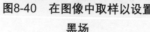

图8-40 在图像中取样以设置 　　图8-41 在图像中取样以设置
　　　黑场 　　　　　　　　　　　灰场

④ 使用【在图像中取样以设置灰场】吸管 在图像中单击鼠标左键取样，可以根据单击处像素的亮度来调整其他中间调的平均亮度，如图8-41所示。

⑤ 使用【在图像中取样以设置白场】吸管 在图像中单击鼠标左键取样，可以将单击处的像素调整为白色，同时图像中比该单击点更亮的像素也将变为白色，如图8-42所示。

图8-42 在图像中取样以设置白场

8.2.2.3 【曲线】命令

【曲线】命令与【色阶】命令相似，只是该命令是利用调整曲线的形态来改变图像各个通道的明暗数量。执行【图像】/【调整】/【曲线】命令，将弹出图8-43所示的【曲线】对话框。

> ✦ **要点提示**
>
> 利用【曲线】命令可以调整图像各个通道的明暗程度，从而更加精确地改变图像的颜色。【曲线】对话框中的水平轴（即输入色阶）代表图像色彩原来的亮度值，垂直轴（即输出色阶）代表图像调整后的颜色值。

执行【图层】/【新建调整图层】/【曲线】命令可以创建一个【曲线】调整图层，如图8-44所示。

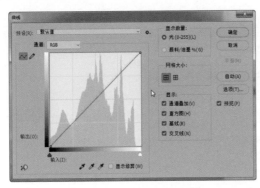

图8-43 【曲线】对话框

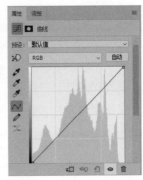

图8-44 【曲线】调整图层

对于RGB颜色模式的图像，曲线显示"0~255"的强度值，暗调（0）位于左边。对于CMYK颜色模式的图像，曲线显示"0~100"的百分数，高光（0）位于左边。

对于因曝光不足而色调

（a）调整前

（b）调整后

图8-45 曝光不足图像调整

偏暗的"RGB颜色"图像，可以将曲线调整至上凸的形态，使图像变亮，如图8-45所示。

285

（1）使用"预设"的曲线效果

在【预设】下拉列表中共有9种预设效果，用户可以根据需要进行选取，如图8-46所示。

（2）提高画面亮度

在图像中，通常中间调区域的范围最大，因此可以选择曲线中间部分对画面进行整体调整。在曲线中间调区域按住鼠标左键并向左上方拖动，使画面变亮，如图8-47所示。

（a）调整前　　　（b）调整后（负片效果）

图8-46　使用"预设"的曲线效果

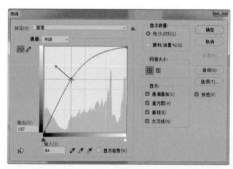

（a）【曲线】对话框　　　　（b）调整后

图8-47　提高画面亮度

（3）降低画面亮度

在曲线中间调区域按住鼠标左键并向右下方拖动，使画面变暗，如图8-48所示。

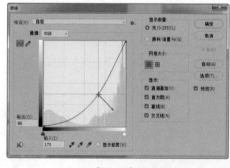 

（a）【曲线】对话框　　　　（b）调整后

图8-48　降低画面亮度

（4）调整图像对比度

要增强画面对比度，需要使画面亮处更亮，暗处更暗。在曲线上半段添加点，将曲线向上移动；在曲线下半段添加点，将曲线向下移动，使之呈"S"形，如图8-49所示。

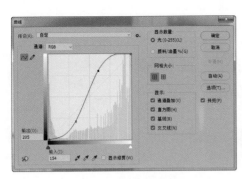

（a）【曲线】对话框　　　　　　　　（b）调整后

图8-49　增强画面对比度

要降低画面对比度，需要使画面亮处更暗，暗处更亮。在曲线上半段添加点，将曲线向下移动；在曲线下半段添加点，将曲线向上移动，使之呈"Z"形，如图8-50所示。

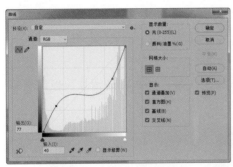

（a）【曲线】对话框　　　　　　　　（b）调整后

图8-50　降低画面对比度

（5）调整图像颜色

通过曲线命令可以调整图像中的偏色，也可以在图像中产生各种颜色倾向。

要降低图像中的红色倾向，可以在【通道】下拉列表中选取【红】选项，将曲线向右下角调整，如图8-51所示。

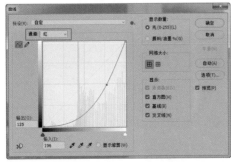

（a）【曲线】对话框　　　　　　　　（b）调整后

图8-51　调整图像颜色

8.2.2.4 【曝光度】命令

【曝光度】命令可以用于在线性空间中调整图像的曝光数量、位移和灰度系数，进而改变当前颜色空间中图像的亮度和明度，也可以用来校正图像曝光过度、对比度过高或过低的情况。

执行【图像】/【调整】/【曝光度】命令，打开【曝光度】对话框，如图8-52所示；执行【图层】/【新建调整图层】/【曝光度】命令，可以创建一个【曝光度】调整图层，如图8-53所示。

图8-52　【曝光度】对话框　　图8-53　【曝光度】调整图层

【曝光度】对话框的主要参数介绍如下。

- 【预设】下拉列表：该下拉列表中有【默认值】【减1.0】【减2.0】【加1.0】【加2.0】和【自定】6种预设效果。
- 【曝光度】：向左拖动滑块可以降低曝光效果，向右拖动滑块可以增强曝光效果，如图8-54所示。

（a）曝光度 "–2"　　　　　（b）曝光度 "0"　　　　　（c）曝光度 "1"

图8-54　调整曝光度

- 【位移】：对阴影和中间调起作用，对高光区域不会产生影响。减小数值会使阴影和中间调区域变暗，如图8-55所示。

（a）位移 "–02"　　　　　（b）位移 "0"　　　　　（c）位移 "0.2"

图8-55　调整位移

• 【灰度系数校正】：使用一种函数关系来调整图像灰度。向左移动滑块增大灰度数值，向右移动滑块减小灰度数值，如图8-56所示。

（a）灰度系数校正"5"　　（b）灰度系数校正"2"　　（c）灰度系数校正"0.5"

图8-56　灰度系数校正

8.2.2.5　【阴影/高光】命令

【阴影/高光】命令可以单独对图像中的阴影区和高光区进行明暗调整，可以调整图像中过暗或过亮的区域。

执行【图像】/【调整】/【阴影/高光】命令，打开【阴影/高光】对话框，如图8-57所示。

打开图8-58所示的图像，增大阴影数量可以使画面暗部区域变亮，如图8-59所示。

增大高光数量可以使画面亮部区域变亮，如图8-60所示。

在【阴影/高光】对话框中选择【显示更多选项】复选项，可

图8-57　【阴影/高光】对话框

图8-58　原图像

（a）【阴影/高光】对话框

（b）调整后

图8-59　增大阴影

（a）【阴影/高光】对话框

（b）调整后

图8-60　增大高光

以显示更多参数，如图8-61所示。打开图8-62所示的图像，设置其阴影【数量】为"10"。

图8-61 【阴影/高光】对话框

阴影【数量】为"10"

图8-62 原图像

- 【数量】：用来控制阴影/高光区域的亮度。阴影区数值越大，阴影区越亮；高光区数值越大，高光区越暗，如图8-63所示。

（a）阴影数量"80"

（b）高光数量"10"

（c）高光数量"80"

图8-63 调整【阴影/高光】数量

- 【色调】：控制色调的修改范围，数值越小，修改范围越小。
- 【半径】：控制每个像素周围的局部相邻像素的大小，数值越小，范围越小。
- 【亮度】：用于控制画面中颜色的强弱，数值越小，画面饱和度越低；数值越大，画面饱和度越高，如图8-64所示。

（a）颜色"–100"

（b）颜色"0"

（c）颜色"100"

图8-64 调整【亮度】数值

- 【中间调】：用于调整中间调的对比度，数值越大，中间调的对比度越强，如图8-65所示。

（a）中间调"﹣100"　　　　　（b）中间调"0"　　　　　（c）中间调"100"

图8-65　设置【中间调】参数

- 【修剪黑色】：将阴影区域修剪为黑色，数值越大，被修剪区域越大，画面整体越暗，同时损失部分图像细节，其最大值不超过50%，如图8-66所示。

（a）修剪黑色"0.01%"　　　（b）修剪黑色"25%"　　　（c）修剪黑色"50%"

图8-66　设置【修剪黑色】参数

- 【修剪白色】：将高光区域修剪为白色，数值越大，被修剪区域越大，画面整体越亮，同时损失部分图像细节，其最大值不超过50%，如图8-67所示。

（a）修剪白色"0.01%"　　　（b）修剪白色"25%"　　　（c）修剪白色"50%"

图8-67　设置【修剪白色】参数

- 存储默认值(V) 按钮：单击该按钮将参数存储为默认值，再次打开【阴影/高光】对话框时将显示这些数值。

291

8.2.3　调整图像色彩

通过调整图像饱和度和色彩平衡等参数可以调整色彩的最终效果。

8.2.3.1　【自然饱和度】命令

利用【自然饱和度】命令可以最大限度地减少对色彩的修剪，可以增大或减小画面的鲜艳程度。

✦ 要点提示

　　使用【色相/饱和度】命令虽也可以增加或降低画面的饱和度，但使用【自然饱和度】命令调整的效果更加柔和，不会因为过高的饱和度数值而产生纯色区域或完全灰度区域。

执行【图像】/【调整】/【自然饱和度】命令，打开【自然饱和度】对话框，如图8-68所示；执行【图层】/【新建调整图层】/【自然饱和度】命令，可以创建一个【自然饱和度】调整图层，如图8-69所示。

【自然饱和度】对话框的主要参数介绍如下。

　　　图8-68　【自然饱和度】对话框　　　　　图8-69　【自然饱和度】调整图层

- 【自然饱和度】：向左拖动滑块，可以减少颜色的饱和度；向右拖动滑块，可以增加颜色的饱和度，如图8-70所示。

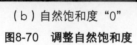

（a）自然饱和度"–100"　　　（b）自然饱和度"0"　　　（c）自然饱和度"100"

图8-70　调整自然饱和度

- 【饱和度】：向左拖动滑块，可以减少所有颜色的饱和度；向右拖动滑块，可以增加所有颜色的饱和度，如图8-71所示。

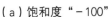
（a）饱和度"－100"

（b）饱和度"0"

（c）饱和度"100"

图8-71　调整饱和度

8.2.3.2 【色相/饱和度】命令

利用【色相/饱和度】命令可以调整图像的色相、饱和度和亮度，既可以作用于整个图像，又可以对指定的颜色单独调整。

执行【图像】/【调整】/【色相/饱和度】命令，打开【色相/饱和度】对话框，如图8-72所示；执行【图层】/【新建调整图层】/【色相/饱和度】命令，可以创建一个【色相/饱和度】调整图层，如图8-73所示。

【色相/饱和度】对话框中的主要参数介绍如下。

> ✨ 要点提示
>
> 　【色相/饱和度】命令常用于改变画面局部颜色或增强画面饱和度。当选择【色相/饱和度】对话框中的【着色】复选项时，可以为图像重新上色，从而使图像产生单色调效果。

图8-72　【色相/饱和度】对话框

图8-73　【色相/饱和度】调整图层

- 【预设】下拉列表：可以使用系统预设的色相/饱和度调整方案，如图8-74所示。

（a）红色提升　　　　　（b）旧样式　　　　　（c）氰版照相

图8-74　使用预设方案

- 通道下拉列表：从其中选择红色、黄色、绿色、青色、蓝色和洋红色等通道进行调整，可以单独调整某一种颜色的色相和饱和度，如图8-75所示。

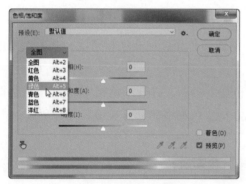 

（a）通道下拉列表　　　　　　　　　　　　（b）调整绿色

图8-75　单独调整颜色

- 【色相】：调整滑块可以更改图像中各部分或某种颜色的色相，可以将一种颜色更改为另一种颜色，如图8-76所示。

（a）色相"–50"　　　　（b）色相"0"　　　　（c）色相"50"

图8-76　调整色相

- 【饱和度】：调整饱和度数值可以增强或减弱画面整体或某种颜色的鲜艳程度。数值越大，颜色越鲜艳，如图8-77所示。

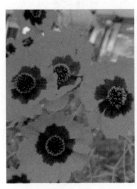

（a）饱和度"–100"　　（b）饱和度"0"　　（c）饱和度"100"

图8-77　调整饱和度

- 【明度】：调整明度数值可以使画面整体或某种颜色的明亮程度增加。数值越大，画面越接近白色，数值越小，越接近黑色，如图8-78所示。

（a）明度"–50"　　（b）明度"0"　　（c）明度"50"

图8-78　调整明度

- ：使用该工具在图像上单击鼠标左键设置取样点，然后将鼠标光标向左拖动即可降低图像饱和度，向右拖动即可增加图像饱和度，如图8-79所示。

（a）取样　　（b）向左拖动　　（c）向右拖动

图8-79　取样调整饱和度

- 【着色】复选项：选择此复选项后，图像会整体偏向于红色调，可以拖动3个滑块来调节图像的色调，如图8-80所示。

（a）原图　　　　　　（b）着色效果　　　　　　（c）调整效果

图8-80　调整着色效果

8.2.3.3　【色彩平衡】命令

【色彩平衡】命令是通过调整各种颜色的混合量来调整图像的整体色彩的。在【色彩平衡】对话框中调整相应滑块的位置，可以控制图像中互补颜色的混合量。

执行【图像】/【调整】/【色彩平衡】命令，打开【色彩平衡】对话框，如图8-81所示；执行【图层】/【新建调整图层】/【色彩平衡】命令，可以创建一个【色彩平衡】调整图层，如图8-82所示。

【色彩平衡】对话框中的主要参数介绍如下。

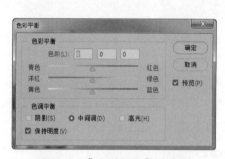

图8-81　【色彩平衡】对话框

图8-82　【色彩平衡】调整图层

> ✦ 要点提示
>
> 　　根据颜色之间的互补关系，要减少某种颜色可以增加该颜色的补色，这样可对图像中的偏色问题进行校正。【色调平衡】分组框用于选择需要调整的色调范围。选择【保持明度】复选项，在调整图像色彩时可以保持画面亮度不变。

- 【色彩平衡】分组框：用于调整"青色-红色""洋红-绿色"及"黄色-蓝色"在图像中所占的比例。如果向左拖动"青色-红色"滑块，可以在图像中增加青色，减少红色（红色是青色的补色）；向右拖动滑块，则可以增加红色，减少青色，如图8-83所示。

（a）原图　　　　　　（b）增加青色　　　　　　（c）增加红色

图8-83　调整色彩平衡

- 【色调平衡】分组框：选择调整色调平衡的方式，包括【阴影】【中间调】和【高光】3个选项。图8-84所示为向阴影、中间调和高光分别添加红色的效果。

（a）阴影　　　　　　（b）中间调　　　　　　（c）高光

图8-84　调整色调平衡

- 【保持明度】复选项：选择此复选项后，可以保持图像的色调不变，防止图形的亮度值随着颜色的改变而改变，如图8-85所示。

（a）选择【保持明度】复选项　　（b）取消选择【保持明度】复选项

图8-85　设置【保持明度】

8.2.3.4 【黑白】命令

利用【黑白】命令可以快速将彩色图像转换为黑白或单色效果，同时保持对各颜色的控制，并对每种颜色的明暗程度进行调整。

执行【图像】/【调整】/【黑白】命
令，打开【黑白】对话框，如图8-86所
示；执行【图层】/【新建调整图层】/
【黑白】命令，可以创建一个【黑白】
调整图层，如图8-87所示。

【黑白】对话框中的主要参数介绍
如下。

- 【预设】下拉列表：可以从该下
  拉列表中选取预设的黑白效果，
  如图8-88所示。

图8-86 【黑白】对话框 图8-87 创建【黑白】调
整图层

（a）绿色滤镜　　　　　（b）红外线　　　　　　（c）较亮

图8-88 使用预设效果

- 颜色：共有6个选项，可分别用来调整选定颜色的灰色调。例如减小红色数值，可
  以使包含红色区域的颜色变深；增大红色数值，可以使包含红色区域的颜色变浅，
  如图8-89所示。

（a）原图　　　　　　（b）减小红色数值　　　　（c）增大红色数值

图8-89 颜色调整

- 【色调】复选项：当需要创建单色图像时，可以选择该复选项，随后单击其后的颜
  色色块设置颜色，还可以调整【色相】和【饱和度】数值来设置着色后的图像颜
  色，如图8-90所示。

（a）色调1　　　　　　（b）色调2　　　　　　（c）色调3

图8-90　色调调整

8.2.3.5 【照片滤镜】命令

【照片滤镜】命令类似于摄像机或照相机的滤色镜片，它可以对图像颜色进行过滤，使图像产生不同的滤色效果和颜色倾向。

执行【图像】/【调整】/【照片滤镜】命令，打开【照片滤镜】对话框，如图8-91所示；执行【图层】/【新建调整图层】/【照片滤镜】命令，可以创建一个【照片滤镜】调整图层，如图8-92所示。

图8-91　【照片滤镜】对话框

【照片滤镜】对话框中的主要参数介绍如下。

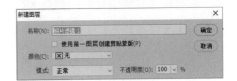

图8-92　【照片滤镜】调整图层

- 【滤镜】下拉列表：在该下拉列表中可以选择一种预设应用到图像中，如图8-93所示。

（a）加温滤镜　　　　　　（b）冷却滤镜　　　　　　（c）水下

图8-93　使用预设滤镜

- 【颜色】单选项：选择该单选项后，单击其后的颜色色块设置合适的滤镜颜色。
- 【密度】：设置滤镜颜色应用到图像中的颜色百分比。数值越大，应用到图像中的颜色密度就越高；数值越小，应用到图像中的颜色密度就越低，如图8-94所示。

（a）密度：20%　　　（b）密度：50%　　　（c）密度：80%

图8-94　设置【密度】参数

8.2.3.6　【通道混合器】命令

【通道混合器】命令可以通过混合指定的颜色通道来改变某一通道的颜色，能够对目标颜色通道进行调整和修复。

> ✨ 要点提示
>
> 此命令只能调整RGB颜色和CMYK颜色模式的图像，而且调整不同颜色模式的图像时，【通道混合器】对话框中的参数也不相同。

执行【图像】/【调整】/【通道混合器】命令，打开【通道混合器】对话框，如图8-95所示；执行【图层】/【新建调整图层】/【通道混合器】命令，可以创建一个【通道混合器】调整图层，如图8-96所示。

【通道混合器】对话框中的主要参数介绍如下。

图8-95　【通道混合器】对话框　　　图8-96　【通道混合器】调整图层

- 【预设】下拉列表：可以从该下拉列表中选取预设的效果，如图8-97所示。

（a）红外线的黑白　（b）使用蓝色滤镜的黑白（c）使用红色滤镜的黑白

图8-97　使用预设效果

- 【输出通道】下拉列表：在该下拉列表中选取一个通道来对图像的色调进行调整。
- 【源通道】分组框：设置源通道在输出通道中所占的比例。例如，如果设置输出通道为"红色"，那么减小红色数值时，画面中的红色成分将减少，如图8-98所示。

（a）原图　　　　　　　　　　（b）减小红色数值

图8-98　设置源通道参数

8.2.3.7 【颜色查找】命令

不同的数字图像输入和输出设备都有特定的色彩格式，这可能导致色彩在不同设备之间传输时造成颜色不匹配的问题。

> ✦✦ 要点提示
>
> 该命令的主要作用是对图像色彩进行校正，实现高级色彩的变化，它可以在短短几秒钟内创建多个颜色版本，为设计者提供更多的色彩选择。

执行【图像】/【调整】/【颜色查找】命令，打开【颜色查找】对话框，如图8-99所示。执行【图层】/【新建调整图层】/【颜色查找】命令，可以创建一个【颜色查找】调整图层，如图8-100所示。

图8-99 【颜色查找】对话框

图8-100 【颜色查找】调整图层

【颜色查找】对话框中的主要参数介绍如下。

- 【颜色查找】分组框：该分组框中有【3DLUT文件】【摘要】和【设备链接】3个下拉列表。在每种方式下可以选取适当的类型，图片风格也将随之发生改变，如图8-101和图8-102所示。

（a）【颜色查找】对话框

（b）查找效果

图8-101 颜色查找效果（1）

（a）【颜色查找】对话框

（b）查找效果

图8-102 颜色查找效果（2）

8.2.3.8 【反相】命令

执行【图像】/【调整】/【反相】命令，可以使图像中的颜色和亮度反转，生成一种照片底片效果，如图8-103所示。再次执行该命令，又可以恢复到反相前的状态。

✨ 要点提示

反相后，红色变为绿色，黄色变为蓝色，黑色变为白色。

执行【图层】/【新建调整图层】/【反相】命令，可以创建一个【反相】调整图层。

（a）反相前　　　　　　　（b）反相后

图8-103　【反相】命令应用示例

8.2.3.9 【色调分离】命令

【色调分离】命令通过为图像设定色调数量来减少图像的色彩数量，图像中多余的颜色会映射为与之最接近的一种色调，从而使图像产生各种特殊的色彩效果。

执行【图像】/【调整】/【色调分离】命令，弹出【色调分离】对话框，如图8-104所示。执行【图层】/【新建调整图层】/【色调分离】命令，可以创建一个【色调分离】调整图层，如图8-105所示。

图8-104　【色调分离】对话框　　　　**图8-105**　【色调分离】调整图层

【色调分离】对话框中的主要参数介绍如下。

- 【色阶】：其值越小，分离的色调越多；其值越大，保留的图像细节越多，如图8-106所示。

（a）原图 　　　　　（b）色阶"4" 　　　　（c）色阶"100"

图8-106　设置色阶参数

8.2.3.10 【阈值】命令

【阈值】命令可以将彩色图像转换为高对比度的黑白图像。

执行【图像】/【调整】/【阈值】命令，弹出【阈值】对话框，如图8-107所示。执行【图层】/【新建调整图层】/【阈值】命令，可以创建一个【阈值】调整图层，如图8-108所示。

图8-107　【阈值】对话框 　　　　　　图8-108　【阈值】调整图层

【阈值】对话框中的主要参数介绍如下。

- 【阈值色阶】：指定一个色阶作为阈值，可把图像中所有比阈值色阶亮的像素转换为白色，比阈值色阶暗的像素转换为黑色，如图8-109所示。

（a）原图 　　　（b）阈值色阶"80" 　　（c）阈值色阶"130"

图8-109　设置【阈值色阶】参数

8.2.3.11 【渐变映射】命令

【渐变映射】命令可以将选定的渐变色映射到图像中以取代原来的颜色。

执行【图像】/【调整】/【渐变映射】命令，弹出【渐变映射】对话框，如图8-110所示。执行【图层】/【新建调整图层】/【渐变映射】命令，可以创建一个【渐变映射】调整图层，如图8-111所示。

图8-110　　【渐变映射】对话框　　　　图8-111　　【渐变映射】调整图层

【渐变映射】对话框中的主要参数介绍如下。

✦ 要点提示

　　【渐变映射】命令首先将图像转变为灰度图像，然后设置一个渐变，将渐变中的颜色按照图像的灰度范围进行映射。在渐变映射时，渐变色最左侧的颜色映射为阴影色，右侧的颜色映射为高光色，中间的过渡色则根据图像的灰度级映射到图像的中间调区域。

- 【灰度映射所用的渐变】：单击此颜色条，打开【渐变编辑器】对话框，可以从中选择或编辑一种渐变应用到图像上，如图8-112所示。

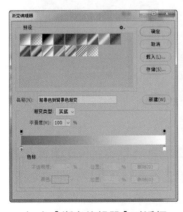

（a）【渐变编辑器】对话框　　　（b）原图　　　　（c）应用效果图

图8-112　使用渐变编辑器

8.2.3.12 【可选颜色】命令

利用【可选颜色】命令可以调整图像中的某一种颜色，可以为图像中各个颜色通道增加或减少某种印刷色的成分含量，从而影响图像的整体色彩。使用该命令可以方便地更改画面中某种颜色的色彩倾向。

执行【图像】/【调整】/【可选颜色】命令，弹出【可选颜色】对话框，如图8-113所示。执行【图层】/【新建调整图层】/【可选颜色】命令，可以创建一个【可选颜色】调整图层，如图8-114所示。

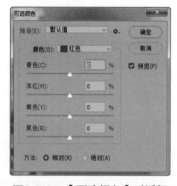 

图8-113　【可选颜色】对话框　　　　图8-114　【可选颜色】调整图层

【可选颜色】对话框中的主要参数介绍如下。

- 【颜色】下拉列表：在该下拉列表中选取需要修改的颜色，然后调整下方的颜色滑块，可以调整该颜色中青色、洋红、黄色和黑色所占的比例，如图8-115所示。

（a）原图　　　　　（b）调整红色　　　　　（c）调整黄色

图8-115　调整颜色

- 【方法】：若选择【相对】单选项，则可以根据颜色总量的百分比来修改青色、洋红、黄色和黑色所占的比例；若选择【绝对】单选项，则采用绝对值来调整颜色。

基础训练：【可选颜色】命令

①打开素材文件"素材/第8章/风景02.jpg"，如图8-116所示。

②执行【图像】/【调整】/【曲线】命令，打开【曲线】对话框，调整曲线近似为S形，适当提高图形对比度，如图8-117所示，调整结果如图8-118所示。

图8-116　打开的图像

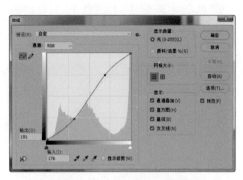

图8-117　【曲线】对话框

③执行【图像】/【调整】/【可选颜色】命令，打开【可选颜色】对话框。

④由于草地主要包含黄色和绿色两种颜色。首先对黄色进行调整，在【颜色】下拉列表中选择【黄色】选项，然后调整【青色】值为"－60%"、【洋红】值为"30%"、【黄色】值为"－20%"、【黑色】值为"20%"，如图8-119所示，调整结果如图8-120所示。

图8-118　调整结果

图8-119　【可选颜色】对话框

⑤继续调整绿色。在【颜色】下拉列表中选择【绿色】选项，然后调整【青色】值为"－70%"、【洋红】值为"50%"、【黄色】值为"－60%"、【黑色】值为"30%"，如图8-121所示，调整结果如图8-122所示。

图8-120　调整黄色的结果

图8-121　调整【绿色】参数

⑥ 执行【图像】/【调整】/【自然饱和度】命令，打开【自然饱和度】对话框，设置
【自然饱和度】值为"70"，适当增强画面色彩感，最终效果如图8-123所示。

图8-122　调整绿色的结果

图8-123　调整自然饱和度

8.2.3.13　【阴影/高光】命令

【阴影/高光】命令用于校正由于光线不足或强逆光而形成的阴暗照片，或者校正由
于曝光过度而形成的发白照片。

执行【图像】/【调整】/【阴影/高光】命令，弹出【阴影/高光】对话框，在该对话框
中阴影和高光都有各自的控制参数，通过调整参数即可使图像变亮或变暗，应用示例如图
8-124所示。

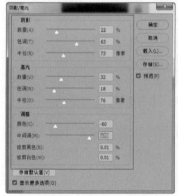

（a）【阴影/高光】对话框　　　　（b）原图　　　　（c）调整后

图8-124　【阴影/高光】命令的应用示例

8.2.3.14　【HDR色调】命令

新增的【HDR色调】命令可用来修补太亮或太暗的图像，以制作出高动态范围的图像
效果。该命令常用于处理风景照片，以增强画面中亮部和暗部的细节。

执行【图像】/【调整】/【HDR色调】命令，弹出【HDR色调】对话框，使用默认参
数可以增强画面的细节和颜色感，如图8-125所示。

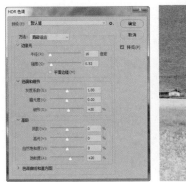

（a）【HDR色调】对话框　　　　（b）原图　　　　　　（c）调整后

图8-125　使用默认参数调整图形

【HDR色调】对话框中的主要参数介绍如下。

- 【预设】下拉列表：从该下拉列表中可以选择要使用的预设效果，如图8-126所示。

（a）平滑　　　　　　（b）单色　　　　　　（c）逼真照片

图8-126　使用预设效果

- 【边缘光】分组框：设置图像中颜色交界处产生的发光效果。其中，【半径】值用于控制发光区域的宽度，【强度】值用于控制发光区域的明亮程度，如图8-127和图8-128所示。

（a）半径"1"像素　　　（b）半径"100"像素　　　（c）半径"500"像素

图8-127　设置【半径】参数

　　（a）强度"0.5"　　　　　　　（b）强度"2"　　　　　　　（c）强度"4"

图8-128　设置【强度】参数

- 【灰度系数】：控制图像的明暗对比，左移滑块，对比度增强；右移滑块，对比度减弱，如图8-129所示。

　　（a）原图　　　　　　　（b）对比度增强　　　　　　（c）对比度减弱

图8-129　设置【灰度系数】参数

- 【曝光度】：控制图像明暗。数值越小，画面越暗；数值越大，画面越亮，如图8-130所示。

　　（a）原图　　　　　　　（b）画面变暗　　　　　　　（c）画面变亮

图8-130　设置【曝光度】参数

- 【细节】：对画面进行柔和或锐化处理。数值越小，画面越柔和；数值越大，画面越锐利，如图8-131所示。

（a）原图　　　　　　　（b）画面变柔和　　　　　　（c）画面变锐利

图8-131　设置【细节】参数

- 【阴影】：设置阴影区域的明暗。数值越小，阴影区越暗；数值越大，阴影区越亮，如图8-132所示。

（a）原图　　　　　　　（b）阴影"−100%"　　　　　　（c）阴影"100%"

图8-132　设置【阴影】参数

- 【高光】：设置高光区域的明暗。数值越小，高光区越暗；数值越大，高光区越亮，如图8-133所示。
- 【自然饱和度】：控制色彩的饱和度。其值越大，色彩感越强；其值越小，色彩感越弱。
- 【饱和度】：调整颜色饱和度。数值越大，颜色纯度越高；数值越小，颜色纯度越低。
- 【色调曲线和直方图】分组框：使用"色彩曲线"进行调整，该曲线与【曲线】命令用法相同，这里不再重复。

　　（a）原图　　　　　　　（b）高光"−80%"　　　　　　（c）高光"80%"

图8-133　设置【高光】参数

8.2.3.15 【去色】命令

　　执行【图像】/【调整】/【去色】命令，可以去掉图像中的所有颜色，即在不改变色彩模式的前提下将图像变为灰度图像。

　　【去色】命令不需要设置任何参数即可去掉图像中的颜色。该命令与【黑白】命令都可以制作出灰度图像，但是【去色】命令只是单纯去掉颜色，而【黑白】命令还能调整各种颜色在图像中的亮度，得到层次丰富的黑白照片。

　　【去色】命令的应用示例如图8-134所示。

　　　　（a）去色前　　　　　　　　　　　　（b）去色后

图8-134　【去色】命令应用示例

8.2.3.16 【匹配颜色】命令

　　【匹配颜色】命令可以将一个图像的颜色与另一个图像的颜色相互融合，也可以将同一图像不同图层中的颜色相融合，或者按照图像本身的颜色进行自动中和。

　　使用【匹配颜色】命令可以快捷地更改图像颜色，可以在不同文件间或同一个文件中进行颜色匹配。

基础训练：【匹配颜色】命令

步骤解析

① 打开素材文件"素材/第8章/郁金香.jpg"和"菊花.jpg"，分别如图8-135和图8-136所示。

② 选择"郁金香"图片，执行【图像】/【调整】/【匹配颜色】命令，打开【匹配颜色】对话框，在【源】下拉列表中选择【菊花】图片，如图8-137所示，然后单击 确定 按钮，将菊花的颜色匹配到郁金香中，效果如图8-138所示。

图8-135 郁金香图片　　图8-136 菊花图片

图8-137 【匹配颜色】对话框

图8-138 匹配效果

在【匹配颜色】对话框中还可以设置以下参数。

- 【明亮度】：调整图像匹配后的明亮程度。
- 【颜色强度】：调整色彩的饱和度，其值越低，画面越接近单色效果。
- 【渐隐】：确定源图像匹配到目标图像的颜色比例，其值越大，匹配程度越低，其应用示例如图8-139所示。

（a）渐隐"20"　　　　（b）渐隐"50"　　　　（c）渐隐"80"

图8-139 调整【渐隐】参数

- 【中和】：选择此复选项，去除图像中的偏色，中和匹配前后的图像效果。
- 【使用源选区计算颜色】：选择此复选项，可以使用源图像中选区图像的颜色来计算匹配颜色。
- 【使用目标选区计算调整】：选择此复选项，可以使用目标图像中选区图像的颜色来计算匹配颜色。

8.2.3.17 【替换颜色】命令

【替换颜色】命令可以用设置的颜色样本来替换图像中指定的颜色范围，可以修改图像中选定颜色的色相、饱和度和明度。

> ✨ 要点提示
>
> 替换颜色的工作原理是先用【色彩范围】命令选择要替换的颜色范围，再用【色相/饱和度】命令调整选择图像的色彩。

基础训练：【替换颜色】命令

步骤解析

① 打开素材文件"素材/第8章/桃花.jpg"，如图8-140所示。

② 执行【图像】/【调整】/【替换颜色】命令，打开【替换颜色】对话框。

③ 使用【吸管】工具在画面中取样，在需要替换颜色的位置单击鼠标左键拾取颜色，缩略图中白色区域代表被选中后被替换的部分，如图8-141所示。

图8-140　打开的素材

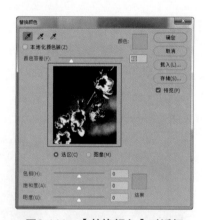

图8-141　【替换颜色】对话框

④ 在拾取颜色时可以配合【颜色容差】值进行调整，如图8-142所示。如果有未选中的位置，可以使用【添加到取样】工具 🖊 在未取样处单击鼠标左键，直到要替换的区域全部被选中，在缩略图中变为白色。使用【从取样中减去】工具 🖊 可以减少选区，如图8-143所示。

图8-142　配合使用【颜色容差】

图8-143　添加或减去选区

⑤ 在【替换颜色】对话框底部设置【色相】【饱和度】和【明度】数值，在【结果】色块中将显示替换后的颜色，如图8-144所示，完成后单击 确定 按钮，最终效果如图8-145所示。

图8-144　设置颜色参数

图8-145　最终效果

【替换颜色】对话框中的主要参数介绍如下。

- 【本地化颜色簇】复选项：选择此复选项后可以在图像上选择多个颜色。
- 工具组：在图像上设置选区，用户可以根据需要增加或减去选区。
- 【颜色容差】：控制选择颜色的范围，数值越大，选择的颜色范围就越广。
- 【选区】单选项：选择此单选项，可以以蒙版方式进行显示，白色表示选中的颜色，黑色表示未选中的颜色，灰色表示只选中了部分颜色。
- 【图像】单选项：选择此单选项，则只显示图像。
- 【色相】【饱和度】【明度】：设置替换后颜色的参数。

8.2.3.18 【色调均化】命令

执行【图像】/【调整】/【色调均化】命令，系统将会自动查找图像中的最亮像素和最暗像素，并将它们分别映射为白色和黑色，然后将中间的像素按比例重新分配到图像中，从而增加图像的对比度，使图像明暗分布更均匀。应用示例如图8-146所示。

（a）调整前 （b）调整后

图8-146 【色调均化】命令应用示例

8.3 典型实例

下面通过两个典型案例来介绍图像颜色的调整方法。

| 8.3.1 | 制作清新色调照片 |

扫一扫 看视频

本案例将使用【可选颜色】命令来制作具有清新色调的照片。

步骤解析

① 打开素材文件"素材/第8章/人物01.jpg"，如图8-147所示。

② 执行【图层】/【新建调整图层】/【可选颜色】命令，在弹出的【新建图层】对话框中单击 确定 按钮，新建调整图层，打开【属性】面板，如图8-148所示。

图8-147 打开的图片

图8-148 新建调整图层

③ 在【颜色】下拉列表中选择【红色】，设置【黄色】参数为"100%"，如图8-149

所示。将画面中人物皮肤调整为更倾向于黄色，效果如图8-150所示。

图8-149　颜色调整（1）

图8-150　调整效果（1）

④ 在【颜色】下拉列表中选择【黄色】，设置【黄色】参数为"－100%"，如图8-151所示。减少画面中黄色成分，植物中的黄色成分减少，整体趋向于青色，效果如图8-152所示。

图8-151　颜色调整（2）

图8-152　调整效果（2）

⑤ 在【颜色】下拉列表中选择【绿色】，设置【青色】参数为"100%"、【黄色】参数为"－100%"，如图8-153所示，使植物整体更趋向于青色，效果如图8-154所示。

图8-153　颜色调整（3）

图8-154　调整效果（3）

⑥ 在【颜色】下拉列表中选择【中性色】，设置【青色】参数为"30%"、【黄色】参数为"-50%"，如图8-155所示。为整体画面设置蓝紫色调，效果如图8-156所示。

图8-155　颜色调整（4）

图8-156　调整效果（4）

⑦ 在【颜色】下拉列表中选择【黑色】，设置【黄色】参数为"-40%"，如图8-157所示。画面暗部趋向于紫色，效果如图8-158所示。

图8-157　颜色调整（5）

图8-158　调整效果（5）

⑧ 新建图层，并将其填充为黑色。

⑨ 执行【滤镜】/【渲染】/【镜头光晕】命令，打开【镜头光晕】对话框，首先拖动光晕图标到右上角，然后按照图8-159所示设置其他参数，得到的效果如图8-160所示。

图8-159　【镜头光晕】对话框

图8-160　镜头光晕调整效果

⑩ 设置图层混合模式为【滤色】，如图8-161所示，照片最终效果如图8-162所示。

图8-161 设置图层混合模式

图8-162 最终效果

8.3.2 制作艺术照片

扫一扫 看视频

本案例将灵活运用各种【调整】命令并结合部分【滤镜】命令对人物照片进行处理，制作出艺术照片效果。

步骤解析

① 打开素材文件"素材/第8章/人物02.jpg"，如图8-163所示。

② 按 Ctrl + J 组合键，复制"背景"层生成"图层 1"，如图8-164所示。

图8-163 打开的文件

图8-164 新建图层

③ 执行【滤镜】/【模糊】/【高斯模糊】命令，在弹出的【高斯模糊】对话框中设置参数，如图8-165所示。单击 确定 按钮后的效果如图8-166所示。

图8-165 设置【高斯模糊】参数

图8-166 执行【高斯模糊】命令后的效果

④ 单击【图层】面板下方的 ▣ 按钮，为"图层 1"添加图层蒙版，并为其填充黑色。

⑤ 选取 🖌 工具，设置属性栏中的【不透明度】参数为"30%"。

⑥ 将前景色设置为白色，并在人物鼻子右侧及嘴角位置拖曳鼠标光标，只对拖曳的区域应用模糊处理，效果如图8-167所示。

⑦ 按 Shift + Ctrl + Alt + E 组合键盖印图层，生成"图层 2"。

✦ **要点提示**

　　盖印图层就是将处理后的效果盖印到新的图层上，其功能和合并图层类似。盖印图层时，将重新生成一个新的图层，不会影响之前处理的图层。如果觉得之前处理的效果不太满意，可以删除盖印图层，之前做效果的图层依然保留。

⑧ 执行【滤镜】/【模糊】/【高斯模糊】命令，在弹出的【高斯模糊】对话框中将【半径】设置为"8"像素，然后单击 确定 按钮。

⑨ 设置"图层 2"的【图层混合模式】选项为【强光】，更改混合模式后的效果如图8-168所示。

图8-167　编辑蒙版后的效果

图8-168　更改混合模式后的效果（1）

⑩ 单击【图层】面板下方的 ◑ 按钮，在弹出的菜单中选择【曲线】命令，然后在弹出的面板中调整曲线形态，如图8-169所示，调整后的画面效果如图8-170所示。

图8-169　调整的曲线形态（1）

图8-170　调整曲线后的效果

⑪ 单击【图层】面板下方的 ⬭ 按钮，在弹出的菜单中选择【色彩平衡】命令，然后在弹出的【色彩平衡】面板中设置参数如图8-171所示，调整后的画面效果如图8-172所示。

图8-171 【色彩平衡】面板

图8-172 调整色彩平衡后的效果

⑫ 按 Shift + Ctrl + Alt + E 组合键盖印图层，生成"图层3"，将其【不透明度】参数设置为"50%"、【图层混合模式】选项设置为【滤色】，更改混合模式后的效果如图8-173所示。

⑬ 新建"图层4"，然后利用 ✎ 工具在人物的面部位置绘制出图8-174所示的洋红色（R：218，G：5，B：150）色块。

图8-173 更改混合模式后的效果（2）

图8-174 绘制的颜色（1）

⑭ 将"图层4"的【不透明度】参数设置为"30%"、【图层混合模式】设置为【柔光】，更改混合模式后的效果如图8-175所示。

⑮ 新建"图层5"，继续利用 ✎ 工具在人物的头发位置依次绘制出图8-176所示的色块。

⑯ 将"图层5"的【不透明度】参数设置为"90%"、【图层混合模式】设置为【色相】，更改混合模式后的效果如图8-177所示。

图8-175　更改混合模式后的效果（3）

图8-176　绘制的颜色（2）

⑰ 单击【图层】面板下方的 按钮，在弹出的菜单中选择【曲线】命令，在弹出的【曲线】面板中调整曲线形态如图8-178所示。调整后的画面效果如图8-179所示。

图8-177　更改混合模式后的效果（4）

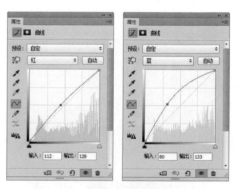

图8-178　调整的曲线形态（2）

⑱ 按 Shift + Ctrl + Alt + E 组合键盖印图层，生成"图层6"，然后执行【滤镜】/【锐化】/【USM锐化】命令，在弹出的【USM锐化】对话框中设置参数如图8-180所示。

图8-179　调整后的效果

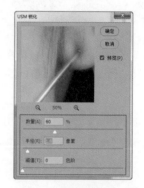

图8-180　【USM锐化】对话框

⑲ 单击 确定 按钮，即可完成艺术效果的制作，最终效果如图8-181所示。

图8-181 最终效果

⑳ 按 Shift + Ctrl + S 组合键保存文件。

习题

① 哪些颜色模式的图片能够转换为位图模式?

② 双色调模式一共可以创建多少种色调的图片?

③ 简要说明【色阶】命令的用途。

④ 调整图像色彩主要有哪些手段?

⑤ 如何进行图像的明暗调整? 主要有哪些方法?

第**9**章

使用基础滤镜

滤镜是Photoshop中较重要的命令，灵活运用它可以制作出多种精彩的图像艺术效果，以及各种类型的艺术效果字。滤镜命令使用简单，只要执行相应的滤镜命令，然后在弹出的对话框中设置不同的参数，就可直接在当前图像上显示最终效果。

9.1 快速了解滤镜

滤镜可以为图像添加各种特殊效果，可以让图像"改头换面"，产生绚丽甚至神奇的效果，以提高图像的艺术性，如图9-1所示。

（a）效果1

（b）效果2

（c）效果3

图9-1 使用不同滤镜效果的图像

9.1.1 【滤镜】菜单

单击【滤镜】菜单，展开下拉式菜单，如图9-2所示，本章将分滤镜库和特殊滤镜两部分进行介绍。

滤镜命令丰富，【滤镜】菜单中有100多种滤镜命令，每个命令都可以为图像添加不同的艺术效果，如图9-3所示。

图9-2 【滤镜】菜单

图9-3 滤镜效果

✦ 要点提示

执行一次滤镜命令后，【滤镜】菜单中的第1个【上次滤镜操作】命令即可使用，显示上一次使用过的滤镜。执行此命令或按 Alt + Ctrl + F 组合键，可以在图像中再次应用上一次应用过的滤镜效果。

9.1.2 转换为智能滤镜

在普通图层中执行【滤镜】命令后，源图像将遭到破坏，效果直接应用在图像上。

智能滤镜则会保留滤镜的参数设置，这样可以随时编辑修改滤镜参数，且源图像的数据仍然被保留下来。

9.1.2.1 转换为智能滤镜

执行【滤镜】/【转换为智能滤镜】命令，可将普通层转换为智能对象层，同时将滤镜转换为智能滤镜。

如果觉得某滤镜不合适，可以暂时关闭，或者退回到应用滤镜前图像的原始状态。单击【图层】面板滤镜左侧的眼睛图标 👁 ，则可以关闭该滤镜的预览效果。

9.1.2.2 修改滤镜

如果想对某滤镜的参数进行修改，可以直接双击【图层】面板中的滤镜名称，即可弹出该滤镜的参数设置对话框。

① 双击滤镜名称右侧的 ⬒ 按钮，可在弹出的【混合选项】对话框中编辑滤镜的混合模式和不透明度。

② 在滤镜上单击鼠标右键，可在弹出的快捷菜单中更改滤镜的参数设置、关闭滤镜或删除滤镜等。

基础训练：转换为智能滤镜

步骤解析

① 打开素材文件"素材/第9章/鹰.jpg"，如图9-4所示。

② 执行【滤镜】/【转换为智能滤镜】命令，在弹出的询问对话框中单击 确定 按钮。

③ 执行【滤镜】/【风格化】/【浮雕效果】命令，打开【浮雕效果】对话框，参数设置如图9-5所示。

图9-4 打开的图形

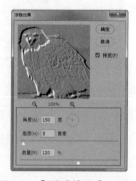

图9-5 【浮雕效果】对话框

④ 单击 确定 按钮，产生的浮雕效果及智能滤镜图层分别如图9-6和图9-7所示。

⑤ 在【图层】面板中双击 **👁 浮雕效果**，即可重新打开【浮雕效果】对话框，此时可以重新设置浮雕效果的参数，且保留源图像的数据。

图9-6　浮雕效果

图9-7　智能滤镜图层

⑥ 单击"智能滤镜"前面的 👁 图标，可以把应用的滤镜关闭，显示原图形。

9.2　使用滤镜库

滤镜库中集合了许多滤镜，在设计中可以为一幅图像添加多个滤镜，从而制作出多种滤镜的混合效果。

✨ 要点提示

在滤镜库中可以对图像使用单个滤镜，也可以对图像使用多个滤镜。确定应用滤镜效果的图层，然后在滤镜的下拉菜单中选择某一个滤镜命令，即可为当前图层应用该滤镜。

9.2.1　【滤镜库】对话框

打开图像文件后，执行【滤镜】/【滤镜库】命令，打开图9-8所示的【滤镜库】对话框。在此对话框中可以对图像应用多个滤镜，从而丰富图像的效果。

在滤镜列表中选择一个滤镜组，在滤镜组中选择一个滤镜，单击即可为选定的图像添加滤镜，然后在右侧适当调整参数，在左侧预览图中可以查看当前预览效果。

图9-8　【滤镜库】对话框

✨ 要点提示

如果需要制作滤镜叠加效果，可以单击【新建效果图层】按钮 回，为新建滤镜设置效果。

【滤镜库】对话框中主要包括以下组成要素。

- 缩放区：调整预览区中图像的显示比例和显示范围。

- 预览区：预览当前设置的滤镜效果。

- 滤镜组：单击滤镜组前面的 ▶ 按钮展开滤镜组，从中选择一种滤镜。

（a）壁画　　　　（b）干画笔　　　　（c）海绵

图9-9　各种滤镜效果

- 滤镜效果缩略图：显示图像应用相应的滤镜命令后出现的效果。

- ⊼：单击此按钮可显示/隐藏滤镜组及各滤镜命令的效果缩览图，如图9-9所示。

- 下拉菜单：在此下拉列表中可选择各滤镜。

- 参数组：选择一种滤镜后，在参数设置区将会显示出相应的数值设置。

- 已选择的滤镜：当前已使用并选中的滤镜。

- ⊡：单击此按钮可新建一个滤镜效果图层。

- 🗑：单击此按钮，将选中的效果图层删除，只有新建滤镜效果图层后，此按钮才可用。

9.2.2　【风格化】滤镜

　　【风格化】滤镜组中仅有一个【照亮边缘】滤镜，此滤镜可以标识颜色的边缘，并向其添加类似霓虹灯的光亮效果。

　　【照亮边缘】滤镜的参数设置及应用实例如图9-10所示，其主要参数的用法介绍如下。

- 【边缘宽度】：设置发光边缘的宽度，取值范围为1~14。

- 【边缘亮度】：设置发光边缘的明暗程度，取值范围为0~20。

- 【平滑度】：设置发光边缘的平滑程度，取值范围为1~15。

（a）参数　　　　（b）使用滤镜前　　　　（c）使用滤镜后

图9-10　应用【照亮边缘】滤镜

基础训练：【照亮边缘】滤镜

① 打开素材文件"素材/第9章/橙.jpg"，如图9-11所示。

② 选择背景图层，按 Ctrl+J 键复制图层生成"图层1"。

③ 选择复制的"图层1"，执行【滤镜】/【滤镜库】命令，在弹出的【滤镜库】对话框中选取【风格化】滤镜组，选择【照亮边缘】滤镜，如图9-12所示。

④ 按照图9-13所示设置滤镜参数，然后 确定 单击按钮，创建的滤镜效果如图9-14所示。

⑤ 再次选中"图层1"，执行【图层】/【新建调整图层】/【反相】命令，在弹出的【新建图层】对话框中单击 确定 按钮，得到的反相效果如图9-15所示。

⑥ 执行【图层】/【新建调整图层】/【黑白】命令，在弹出的【新建图层】对话框中单击 确定 按钮，接受默认参数设置，得到的黑白效果如图9-16所示。

图9-11 打开的文件

图9-12 选取滤镜

图9-13 设置滤镜参数

图9-14 滤镜效果

图9-15 反相效果

图9-16 黑白效果

9.2.3 【画笔描边】滤镜

【画笔描边】滤镜组中的滤镜可以使用画笔和油墨描边效果创造出具有绘画效果的图像。

9.2.3.1 成角的线条

【成角的线条】滤镜使用对角描边重新绘制图像，在图像中用相反方向的线条来绘制亮区和暗区。

【成角的线条】滤镜的参数设置及应用示例如图9-17所示，其主要参数的用法介绍如下。

（a）参数　　　（b）使用滤镜前　　　（c）使用滤镜后

图9-17 应用【成角的线条】滤镜

- 【方向平衡】：设置生成线条的倾斜角度，取值范围为0~100。当参数为"0"时，线条自右上角向左下角倾斜。
- 【描边长度】：设置生成线条的长度，取值范围为3~50。数值越大，线条的长度越长。
- 【锐化程度】：设置生成线条的清晰程度，取值范围为0~10。数值越大，产生的线条越模糊。

9.2.3.2 墨水轮廓

【墨水轮廓】滤镜可制作钢笔画风格的图像，它采用纤细的黑色线条在原细节上重绘图像。

【墨水轮廓】滤镜的参数设置及应用示例如图9-18所示，其主要参数的用法介绍如下。

（a）参数　　　　　（b）使用滤镜前　　　（c）使用滤镜后

图9-18　应用【墨水轮廓】滤镜

- 【描边长度】：设置画面中线条的长度，取值范围为1~50。
- 【深色强度】：设置图像中阴影部分的强度，取值范围为0~50。数值越大，画面越暗；数值越小，线条越明显。
- 【光照强度】：设置图像中明亮部分的强度，取值范围为0~50。数值越大，画面越亮；数值越小，线条越不明显。

9.2.3.3 喷溅

【喷溅】滤镜可以模拟喷枪喷溅，在图像中产生颗粒飞溅的效果。

【喷溅】滤镜的参数设置及应用示例如图9-19所示，其主要参数的用法介绍如下。

- 【喷色半径】：设置喷溅的范围，取

（a）参数　　　　　（b）使用滤镜前　　　（c）使用滤镜后

图9-19　应用【喷溅】滤镜

值范围为0~25。数值越大，画面喷溅效果越明显。
- 【平滑度】：设置喷溅的平滑程度，取值范围为1~15。数值越小，颗粒效果越明显。

9.2.3.4 喷色描边

【喷色描边】滤镜采用图像的主导色，以成角的、喷溅的颜色线条重新绘画图像。

【喷色描边】滤镜的参数设置及应用示例如图9-20所示，其主要参数的用法介绍如下。

（a）参数　　　　　（b）使用滤镜前　　　　（c）使用滤镜后

图9-20　应用【喷色描边】滤镜

- 【描边长度】：设置画面中飞溅笔触的长度，取值范围为0～20。
- 【喷色半径】：设置图像颜色溅开的程度，取值范围为0～25。
- 【描边方向】下拉列表：设置描边的方向，其下拉列表中包括【右对角线】【水平】【左对角线】和【垂直】等选项。

9.2.3.5 强化的边缘

【强化的边缘】滤镜可以对图像中颜色之间的边缘进行加强处理。

【强化的边缘】滤镜的参数设置及应用示例如图9-21所示，其主要参数的用法介绍如下。

（a）参数　　　　　（b）使用滤镜前　　　　（c）使用滤镜后

图9-21　应用【强化的边缘】滤镜

- 【边缘宽度】：设置图像边缘的宽度，取值范围为1～14。
- 【边缘亮度】：设置图像边缘的亮度，取值范围为0～50。数值越大，边缘效果越与粉笔画类似；数值越小，边缘效果越与黑色油墨面类似。
- 【平滑度】：设置图像边缘的平滑程度，取值范围为1～15。

> **要点提示**
>
> 设置高的边缘亮度控制值时，强化效果类似白色粉笔画出的效果；设置低的边缘亮度控制值时，强化效果类似黑色油墨画出的效果。

9.2.3.6 深色线条

【深色线条】滤镜在图像中用短而密的线条绘制深色区域，用长的线条描绘浅色区域。

【深色线条】滤镜的参数设置及应用示例如图9-22所示，其主要参数的用法介绍如下。

- 【平衡】：设置黑白色调的比例。
- 【黑色强度】：设置图像中黑线的显示强度，取值范围为0~10。当参数设置为"10"时，图像中的深色区域将变为黑色。

（a）参数　　　　（b）使用滤镜前　　　（c）使用滤镜后

图9-22　应用【深色线条】滤镜

- 【白色强度】：设置图像中白线的显示强度，取值范围为0~10。当参数设置为"10"时，图像中的浅色区域将变为白色。

9.2.3.7　烟灰墨

【烟灰墨】滤镜可以使用深黑色油墨来创建柔和的模糊边缘，产生用蘸满油墨的画笔在宣纸上绘画的效果。

【烟灰墨】滤镜的参数设置及应用示例如图9-23所示，其主要参数的用法介绍如下。

（a）参数　　　　（b）使用滤镜前　　　（c）使用滤镜后

图9-23　应用【烟灰墨】滤镜

- 【描边宽度】：设置创建出的图像中笔触的宽度，取值范围为3~15。笔触越窄，图像越清晰。
- 【描边压力】：设置图像中笔触的压力，取值范围为0~15。压力越大，图像中的黑色越明显。
- 【对比度】：设置图像中亮区与暗区之间的对比度，取值范围为0~40。

9.2.3.8　阴影线

【阴影线】滤镜可以保留原图像的细节和特征，同时使用模拟的铅笔阴影线添加纹理，并使图像中彩色区域的边缘变粗糙。

【阴影线】滤镜的参数设置及应用示例如图9-24所示，其主要参数的用法介绍如下。

- 【描边长度】：设置图像中生成线条的长度，取值范围为3~50。
- 【锐化程度】：设置生成线形的锐化程度，取值范围为0~20。
- 【强度】：设置生成阴影线的数量和清晰度，取值范围为1~3。

（a）参数　　　（b）使用滤镜前　　　（c）使用滤镜后

图9-24　应用【阴影线】滤镜

9.2.4　【扭曲】滤镜

【扭曲】滤镜组中的滤镜可以将图像进行几何扭曲，创建3D或其他整形效果，从而使图像产生奇妙的艺术效果。

【扭曲】滤镜组中主要包括【玻璃】【海洋波纹】和【扩散亮光】3种滤镜。

9.2.4.1　玻璃

【玻璃】滤镜可以使图像产生类似于透过不同类型的玻璃所看到的效果。

【玻璃】滤镜的参数设置及应用示例如图9-25所示，其主要参数的用法介绍如下。

（a）参数　　　（b）使用滤镜前　　　（c）使用滤镜后

图9-25　应用【玻璃】滤镜

- 【扭曲度】：设置图像的扭曲程度，取值范围为1～20。
- 【平滑度】：设置图像的平滑程度，取值范围为1～15。
- 【纹理】：设置生成玻璃的纹理效果。
- 【缩放】：设置生成纹理的大小，取值范围为50%～200%。
- 【反相】复选项：选择此复选项，可以将生成纹理的凹凸进行反转。

9.2.4.2　海洋波纹

【海洋波纹】滤镜使图像表面产生随机分隔的波纹效果，使图像看上去像是置于水中。

【海洋波纹】滤镜的参数设置及应用示例如图9-26所示，其主要参数的用法介绍如下。

- 【波纹大小】：设置生成波纹的大小，取值范围为1～15。
- 【波纹幅度】：设置生成波纹的密度，取值范围为0～20。

（a）参数　　　（b）使用滤镜前　　　（c）使用滤镜后

图9-26　应用【海洋波纹】滤镜

9.2.4.3 扩散亮光

【扩散亮光】滤镜以工具箱中的背景色为基色对图像的亮部区域进行加光渲染。

【扩散亮光】滤镜的参数设置及应用示例如图9-27所示，其主要参数的用法介绍如下。

（a）参数　　　（b）使用滤镜前　　　（c）使用滤镜后

图9-27　应用【扩散亮光】滤镜

- 【粒度】：设置在图像中添加颗粒的密度，参数设置范围为1～10。
- 【发光量】：设置图像发光的强度，参数设置范围为0～20。
- 【清除数量】：设置背景色覆盖区域的范围大小，参数设置范围为0～20。数值越大，覆盖的范围越小；数值越小，覆盖的范围越大。

9.2.5　【素描】滤镜

【素描】滤镜组中的滤镜可以将纹理添加到图像上以模拟素描和速写等艺术效果。

大部分滤镜在重绘时都需要使用前景色和背景色，因此可以设置不同的前景色和背景色以得到更多不同的效果。

9.2.5.1 半调图案

【半调图案】滤镜可以在保持图像连续色调范围的同时，模拟半调网屏效果。

【半调图案】滤镜的参数设置及应用示例如图9-28所示，其主要参数的用法介绍如下。

- 【大小】：设置生成网纹的大小，取值范围为1～12。
- 【对比度】：设置添加到图像中的前景色与背景色的对比度。
- 【图案类型】下拉列表：设置显示在图像中的图案类型。

（a）参数　　　　　（b）使用滤镜前　　　（c）使用滤镜后

图9-28　应用【半调图案】滤镜

9.2.5.2 便条纸

【便条纸】滤镜可以使图像产生一种类似于浮雕的凹陷效果。

【便条纸】滤镜的参数设置及应用示例如图9-29所示，其主要参数的用法介绍如下。

（a）参数　　　　（b）使用滤镜前　　　（c）使用滤镜后

- 【图像平衡】：设置图像中高光区域和阴影区域的面积大小，取值范围为0～50。

图9-29　应用【便条纸】滤镜

- 【粒度】：设置图像生成颗粒的数量，取值范围为0～20。
- 【凸现】：设置图像中凸出部分的起伏程度，取值范围为0～25。

9.2.5.3 粉笔和炭笔

【粉笔和炭笔】滤镜可以将图像的高光和中间调重新绘制，并使用粗糙粉笔绘制纯中间调的灰色背景。阴影区域用黑色对角炭笔线条替换。炭笔用前景色绘制，粉笔用背景色绘制。

（a）参数　　　　（b）使用滤镜前　　　（c）使用滤镜后

图9-30　应用【粉笔和炭笔】滤镜

【粉笔和炭笔】滤镜的参数设置及应用示例如图9-30所示，其主要参数的用法介绍如下。

- 【炭笔区】：设置图像中黑色区域的大小。

- 【粉笔区】：设置图像中白色区域的大小。

- 【描边压力】：设置描边时的压力大小。

9.2.5.4 铬黄渐变

【铬黄渐变】滤镜可以
将图像处理成类似于擦亮的
铬黄表面效果。高光在反射
的表面上显示亮点，暗调显
示暗点。

【铬黄渐变】滤镜的参
数设置及应用示例如图9-31
所示，其主要参数的用法介
绍如下。

（a）参数　　　　（b）使用滤镜前　　　（c）使用滤镜后

图9-31　应用【铬黄渐变】滤镜

- 【细节】：设置图像细节的保留程度，取值范围为0～11。

- 【平滑度】：设置生成图像的平滑程度，取值范围为0～11。

9.2.5.5 绘图笔

【绘图笔】滤镜可以
使用细的、线状的油墨对
图像进行描边以获取原图
像中的细节，产生一种类
似素描的效果。此滤镜使
用前景色作为油墨，使用
背景色作为纸张，以替换
原图像中的颜色。

（a）参数　　　　（b）使用滤镜前　　　（c）使用滤镜后

图9-32　应用【绘图笔】滤镜

【绘图笔】滤镜的参数设置及应用示例如图9-32所示，其主要参数的用法介绍如下。

- 【描边长度】：设置图像中绘制的线条长度，取值范围为1～15。

- 【明/暗平衡】：设置图像中的明暗色调。

- 【描边方向】下拉列表：设置图像中描边线条的方向。

9.2.5.6 基底凸现

【基底凸现】滤镜可以使图像产生凹凸起伏的雕刻效果，且用前景色填充图像中的较
暗区域，用背景色填充图像中的较亮区域。

【基底凸现】滤镜的参数设置及应用示例如图9-33所示，其主要参数的用法介绍
如下。

- 【细节】：设置图像的细节程度，取值范围为1～15。

- 【平滑度】：设置图像的平滑程度，取值范围为1～15。
- 【光照】下拉列表：设置灯光照射的方向。

9.2.5.7 石膏效果

【石膏效果】滤镜可以按照三维效果塑造图像，并用前景色和背景色给图像上色，图像中的亮部进行凹陷，暗部进行凸出，从而生成画面的石膏效果。

【石膏效果】滤镜的参数设置及应用示例如图9-34所示，其主要参数的用法介绍如下。

（a）参数　　　　（b）使用滤镜前　　　（c）使用滤镜后

图9-33　应用【基底凸现】滤镜

（a）参数　　　　（b）使用滤镜前　　　（c）使用滤镜后

图9-34　应用【石膏效果】滤镜

- 【图像平衡】：设置使用前景色和背景色填充图像时的平衡程度。
- 【平滑度】：设置图像的平滑程度。
- 【光照】下拉列表：设置灯光照射的方向。

9.2.5.8 水彩画纸

【水彩画纸】滤镜将产生类似在潮湿的纸上作画并溢出的图像混合效果。

【水彩画纸】滤镜的参数设置及应用示例如图9-35所示，其主要参数的用法介绍如下。

（a）参数　　　　（b）使用滤镜前　　　（c）使用滤镜后

图9-35　应用【水彩画纸】滤镜

- 【纤维长度】：设置图像的扩散程度，取值范围为3～50。
- 【亮度】：设置图像的亮度，取值范围为0～110。
- 【对比度】：对比度设置，数值越大，色彩对比越强烈，取值范围为0～100。

9.2.5.9 撕边

【撕边】滤镜可以用粗糙的颜色边缘模拟碎纸片的效果，然后使用前景色与背景色给图像上色。

【撕边】滤镜的参数设置及应用示例如图9-36所示，其主要参数的用法介绍如下。

（a）参数　　　　（b）使用滤镜前　　　（c）使用滤镜后

图9-36　应用【撕边】滤镜

- 【图像平衡】：设置前景与背景之间的对比效果，控制图像的颜色比例平衡。
- 【平滑度】：设置图像的平滑程度。
- 【对比度】：设置整体画面效果的对比度。

9.2.5.10 炭笔

【炭笔】滤镜可以使图像产生色调分离的效果。它将主要边缘用粗线条绘制，而中间色调用对角描边进行素描。此滤镜使用前景色作为炭笔颜色，使用背景色作为纸张。

【炭笔】滤镜的参数设置及应用示例如图9-37所示，其主要参数的用法介绍如下。

（a）参数　　　　（b）使用滤镜前　　　（c）使用滤镜后

图9-37　应用【炭笔】滤镜

- 【炭笔粗细】：设置笔触的宽度。
- 【细节】：设置描绘图像的细腻程度。
- 【明/暗平衡】：设置背景色与前景色之间的平衡程度。

9.2.5.11 炭精笔

【炭精笔】滤镜可以在图像上模拟用浓黑和纯白的炭精笔绘画的纹理效果，此滤镜使用前景色绘制图像中较暗的区域，用背景色绘制图像中较亮的区域。

【炭精笔】滤镜的参数设置及应用示例如图9-38所示，其主要参数的用法介绍如下。

- 【前景色阶】：设置使用前景色的强度，取值范围为1~15。
- 【背景色阶】：设置使用背景色的强度，取值范围为1~15。
- 【纹理】下拉列表：设置以何种纹理填充图像，其中包括【砖形】【粗麻布】【画布】和【砂岩】等纹理样式。

- 【缩放】：设置使用纹理的缩放比例，取值范围为50%～200%。
- 【凸现】：设置使用纹理的凸出程度，取值范围为0～50。
- 【光照】下拉列表：设置使用光线照射的方向。

（a）参数
（b）使用滤镜前
（c）使用滤镜后

图9-38 应用【炭精笔】滤镜

- 【反相】复选项：选择此复选项，可以将纹理的效果反转。

9.2.5.12 图章

【图章】滤镜可以简化图像中的色彩，使之呈现出用橡皮擦除或图章盖印的效果。该滤镜使用前景色作为图章颜色，使用背景色作为纸张。

【图章】滤镜的参数设置及应用示例如图9-39所示，其主要参数的用法介绍如下。

（a）参数
（b）使用滤镜前
（c）使用滤镜后

图9-39 应用【图章】滤镜

- 【明/暗平衡】：设置前景色与背景色的平衡程度。
- 【平滑度】：设置生成图像的平滑程度。

9.2.5.13 网状

【网状】滤镜可以模拟胶片中感光显影液的收缩和扭曲来重新创建图像，使图像的暗调区域呈现结块状，高光区域呈现轻微的颗粒状。

【网状】滤镜的参数设置及应用示例如图9-40所示，其主要参数的用法介绍如下。

（a）参数
（b）使用滤镜前
（c）使用滤镜后

图9-40 应用【网状】滤镜

- 【浓度】：设置使用网格中网眼的密度。
- 【前景色阶】：设置使用前景色的强度。

- 【背景色阶】：设置使用背景色的强度。

9.2.5.14 影印

【影印】滤镜可以模拟出影印图像的效果。

【影印】滤镜的参数设置及应用示例如图9-41所示，其主要参数的用法介绍如下。

（a）参数　　　　　（b）使用滤镜前　　　（c）使用滤镜后

图9-41　应用【影印】滤镜

- 【细节】：设置画面中细节的保留程度。
- 【暗度】：设置图像的暗度大小。

9.2.6 【纹理】滤镜

【纹理】滤镜组中的滤镜可使图像的表面产生深度感或物质外观感，它包括6种滤镜命令，分别介绍如下。

9.2.6.1 龟裂缝

【龟裂缝】滤镜可以模拟图像在凹凸的石膏表面绘制并沿着图像等高线生成精细的裂纹的效果。

【龟裂缝】滤镜的参数设置及应用示例如图9-42所示，其主要参数的用法介绍如下。

（a）参数　　　　　（b）使用滤镜前　　　（c）使用滤镜后

图9-42　应用【龟裂缝】滤镜

- 【裂缝间距】：设置图像中生成裂纹的间距大小，取值范围为2~110。
- 【裂缝深度】：设置图像中生成裂纹的深度，取值范围为0~11。
- 【裂缝亮度】：设置图像中生成裂纹的亮度，取值范围为0~11，当设置参数为"0"时，画面中裂纹的颜色为黑色。

9.2.6.2 颗粒

【颗粒】滤镜可以模拟不同类型的颗粒在图像中添加纹理，当选择不同的颗粒类型时，画面所生成的纹理效果也各不相同。

【颗粒】滤镜的参数设置及应用示例如图9-43所示，其主要参数的用法介绍如下。

- 【强度】：设置图像中添加纹理的数量和强度，取值范围为0～110。
- 【对比度】：设置添加到画面中颗粒的明暗对比度，取值范围为0～110，数值越大，对比度越强。

（a）参数　　（b）使用滤镜前　　（c）使用滤镜后

图9-43　应用【颗粒】滤镜

- 【颗粒类型】下拉列表：设置图像中生成颗粒的类型，包括【常规】【柔和】【喷洒】【结块】【强反差】【扩大】【点刻】【水平】【垂直】和【斑点】等。

9.2.6.3 马赛克拼贴

【马赛克拼贴】滤镜可使图像看起来像是由小的碎片拼贴组成的。

【马赛克拼贴】滤镜的参数设置及应用示例如图9-44所示，其主要参数的用法介绍如下。

（a）参数　　（b）使用滤镜前　　（c）使用滤镜后

图9-44　应用【马赛克拼贴】滤镜

- 【拼贴大小】：设置图像中生成的拼贴图形的大小，取值范围为2～110。数值越大，生成的拼贴图形越大。
- 【缝隙宽度】：设置图像中拼贴图形之间的宽度，取值范围为1～15。
- 【加亮缝隙】：设置图像中拼贴图形之间的缝隙亮度，取值范围为1～11。

9.2.6.4 拼缀图

【拼缀图】滤镜可以将图像分解为若干个小正方形，每个小正方形都由该区域最亮的颜色进行填充。

【拼缀图】滤镜的参数设置及应用示例如图9-45所示，其主要参数的用法介绍如下。

（a）参数　　（b）使用滤镜前　　（c）使用滤镜后

图9-45　应用【拼缀图】滤镜

- 【方形大小】：设置图像中生成方块的大小，取值范围为0～11。
- 【凸现】：设置图像中生成方块的凸现程度，取值范围为0～25。

9.2.6.5 染色玻璃

【染色玻璃】滤镜可以将图像重新绘制为用前景色勾勒的单色的相邻单元格。

【染色玻璃】滤镜的参数设置及应用示例如图9-46所示，其主要参数的用法介绍如下。

（a）参数　　　（b）使用滤镜前　　　（c）使用滤镜后

图9-46　应用【染色玻璃】滤镜

- 【单元格大小】：设置图像中生成每块玻璃的大小，取值范围为2～50。
- 【边框粗细】：设置图像中生成每块玻璃之间的缝隙大小，取值范围为1～20。
- 【光照强度】：设置玻璃块之间间隙的亮度，取值范围为0～11。

9.2.6.6 纹理化

【纹理化】滤镜可以在图像中应用预设或自定义的纹理样式，从而在图像中生成指定的纹理效果。

【纹理化】滤镜的参数设置及应用示例如图9-47所示，其主要参数的用法在【炭精笔】滤镜中已介绍，此处不再重复。

（a）参数　　　（b）使用滤镜前　　　（c）使用滤镜后

图9-47　应用【纹理化】滤镜

9.2.7　【艺术效果】滤镜

【艺术效果】滤镜组中的滤镜可以使图像产生多种不同风格的艺术效果，它包括15种滤镜命令，分别介绍如下。

9.2.7.1 壁画

【壁画】滤镜可以使用短而圆的、粗略涂抹的小块颜料，以一种粗糙的风格绘制图像，从而使图像产生古壁画的效果。

【壁画】滤镜的参数设置及应用示例如图9-48所示，其主要参数的用法介绍如下。

- 【画笔大小】：设置图像中使用画笔笔触的大小。

- 【画笔细节】：设置图像中细节的保留程度。

- 【纹理】：设置图像中添加纹理的数量。

（a）参数　　　　（b）使用滤镜前　　　（c）使用滤镜后

图9-48　应用【壁画】滤镜

9.2.7.2 彩色铅笔

【彩色铅笔】滤镜可以模拟各种颜色的铅笔在图像上绘制的效果，图像中较明显的边缘被保留。

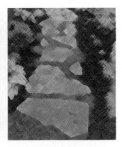

【彩色铅笔】滤镜的参数设置及应用示例如图9-49所示，其主要参数的用法介绍如下。

（a）参数　　　　（b）使用滤镜前　　　（c）使用滤镜后

图9-49　应用【彩色铅笔】滤镜

- 【铅笔宽度】：设置图像中铅笔的线条宽度，取值范围为1～24。

- 【描边压力】：设置铅笔对画面进行描绘时所产生的压力大小，取值范围为0～15。

- 【纸张亮度】：设置画纸的明暗程度，取值范围为0～50。画纸的颜色与背景色有关，参数设置得越大，画纸的颜色越接近背景色。

9.2.7.3 粗糙蜡笔

【粗糙蜡笔】滤镜可在带纹理的背景上应用蜡笔描边。在高光区域，蜡笔效果明显，几乎看不到纹理；在暗调区域，纹理效果明显。

【粗糙蜡笔】滤镜的参数设置及应用示例如图9-50所示，其主要参数的用法介绍如下。

（a）参数　　　　（b）使用滤镜前　　　（c）使用滤镜后

图9-50　应用【粗糙蜡笔】滤镜

- 【描边长度】：设置图像中蜡笔的线条长度，取值范围为0～40。

• 【描边细节】：设置图像中蜡笔的细腻程度，取值范围为1～20。

9.2.7.4 底纹效果

【底纹效果】滤镜可以根据设置的纹理在画面中产生一种纹理涂抹的效果，也可以用来创建布料或油画效果。

【底纹效果】滤镜的参数设置及应用示例如图9-51所示，其主要参数的用法介绍如下。

（a）参数　　　　　（b）使用滤镜前　　　（c）使用滤镜后

图9-51　应用【底纹效果】滤镜

• 【画笔大小】：设置图像中使用画笔笔触的大小，取值范围为0～40。
• 【纹理覆盖】：设置图像中使用纹理的范围大小，取值范围为0～40。

9.2.7.5 干画笔

【干画笔】滤镜通过减少图像中的颜色来简化图像的细节，使图像呈现类似于油画和水彩画之间的效果。

【干画笔】滤镜的参数设置及应用示例如图9-52所示，其主要参数的用法介绍如下。

（a）参数　　　　　（b）使用滤镜前　　　（c）使用滤镜后

图9-52　应用【干画笔】滤镜

• 【画笔大小】：设置图像中画笔笔触的大小，取值范围为0～11。
• 【画笔细节】：设置图像中画笔的细腻程度，取值范围为0～11。
• 【纹理】：设置颜色过渡区的纹理清晰程度，取值范围为1～3。

9.2.7.6 海报边缘

【海报边缘】滤镜可以根据设置的海报化参数减少图像中的颜色数量（色调分离），并查找图像的边缘将其绘制成黑色的线条。

【海报边缘】滤镜的参数设置及应用示例如图9-53所示，其主要参数的用法介绍如下。

• 【边缘厚度】：设置描绘图像轮廓的宽度，取值范围为0～11。
• 【边缘强度】：设置描绘图像轮廓的强度，取值范围为0～11。

- 【海报化】：设置图像的最终颜色数量，取值范围为0~6。

（a）参数　　　（b）使用滤镜前　　　（c）使用滤镜后

图9-53　应用【海报边缘】滤镜

9.2.7.7 海绵

【海绵】滤镜可以在图像中颜色对比强烈、纹理较重的区域创建纹理，模拟海绵绘画的效果。

【海绵】滤镜的参数设置及应用示例如图9-54所示，其主要参数的用法介绍如下。

（a）参数　　　（b）使用滤镜前　　　（c）使用滤镜后

图9-54　应该【海绵】滤镜

- 【画笔大小】：设置使用海绵纹理的尺寸大小，取值范围为0~11。
- 【清晰度】：设置海绵铺设颜色的深浅，取值范围为0~25。数值越大，绘制出的图像变化就越大；数值越小，绘制出的图像就越接近原图像。
- 【平滑度】：设置绘制的图像边缘的平滑程度，取值范围为1~25。

9.2.7.8 绘画涂抹

【绘画涂抹】滤镜可以用选取的各种类型的画笔来绘制图像，使图像产生各种涂抹的艺术效果。

【绘画涂抹】滤镜的参数设置及应用示例如图9-55所示，其主要参数的用法介绍如下。

（a）参数　　　（b）使用滤镜前　　　（c）使用滤镜后

图9-55　应用【绘画涂抹】滤镜

- 【画笔大小】：设置使用画笔的大小，取值范围为1~50。
- 【锐化程度】：设置图像的锐化程度，取值范围为0~40。数值越大，锐化程度越大。
- 【画笔类型】下拉列表：包括【简单】【未处理光照】【未处理深色】【宽锐化】【宽模糊】和【火花】6个选项。

9.2.7.9 胶片颗粒

【胶片颗粒】滤镜可以在画面中的暗色调与中间色调之间添加颗粒，使画面看起来色彩较为均匀平衡。

【胶片颗粒】滤镜的参数设置及应用示例如图9-56所示，其主要参数的用法介绍如下。

（a）参数　　　　（b）使用滤镜前　　　（c）使用滤镜后

图9-56　应用【胶片颗粒】滤镜

- 【颗粒】：设置添加的颗粒大小，取值范围为0～20，数值越大，添加的颗粒越明显。

- 【高光区域】：设置图像中高光区域的面积，取值范围为0～20。

- 【强度】：设置颗粒效果的强度，取值范围为0～11。

9.2.7.10 木刻

【木刻】滤镜可以将图像中相近的颜色用一种颜色代替，使图像看起来像是由简单的几种颜色绘制而成的。

【木刻】滤镜的参数设置及应用示例如图9-57所示，其主要参数的用法介绍如下。

（a）参数　　　　（b）使用滤镜前　　　（c）使用滤镜后

图9-57　应用【木刻】滤镜

- 【色阶数】：设置颜色层次的多少，取值范围为2～8。数值越大，颜色层次越丰富。

- 【边缘简化度】：设置产生的块、面的简化程度，取值范围为0～11。数值越小，图像越近似于原图像。

- 【边缘逼真度】：设置生成的新图像与原图像的相似程度，取值范围为1～3。

9.2.7.11 霓虹灯光

【霓虹灯光】滤镜可以将各种类型的灯光添加到图像中，产生一种类似霓虹灯一样的发光效果。

【霓虹灯光】滤镜的参数设置及应用示例如图9-58所示，其主要参数的用法介绍如下。

- 【发光大小】：设置霓虹灯光线照射的范围，取值范围为－24～24。数值越大，照射的范围越小。

- 【发光亮度】：设置环境光的亮度，取值范围为0～50。

（a）参数　　　　　　（b）使用滤镜前　　　　　（c）使用滤镜后

图9-58　应用【霓虹灯光】滤镜

- 【发光颜色】：单击其右侧的色块，可以在弹出的【拾色器】对话框中对发光的颜色进行设置。

9.2.7.12 水彩

【水彩】滤镜可以通过简化图像的细节来改变图像边界的色调及饱和度，使其产生类似于水彩风格的图像效果。

【水彩】滤镜的参数设置及应用示例如图9-59所示，其主要参数的用法介绍如下。

（a）参数　　　　　　（b）使用滤镜前　　　　　（c）使用滤镜后

图9-59　应用【水彩】滤镜

- 【画笔细节】：设置水彩画笔在绘制画面时的细腻程度，取值范围为1～14。

- 【阴影强度】：设置图像中阴影区域的表现强度，取值范围为1～11。

- 【纹理】：设置图像边缘的纹理强度，取值范围为1～3。

9.2.7.13 塑料包装

【塑料包装】滤镜可以给图像涂一层光亮的颜色以强调表面细节，从而使图像产生质感很强的塑料包装效果。

【塑料包装】滤镜的参数设置及应用示例如图9-60所示，其主要参数的用法介绍如下。

（a）参数　　　　　　（b）使用滤镜前　　　　　（c）使用滤镜后

图9-60　应用【塑料包装】滤镜

- 【高光强度】：设置图像中生成高光区域的亮度，取值范围为0～20。

- 【细节】：设置图像中生成高光区域的多少，取值范围为1～15。
- 【平滑度】：设置图像中生成塑料包装效果的平滑度，取值范围为1～15。

9.2.7.14 调色刀

【调色刀】滤镜可以减少图像的细节，产生一种类似于用油画刀在画布上涂抹的效果。

【调色刀】滤镜的参数设置及应用示例如图9-61所示，其主要参数的用法介绍如下。

（a）参数　　　　　（b）使用滤镜前　　　　（c）使用滤镜后

图9-61　应用【调色刀】滤镜

- 【描边大小】：设置图像中的颜色混合程度，参数设置越高，图像的效果就越模糊。
- 【描边细节】：设置互相混合颜色的近似程度，取值范围为1～3。参数设置越大，颜色相近的范围越大，颜色的混合程度就越明显。
- 【软化度】：设置画面边缘的柔化程度，取值范围为0～11。

9.2.7.15 涂抹棒

【涂抹棒】滤镜可使画面中较暗的区域被密而短的黑色线条涂抹，亮的区域将变得更亮而丢失细节。

【涂抹棒】滤镜的参数设置及应用示例如图9-62所示，其主要参数的用法介绍如下。

（a）参数　　　　　（b）使用滤镜前　　　　（c）使用滤镜后

图9-62　应用【涂抹棒】滤镜

- 【描边长度】：设置描边线条的长度，取值范围为0～11。
- 【高光区域】：设置图像中高光区域的面积大小，取值范围为0～20。数值越大，面积越大。
- 【强度】：设置涂抹强度的大小，取值范围为0～11。

9.3 使用特殊滤镜

特殊滤镜中包含一组具有特殊功能的滤镜，它能对照片中的缺陷进行处理。

9.3.1 【自适应广角】滤镜

摄影师使用广角镜头拍摄的照片通常会有镜头畸变的情况，使照片边角位置出现弯曲变形。【自适应广角】滤镜可以对广角、超广角及鱼眼效果进行校正。

打开一张变形的图片，执行【滤镜】/【自适应广角】命令，弹出【自适应广角】对话框，如图9-63所示。该对话框中主要参数的用法介绍如下。

图9-63 【自适应广角】对话框

- 【校正】：在此下拉列表中可以选择校正类型，包括【鱼眼】【透视】【自动】及【完整球面】等。选取相应的方式，即可对图像进行自动校正。
- 约束工具 ▶：单击图像或拖动端点可以添加或编辑约束，按住Shift键单击可以添加水平/垂直约束，按住Alt键单击可以删除约束。
- 多边形约束工具 ◇：单击图像或拖动端点可以添加或编辑约束，单击初始起点可以结束约束，按住Alt键单击可以删除约束。
- 移动工具 ✛：按下鼠标并拖动鼠标光标可以在画布中移动内容。
- 抓手工具 ✋：放大窗口的显示比例后，可以使用该工具移动画面。
- 缩放工具 🔍：单击图像即可放大窗口的显示比例，按住Alt键单击图像可缩小显示比例。

基础训练：自适应广角滤镜

步骤解析

① 打开素材文件"素材/第9章/自适应广角.jpg"，如图9-64所示。

② 执行【滤镜】/【自适应广角】命令，弹出【自适应广角】对话框，接受默认的【鱼眼】，如图9-65所示。

图9-64 打开的素材

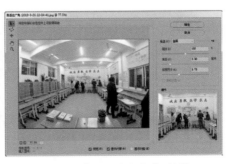

图9-65 【自适应广角】对话框

③ 确认对话框左上角的【约束工具】按钮 处于激活状态，将鼠标指针移动到预览窗口中自左向右拖曳，状态如图9-66所示。

④ 释放鼠标左键后，弧线会自动变直，同时会将图像进行校正，效果如图9-67所示。

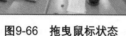

图9-66 拖曳鼠标状态

图9-67 校正的图像效果

⑤ 继续拖曳鼠标光标拉出右侧的线形，如图9-68所示，然后用相同的方法分别在左侧和下方拉出图9-69所示的直线，此时可以看到图像变形得到了校正，同时在图像的边缘出现空白区域。

图9-68 拖曳鼠标光标状态

图9-69 绘制的直线

> ✨ 要点提示
>
> 在操作过程中，如果出现了失误，可以按 Ctrl + Z 组合键还原一次操作；连续按下 Alt + Ctrl + Z 组合键可逐步还原。

⑥ 在对话框中将【缩放】参数调整为"150%"，即将图像中边缘的空白区域裁剪掉，然后单击 确定 按钮，即可完成图像的校正，最终效果如图9-70所示。

⑦ 按 Shift + Ctrl + S 组合键，将此文件另命名为"自适应广角.psd"保存。

图9-70 校正后的效果

9.3.2　Camera Raw 滤镜

使用Camera Raw滤镜可以对图
像的白平衡、色调范围、对比度、
颜色饱和度及锐化等参数进行调
整。调整图像时，原始图像被保存
下来，调整内容将作为元数据存储
在附带的附属文件、数据库或文件
本身（对于 DNG 格式）中。

打开图像文件，执行【滤镜】/
【Camera Raw滤镜】命令（或按
$\boxed{\text{Shift}}$+$\boxed{\text{Ctrl}}$+$\boxed{\text{A}}$组合键），打开图
9-71所示的【Camera Raw】对话框。

图9-71　【Camera Raw】对话框

利用该对话框可以在不损坏原片的前提下快速地处理图片。将【白平衡】设置为【自
动】时，原图与生成的图像效果对比如图9-72所示。

图9-72　对比效果

9.3.3　【镜头校正】滤镜

使用单反相机拍摄照片时，容易出现扭曲、歪斜、四角黑暗等现象。【镜头校正】命
令可以修复常见的镜头瑕疵，比如桶形和枕形失真、晕影和色差等。

该滤镜命令在RGB颜色模式或灰度模式下只能用于"8位/通道"和"16位/通道"的图像。

打开图像文件，执行【滤镜】/【镜头校正】命令（或按$\boxed{\text{Shift}}$+$\boxed{\text{Ctrl}}$+$\boxed{\text{R}}$组合键），打
开图9-73所示的【镜头校正】对话框，下面介绍该对话框中的主要参数。

图9-73 【镜头校正】对话框

9.3.3.1 滤镜工具

- 移去扭曲工具 ▦：激活此按钮，将鼠标光标移动到画面中，按下鼠标左键并向边缘拖动，可以校正桶形失真，如图9-74所示；向画面的中心拖动鼠标，可以校正枕形失真，如图9-75所示。

图9-74 桶形失真

图9-75 枕形失真

- 拉直工具 ▦：此工具可以校正倾斜的图像，或者对图像的角度进行调整。激活此工具后，在图像中拖动鼠标光标生成一条直线，如图9-76所示；释放鼠标左键后，图像会以该直线为基准进行角度校正，如图9-77所示。

图9-76 拖动出的直线

图9-77 旋转后的效果

- 移动网格工具 ⬚：用来移动网格，以便使它与图像对齐。
- 抓手工具 ✋ 和缩放工具 🔍：用于平移图像和缩放图像。

9.3.3.2 操作窗口

- 【预览】复选项：选中此复选项后，可在操作窗口中预览校正后的效果。
- 【显示网格】复选项：选择此复选项后，将在窗口中显示网格。利用其右侧的【大小】下拉列表和【颜色】图标，可设置网格的大小及颜色。

9.3.3.3 参数设置区

参数设置区有【自动校正】和【自定】两个选项卡，介绍如下。

（1）【自动校正】选项卡

- 【校正】分组框：选择要修复的问题，包括【几何扭曲】【色差】和【晕影】。
- 【自动缩放图像】复选项：当校正没有按预期的方式扩展或收缩图像，使图像超出了原始尺寸时，选择此复选项可自动缩放图像。
- 【边缘】下拉列表：指定如何处理由于枕形失真、旋转或透视校正而产生的空白区域。可以使用透明或某种颜色填充空白区域，也可以扩展图像的边缘像素。
- 【搜索条件】分组框：对【镜头配置文件】分组框中的选项进行过滤。默认情况下，基于图像传感器大小的配置文件首先出现。
- 【镜头配置文件】分组框：选择匹配的配置文件。默认情况下，Photoshop只显示与用来创建图像的相机和镜头匹配的配置文件（相机型号不必完全匹配）。Photoshop还会根据焦距、光圈大小和对焦距离自动为所选镜头选择匹配的子配置文件。

（2）【自定】选项卡

【自定】选项卡中的各项参数如图9-78所示，介绍如下。

- 【设置】下拉列表：若此下拉列表中选择【镜头默认值】选项，则可使用以前为图像制作的相机、镜头、焦距和光圈大小进行设置；若选择【上一校正】选项，则可使用上一次镜头校正中使用的设置。
- 【移去扭曲】：通过拖曳其下方的滑块，可以校正镜头桶形失真或枕形失真。移动滑块可拉直从图像中心向外弯曲或朝图像中心弯曲的水平和垂直线条。
  也可以使用【移去扭曲工具】⬚ 进行校正，朝图像的中心拖动可校正枕形失真，而朝图像的边缘拖动可校正桶形失真。
- 【修复红/青边】【修复绿/洋红边】和【修复蓝/黄边】：通过拖曳相应的滑块，可以通过相对其中一个颜

图9-78 【自定】选项卡

色通道调整另一个颜色通道的大小来补偿边缘。

- 【数量】：通过拖曳滑块，可以设置沿图像边缘变亮或变暗的程度，校正由于镜头缺陷或镜头遮光处理不正确而导致拐角较暗的图像。

- 【中点】：设置受【数量】滑块影响的区域宽度。如设置较小的参数，则会影响较多的图像区域；如设置较大的参数，则只会影响图像的边缘。

- 【垂直透视】：通过拖曳滑块，可以校正由于相机向上或向下倾斜而导致的图像透视，使图像中的垂直线平行。

- 【水平透视】：通过拖曳滑块，可以校正图像透视，并使水平线平行。

- 【角度】：通过拖曳滑块，可以旋转图像以针对相机歪斜加以校正，或者在校正透视后进行调整。

- 【比例】：通过拖曳滑块，可以设置向上或向下调整图像缩放，图像像素尺寸不会改变。主要用途是移去由于枕形失真、旋转或透视校正而产生的图像空白区域。

（3）设置相机和镜头的默认值

在【镜头校正】对话框中可以存储设置，以便重复用于使用相同相机、镜头和焦距拍摄的其他图像。Photoshop 将存储失真、晕影和色差的设置，但不会存储透视校正设置。具体操作如下。

- 手动存储和载入设置。在对话框中单击【设置】右侧的 ▾▤ 按钮，在弹出的菜单中选取【存储设置】命令。要使用存储的设置，可在弹出的菜单中选取【载入设置】命令，载入菜单中未显示的已存储设置。

- 设置镜头默认值。如果图像包含相机、镜头、焦距和光圈的 EXIF 元数据，可以将当前设置存储为镜头默认值。要存储设置，可单击【设置】右侧的 ▾▤ 按钮，然后在弹出的菜单中选取【设置镜头默认值】命令。

9.3.4　【液化】滤镜

利用【液化】命令可以通过交互方式对图像进行拼凑、推、拉、旋转、反射、折叠和膨胀等变形，下面介绍该命令的使用方法。

打开图片文件，执行【滤镜】/【液化】命令（或按 Shift + Ctrl + X 组合键），打开【液化】对话框，如图9-79所示。

对话框左侧的工具按钮用于设置变形

图9-79　【液化】对话框

的模式，右侧的参数可以设置使用画笔的大小、压力及查看模式等。下面对该对话框中的参数进行说明。

9.3.4.1 工具按钮

- 【向前变形工具】：在预览窗口中单击或拖曳鼠标光标，可以将图像向前推送，使之产生扭曲变形，如图9-80所示。
- 【重建工具】：在预览窗口中已经变形的区域单击或拖曳鼠标光标，可以修复图像。
- 【平滑工具】：在预览窗口中已经变形的区域单击或拖曳鼠标光标，可以对变形后的图像进行平滑处理。
- 【顺时针旋转扭曲工具】：在图像中单击或拖曳鼠标光标，可以得到顺时针扭曲效果，按住Alt键可以得到逆时针扭曲效果，如图9-81所示。
- 【褶皱工具】：在预览窗口中单击或拖曳鼠标光标，可以使图像在靠近画笔区域的中心进行变形，效果如图9-82所示。

图9-80　向前变形效果　　　图9-81　扭曲变形效果　　　图9-82　褶皱变形效果

- 【膨胀工具】：在预览窗口中单击或拖曳鼠标光标，可以使图像在远离画笔区域的中心进行变形，效果如图9-83所示。
- 【左推工具】：在预览窗口中单击鼠标左键或拖曳鼠标光标，可使图像向左或向上平移，按住Alt键拖曳鼠标光标，可将图像向右或向下平移，效果如图9-84所示。

图9-83　膨胀变形效果　　　图9-84　左推变形效果

- 【冻结蒙版工具】：可以将该区域冻结并保护该区域以免被进一步编辑。
- 【解冻蒙版工具】：可以将冻结的区域解冻，使该区域能够被编辑。
- 【抓手工具】：当图像被放大，在预览窗口中不能完全显示时，选取此工具在预览窗口中拖曳鼠标光标，或者按空格键并在预览窗口中拖曳鼠标光标，可以将图像在预览窗口平移位置。

- 【缩放工具】 🔍：利用此工具在预览窗口中单击或拖曳鼠标光标，可以将图像放大；按住 [Alt] 键在预览窗口中单击，可以将图像缩小。

9.3.4.2 参数设置区

① 【画笔工具选项】栏：用于设置当前选择工具的属性。

- 【大小】：用来设置画笔的宽度。
- 【密度】：用来设置画笔边缘的羽化范围。
- 【压力】：用来设置画笔在图像上产生的扭曲度大小。
- 【速率】：用来设置旋转扭曲等工具在预览图像时各类效果应用的速度。
- 【光笔压力】：当电脑配置数位板和压感笔时，选中此复选项后可通过压感笔的压力控制工具。
- 【固定边缘】：选中此复选项后，在对画面边缘进行变形时，不会出现透明的窄缝。

② 【蒙版选项】栏：如果图像中有选区或蒙版，利用此栏可设置蒙版的保留方式。

- 替换选区 ◖◗▾：显示原图像中的选区、蒙版或透明度。
- 添加到选区 ◖◗▾：显示原图像中的蒙版，此时可以使用冻结工具添加到选区。
- 从选区中减去 ◖◗▾：从当前的冻结区域中减去通道中的像素。
- 与选区交叉 ◖◗▾：只使用当前处于冻结状态的选定像素。
- 反相选区 ◖◗▾：使当前的冻结区域反相。
- 无 按钮：单击此按钮，可解冻所有区域。
- 全部蒙住 按钮：单击此按钮，可使图像全部冻结。
- 全部反相 按钮：单击此按钮，可对全部区域反相。

③ 【视图选项】栏：用来设置图像、网格和背景的显示与隐藏，还可以对网格大小、颜色、蒙版颜色、背景模式和不透明度进行设置。

- 【显示图像】：决定是否在预览区中显示图像。
- 【显示网格】：决定是否在预览区中显示网格。通过网格可以更好地查看和跟踪扭曲。选择此复选项后，其下的【网格大小】和【网格颜色】下拉列表可用，通过它们可以设置网格的大小和颜色。
- 【显示蒙版】：使用蒙版颜色覆盖冻结区域。在【蒙版颜色】下拉列表中可设置蒙版的颜色。
- 【显示背景】：如果当前图像中包含多个图层，可通过此复选项使其他图层作为背景来显示，以便更好地观察扭曲的图像与其他图层的合成效果。在【使用】下拉列表中可以选择作为背景的图层；在【模式】下拉列表中可以选择将背景放在当前图层的前面或后面，以便跟踪对图像所做出的修改；【不透明度】文本框用来设置背景图层的不透明度。

④【画笔重建选项】栏：用来设置重建的方式，以及撤销所做的调整。

- 重建(W)… 按钮：单击此按钮，将弹出【恢复重建】对话框，通过设置【数量】的数值可确定恢复重建的程度。

- 恢复全部(A) 按钮：单击此按钮，可取消所有扭曲效果，即使当前图像中有被冻结的区域也不例外。

9.3.5 【消失点】滤镜

【消失点】命令可在包含透视平面的图像中（如建筑物的一侧）进行透视编辑。在编辑时，首先在图像中指定平面，然后应用绘画、仿制、复制、粘贴或变换等编辑操作，这些编辑操作都将根据所绘制的平面网格来给图像添加透视，如图9-85所示。

图9-85　利用【消失点】命令添加楼层前后的对比效果

打开图片文件，然后执行【滤镜】/【消失点】命令，打开图9-86所示的【消失点】对话框。

图9-86　【消失点】对话框

【消失点】对话框中包括3部分内容，分别为滤镜工具、工具属性及操作窗口。

9.3.5.1 滤镜工具

- 【编辑平面工具】 ▶：用来选择、编辑和移动平面的节点或调整平面的大小，它经常用来修改创建的透视平面。

- 【创建平面工具】 ▦：用来定义透视平面的4个角节点。在画面中依次单击鼠标左键，即可以创建透视平面，如图9-87所示。当创建了角节点后可以拖动角节点调整透视平面的形状。按住 Ctrl 键拖动平面中的边节点可以创建垂直平面，如图9-88所示。

在创建的平面中，4个角的节点为角节点，4个边中间的节点为边节点。另外，在定义透视平面的节点时，如果节点的位置不正确，可按 Back Space 键将该节点删除；选择创建的平面，按 Back Space 键可将选择的平面删除。

图9-87　创建的平面

图9-88　创建的垂直平面

✦ **要点提示**

在定义透视平面时，定界框和网格会以不同的颜色指明平面的当前情况。蓝色的定界框为有效平面，但有效平面并不能保证具有适当的透视，还应该确保定界框和网格与图像中的几何元素或平面区域精确对齐；红色的定界框为无效平面，消失点无法计算平面的长宽比，因此不能从红色的平面中拉出垂直平面；黄色的定界框也是无效平面，无法解析平面的所有消失点。尽管Photoshop可以在红色平面和黄色平面中进行编辑，但却无法正确对齐结果的方向。

- 【选框工具】 ▭：在平面上单击鼠标左键并拖动鼠标光标可以选择平面上的图像，

当选择图像后将鼠标指针放到选区内，按住 Alt 键，可以将选区中的图像进行复制，按住 Ctrl 键拖动选区，可以将源图像填充到选区中，如图9-89～图9-91所示。

图9-89　创建的选区

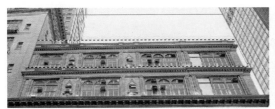

图9-90　按住 Alt 键向上移动复制出的图像

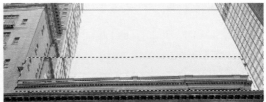

图9-91　按住 Ctrl 键向上移动填充的图像

- 【图章工具】：该图章工具与工具箱中的图章工具的使用方法相同。
- 【画笔工具】：可以在图像上绘制选定的颜色。
- 【变换工具】：该工具用来对定界框进行缩放、旋转和移动选区，与

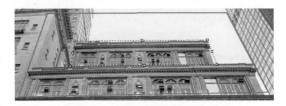

图9-92　对复制图像变换后的效果

使用自由变换工具相似，对复制图像变换后的效果如图9-92所示。

- 【吸管工具】：可以拾取颜色作为画笔的绘画颜色。
- 【测量工具】：可以在图像中测量图像的角度和距离。
- 【抓手工具】：该工具可以用来查看图像。
- 【缩放工具】：可以用来对图像进行放大或缩小。

9.3.5.2 工具属性

① 图像预览区：在这里可以对图像进行操作并查看图像效果。

② 文字说明区：会根据鼠标指针的移动显示出移动时可以进行的操作。

9.4 综合实例

下面结合两个综合实例来介绍基础滤镜的用法。

9.4.1　制作水墨画效果

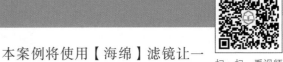

扫一扫　看视频

本案例将使用【海绵】滤镜让一幅山水图片呈现出水墨画的效果。

> **步骤解析**

① 打开素材文件"素材/第9章/山水.jpg"，如图9-93所示。

图9-93　打开素材文件

② 执行【图层】/【新建调整图层】/【黑白】命令，在打开的【新建图层】对话框中单击 确定 按钮。在【属性】面板中设置【预设】为【默认值】，效果如图9-94所示。

图9-94　设置为黑白模式

③ 执行【图层】/【新建调整图层】/【曲线】命令，在打开的【新建图层】对话框中单击 确定 按钮。在【属性】面板中，在高光部分单击鼠标左键添加控制点并向上拖动，再在阴影部分单击鼠标左键添加控制点并向下拖动，效果如图9-95所示。

图9-95　调整效果

④ 按下 Ctrl + Alt + Shift + E 快捷键，得到一个合并图层，如图9-96所示。

⑤ 选中新建合并图层，执行【滤镜】/【转换为智能滤镜】命令，如果弹出提示对话框，单击 确定 按钮，此时的【图层】面板如图9-97所示。

图9-96　新建合并图层　　图9-97　转换为智能滤镜

⑥ 执行【滤镜】/【滤镜库】命令，打开滤镜库对话框，展开"艺术效果"文件夹，选取【海绵】滤镜。设置【画笔大小】为"2"、【清晰度】为"3"、【平滑度】为"2"，如图9-98所示，然后单击 确定 按钮，得到的效果如图9-99所示。

⑦ 执行【图层】/【新建调整图层】/【曲线】命令，在弹出的【新建图层】对话框中单击 确定 按钮。在【属性】面板中调整曲线形状，使图形变亮，最终效果如图9-100所示。

图9-98　设置【海绵】滤镜参数

图9-99 海绵滤镜效果   图9-100 最终效果

9.4.2 制作艺术画框

扫一扫 看视频

本例主要利用【色彩平衡】和【色阶】调整命令及【木刻】和【便条纸】滤镜命令来制作版画效果。

步骤解析

（1）制作边框

① 打开素材文件"素材/第9章/人物.jpg"，如图9-101所示。

② 按Ctrl+J组合键，将背景层复制生成"图层 1"，然后为背景层填充白色。设置"图层 1"为当前工作层，如图9-102所示。

③ 按D键将工具箱中的背景色设置为白色。执行【图像】/【画布大小】命令，弹出【画布大小】对话框，设置参数如图9-103所示，然后单击 确定 按钮，将照片的画布增大，效果如图9-104所示。

图9-101 打开的   图9-102 图层操作结果   图9-103 【画布大小】   图9-104 调整画布
图片   对话框   后的照片大小

④ 按住Ctrl键，单击"图层 1"，进行选择区域的载入。单击【图层】面板底部的 ⬜ 按钮，添加图层蒙版。

⑤ 执行【滤镜】/【模糊】/【高斯模糊】命令，弹出【高斯模糊】对话框，设置参数如图9-105所示，然后单击 确定 按钮，对图像进行模糊处理，效果如图9-106所示。

⑥ 按住 Ctrl 键，单击"图层 1"右侧添加的蒙版，进行选择区域的载入，如图9-107所示。

⑦ 执行【选择】/【反选】命令，将载入的选择区域反选，如图9-108所示。

图9-105　【高斯模糊】　图9-106　模糊后　　图9-107　载入选区　　图9-108　反选后
　　　　　对话框　　　　　效果　　　　　　　　　　　　　　　　　　　　的效果

⑧ 设置工具箱中的前景色为黑色，然后连续多次（4~6次）按 Alt + Delete 组合键进行填充，填充后的效果如图9-109所示。

⑨ 去除选择区域，至此艺术边框效果制作前的准备工作已经完成，如图9-110所示。

（2）为边框添加艺术效果

① 执行【滤镜】/【滤镜库】命令，打开滤镜库对话框，选择【扭曲】/【玻璃】，然后设置【纹理】选项为【磨砂】，

图9-109　填充效果　　图9-110　艺术边框效果

其他参数设置如图9-111所示。然后单击 确定 按钮，此时的边框效果如图9-112所示。

② 选择其他玻璃纹理可以得到不同的效果。撤销上一步操作，设置【纹理】为【块状】，适当设置滤镜参数，效果如图9-113所示。

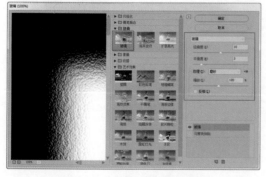

图9-111　设置【玻璃】参数　　　　图9-112　边框效果（1）　图9-113　边框效果（2）

③ 撤销上一步操作。执行【滤镜】/【滤镜库】命令，选择【画笔描边】/【喷色描边】，按照图9-114所示设置参数，此时的效果如图9-115所示。

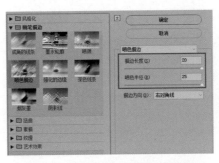 

图9-114　设置【喷色描边】参数　　图9-115　边框效果（3）

要点提示

以下滤镜的详细用法将在第10章中介绍，本例将尝试用这些滤镜来丰富设计效果。

④ 撤销上一步操作。执行【滤镜】/【像素化】/【晶格化】命令，弹出【晶格化】对话框，按照图9-116所示设置参数，此时的艺术边框效果如图9-117所示。

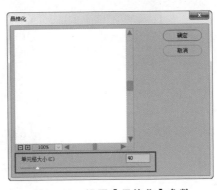 

图9-116　设置【晶格化】参数　　图9-117　晶格化效果

⑤ 撤销上一步操作。执行【滤镜】/【像素化】/【彩色半调】命令，弹出【彩色半调】对话框，按照图9-118所示设置参数，此时的艺术边框效果如图9-119所示。

图9-118　设置【彩色半调】参数　　图9-119　彩色半调效果

习题

① 简要说明滤镜的用途。

② 说明【转换为智能滤镜】工具的应用特点。

③ 滤镜库中都有哪些滤镜？说明其特点和用途。

④ 练习使用【纹理】滤镜中的各项功能对图片进行艺术化处理。

⑤ 说明【镜头校正】滤镜的功能和用途。

第 10 章

使用滤镜组

滤镜组中包括【3D】【风格化】【模糊】【模糊画廊】【扭曲】【锐化】【视频】【像素化】【渲染】【杂色】和【其它】等11组滤镜命令。每一滤镜命令中又包含多个滤镜效果，能创建出不同艺术风格的图像。

10.1 【风格化】滤镜

【风格化】滤镜组中的滤镜可以置换图像中的像素、查找并增加对比度，在图像中生成各种绘画或印象派的艺术效果，共包括【查找边缘】【等高线】【风】【浮雕效果】【扩散】【拼贴】【曝光过度】【凸出】和【油画】9种，介绍如下。

10.1.1 查找边缘

【查找边缘】滤镜可以在图像中查找颜色的主要变化区域，强化过渡像素，产生类似于用彩笔勾描轮廓的效果，一般适用于背景简单、主体图像突出的画面。应用示例如图10-1所示。

（a）使用滤镜前　　　　（b）使用滤镜后

图10-1　应用【查找边缘】滤镜

10.1.2 等高线

【等高线】滤镜可以查找主要亮度区域的转换，并为每个颜色通道勾勒出主要亮度区域的转换轮廓，以获得与等高线图中的线条类似的效果。该滤镜的参数设置及应用示例如图10-2所示。

执行【滤镜】/【风格化】/【等高线】命令，弹出【等高线】对话框，该对话框中主要参数的用法介绍如下。

- 【色阶】文本框：设置边缘线对应的像素颜色范围，取值范围为0～255。
- 【边缘】分组框：包括【较高】和【较低】两个单选项。当选择【较高】单选项时，所查找颜色值高于指定的色阶边缘；选择【较低】单选项时，所查找颜色值低于指定的色阶边缘。

（a）参数设置　　　　　（b）使用滤镜前　　　　　（c）使用滤镜后

图10-2　应用【等高线】滤镜

10.1.3　风

【风】滤镜可以在图像中创建细小的水平线条来模拟风的效果。该滤镜的参数设置及应用示例如图10-3所示。

执行【滤镜】/【风格化】/【风】命令，弹出【风】对话框，该对话框中主要参数的用法介绍如下。

（a）参数设置

（b）使用滤镜前

（c）使用滤镜后

图10-3　应用【风】滤镜

- 【方法】分组框：包括【风】【大风】和【飓风】3个单选项。应用这3个单选项后所产生的效果基本相似，只是风的强度不同。
- 【方向】分组框：选择【从左】单选项，将产生从左向右的起风效果；选择【从右】单选项，将产生从右向左的起风效果。

10.1.4　浮雕效果

【浮雕效果】滤镜可以使图像产生一种凸起或压低的浮雕效果。该滤镜的参数设置及应用示例如图10-4所示。

执行【滤镜】/【风格化】/【浮雕效果】命令，弹出【浮雕效果】对话框，该对话框中主要参数的用法介绍如下。

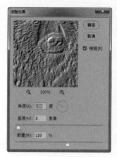
（a）参数设置

（b）使用滤镜前

（c）使用滤镜后

图10-4　应用【浮雕效果】滤镜

- 【角度】文本框：设置产生浮雕效果的光线照射方向。
- 【高度】文本框：设置画面中凸起区域的凸起程度，取值范围为1~110。数值越大，图像凸起的程度越明显。
- 【数量】文本框：设置原图像中颜色的保留程度，取值范围为1%~500%。数值越大，图像细节表现越明显。当数值为"1%"时，图像变为单一的颜色。

10.1.5 扩散

【扩散】滤镜可以根据设置的选项搅乱画面中的像素，使画面看起来聚焦不足，从而产生一种类似于冬天玻璃冰花融化的效果。该滤镜的参数设置及应用示例如图10-5所示。

（a）参数设置　　（b）使用滤镜前　　（c）使用滤镜后

图10-5　应用【扩散】滤镜

执行【滤镜】/【风格化】/【扩散】命令，弹出【扩散】对话框，该对话框中主要参数的用法介绍如下。

- 【正常】单选项：通过随机移动图像中的像素点来实现向周围扩散的效果。
- 【变暗优先】单选项：用较暗的像素替换较亮的像素来实现扩散的效果。
- 【变亮优先】单选项：用较亮的像素替换较暗的像素来实现扩散的效果。
- 【各向异性】单选项：在颜色变化最小的方向上搅乱像素来实现扩散的效果。

10.1.6 拼贴

【拼贴】滤镜可以将图像分解为一系列拼贴，使选区偏离其原来的位置。该滤镜的参数设置及应用示例如图10-6所示。

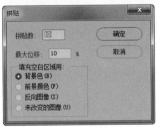  

（a）参数设置　　（b）使用滤镜前　　（c）使用滤镜后

图10-6　应用【拼贴】滤镜

执行【滤镜】/【风格化】/【拼贴】命令，弹出【拼贴】对话框，该对话框中主要参数的用法介绍如下。

- 【拼贴数】文本框：设置图像高度方向上分割块的数量，数值越大，拼贴的分割越密。
- 【最大位移】文本框：设置图像从原始位置产生偏移的最大距离。
- 【填充空白区域用】分组框：决定用何种方式填充空白区域。选择【背景色】单选项，可以将间隙的颜色填充为背景色；选择【前景颜色】单选项，可以将拼贴块之间的间隙颜色设置为前景的颜色；选择【反向图像】单选项，可以将间隙的颜色设置为与图像相反的颜色；选择【未改变的图像】单选项，可以将图像间隙的颜色设置为图像中原来的颜色，设置拼贴后图像不会有很大的变化。

10.1.7 曝光过度

【曝光过度】滤镜可以使画面产生正片与负片混合的效果，类似于显影过程中将摄影照片短暂曝光。应用示例如图10-7所示。

（a）使用滤镜前　　　　　　　　（b）使用滤镜后

图10-7　应用【曝光过度】滤镜

10.1.8 凸出

【凸出】滤镜可以根据设置的不同，将图像转化为具有立方体或锥体三维效果的图像。该滤镜的参数设置及应用示例如图10-8所示。

执行【滤镜】/【风格化】/【凸出】命令，弹出【凸出】对话框，该对话框中主要参数的用法介绍如下。

- 【类型】选项：设置图像凸出的类型，包括【块】和【金字塔】两个单选项。选择【块】单选项，可以创建出正方体凸出的效果；选择【金字塔】单选项，可以创建出相交于一点的4个三角形侧面凸出的效果。
- 【大小】文本框：设置生成立方体或方锥的大小，取值范围为2~255。
- 【深度】文本框：设置生成立方体或方锥的高度，取值范围为1~255。
- 【随机】单选项：选择此单选项，可为每个块或金字塔设置一个任意的深度。
- 【基于色阶】单选项：选择此单选项，可使每个对象的深度与其亮度对应，越亮凸出得越多。
- 【立方体正面】复选项：只有在【类型】选项中选择【块】单选项时，此复选项才可用。选择该复选项，可将图像的整体轮廓破坏，立方体只显示单一的颜色。
- 【蒙版不完整块】复选项：选择此复选项，可以隐藏所有延伸出选区的对象。

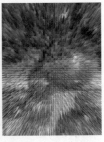

（a）参数设置 　　　　　　　　　　　　　（b）使用滤镜

图10-8　应用【凸出】滤镜

10.1.9　油画

　　【油画】滤镜可以快速将图像转化成油画效果，产生的画面笔触鲜明、厚重。该滤镜的参数设置及应用示例如图10-9所示。

　　执行【滤镜】/【风格化】/【油画】命令，弹出【油画】对话框，该对话框中主要参数的用法介绍如下。

（a）参数设置 　　　　　　（b）使用滤镜

图10-9　应用【油画】滤镜

- 【描边样式】文本框：用于设置笔触样式，取值范围为0.1~10。
- 【描边清洁度】文本框：用于设置纹理的柔化程度，取值范围为0~10。
- 【缩放】文本框：设置纹理的缩放程度，取值范围为0.1~10。
- 【硬毛刷细节】文本框：设置画笔细节程度。数值越大，毛刷纹路越清晰，取值范围为0~10。
- 【光照】分组框：启用后，画面中会显现出图像受光照后的明亮感。
- 【角度】文本框：设置光线的照射方向。
- 【闪亮】文本框：设置纹理的清晰度，产生锐化效果。

10.2 【模糊】滤镜

　　【模糊】滤镜组中的滤镜可以对图像进行各种类型的模糊效果处理，通过平衡图像中的线条和遮蔽区域清晰的边缘像素，使其显得虚化柔和。

> 如果要在图层中应用【模糊】滤镜命令，必须解锁【图层】面板左上角的 ▣（锁定透明像素）图标。

10.2.1   表面模糊

【表面模糊】滤镜可以将图像的表面进行模糊，同时将图像中的杂色或颗粒进行去除，并且在模糊的同时保留图像的边缘。该滤镜的参数设置及应用示例如图10-10所示。

（a）参数设置　　　　（b）使用滤镜前　　　　（c）使用滤镜后

图10-10　应用【表面模糊】滤镜

执行【滤镜】/【模糊】/【表面模糊】命令，弹出【表面模糊】对话框，该对话框中主要参数的用法介绍如下。

- 【半径】文本框：设置模糊时取样区域的大小。
- 【阈值】文本框：控制相邻像素色调值与中心像素值相差多大时才能成为模糊的一部分。色调值差小于阈值的像素被排除在模糊处理之外。

10.2.2   动感模糊

【动感模糊】滤镜可以沿特定方向（ -360°~ +360° ）以指定的强度对图像进行模糊处理，类似于物体高速运动时曝光的摄影手法。该滤镜的参数设置及应用示例如图10-11所示。

（a）参数设置　　　　（b）使用滤镜前　　　　（c）使用滤镜后

图10-11　应用【动感模糊】滤镜

执行【滤镜】/【模糊】/【动感模糊】命令，弹出【动感模糊】对话框，该对话框中主要参数的用法介绍如下。

- 【角度】文本框：设置图像模糊的方向。

- 【距离】文本框：设置模糊的程度，取值范围为1~999。数值越大，模糊程度越强烈。

10.2.3　方框模糊

　　【方框模糊】滤镜是基于相邻像素的平均值来模糊图像的。该滤镜的参数设置及应用示例如图10-12所示。

　　执行【滤镜】/【模糊】/【方框模糊】命令，弹出【方框模糊】对

（a）参数设置　　　　（b）使用滤镜前　　　　（c）使用滤镜后

图10-12　应用【方框模糊】滤镜

话框，该对话框中的【半径】文本框主要用于设置计算像素平均值的区域大小。设置的参数越大，产生的模糊效果越好。

10.2.4　高斯模糊

　　【高斯模糊】滤镜通过控制模糊半径参数来对图像进行不同程度的模糊效果处理，从而使图像产生一种朦胧的效果。该滤镜的参数设置及应用示例如图10-13所示。

（a）参数设置　　　　（b）使用滤镜前　　　　（c）使用滤镜后

图10-13　应用【高斯模糊】滤镜

10.2.5　模糊与进一步模糊

　　【模糊】滤镜和【进一步模糊】滤镜可在图像中有显著颜色变化的地方消除杂色。【模糊】滤镜可以通过平衡已定义的线条和遮蔽清晰边缘旁边的像素，使图像产生极其轻微的模糊效果；【进一步模糊】滤镜比【模糊】滤镜对图像所产生的模糊效果强3~4倍。应用示例如图10-14所示。

（a）调整前　　　　　（b）使用[模糊]滤镜　　（c）使用[进一步模糊]滤镜

图10-14　应用【模糊】和【进一步模糊】滤镜

10.2.6　径向模糊

　　【径向模糊】滤镜模拟移动或旋转的相机所拍摄的模糊照片效果。该滤镜的参数设置及应用示例如图10-15所示。

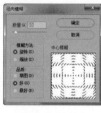

（a）参数设置　　　　（b）使用滤镜前　　　　（c）使用滤镜后

图10-15　应用【径向模糊】滤镜

　　执行【滤镜】/【模糊】/【径向模糊】命令，弹出【径向模糊】对话框，该对话框中主要参数的用法介绍如下。

- 【数量】文本框：设置图像的模糊程度，取值范围为1～100。数值越大，模糊程度越强烈。
- 【模糊方法】分组框：包括【旋转】和【缩放】两种模糊方式。当选择【旋转】单选项时，图像沿同心弧线的形式进行模糊；当选择【缩放】单选项时，图像沿半径线径向模糊。
- 【品质】分组框：决定产生模糊的质量，包括【草图】【好】和【最好】3种品质。选择【草图】单选项时，图像的显示品质一般，并且会产生颗粒效果，但是此时的处理速度最快；选择【好】和【最好】单选项时，都会将图像的效果处理得较为平滑，而且这两个选项的差别不大，除非在较大的图像上，否则看不出区别。
- 【中心模糊】框：在中心模糊的设置框内单击鼠标左键可以将单击点设置为模糊的原点。

10.2.7　镜头模糊

　　【镜头模糊】滤镜是向图像中添加模糊以产生更窄的景深效果，以便使图像中的一些对象在焦点内，而使另一些区域变模糊。

执行【滤镜】/【模糊】/【镜头模糊】
命令，弹出【镜头模糊】对话框，如图
10-16所示，该对话框中主要参数的用法介
绍如下。

图10-16 【镜头模糊】对话框

- 【预览】分组框：选择该复选项后，
  将在对话框左侧的预览窗口中显示模
  糊后的图像效果。若选择【更快】单
  选项，则在调整图像的模糊效果时，
  在预览窗口中能够快速地显示调整后
  的图像效果；若选择【更加准确】单选项，则在调整图像的模糊效果时，在预览窗
  口中能够精确地显示调整后的图像效果。

- 【源】下拉列表：设置镜头模糊产生效果的形式，包括【无】【透明度】和【图层
  蒙版】3个选项。

- 【模糊焦距】文本框：设置位于焦点内的像素的深度。

- 【反相】复选项：选择此复选项，可反相用作深度映射来源的选区或Alpha通道。

- 【形状】下拉列表：设置光圈的模糊形状，包括【三角形】【方形】【五边形】
  【六边形】【七边形】和【八边形】6个选项。

- 【半径】文本框：设置镜头模糊程度的大小。数值越大，模糊效果越明显。

- 【叶片弯度】文本框：设置光圈边缘的平滑程度。数值越大，效果越明显。

- 【旋转】文本框：设置光圈的旋转程度。

- 【亮度】文本框：设置镜面高光的亮度。数值越大，图像效果越亮。

- 【阈值】文本框：设置亮度截止点，比该截止点亮的所有像素都被视为镜面高光。

- 【数量】文本框：设置图像产生杂色的多少。

- 【分布】分组框：包括【平均】和【高斯分布】两个单选项，选择不同的选项，图
  像添加的杂色将以不同的形式进行分布。

- 【单色】复选项：选择此复选项，可在不影响颜色的情况下添加杂色。

【镜头模糊】滤镜应用示例如图10-17所示。

（a）使用滤镜前　　　　　　　　　（b）使用滤镜后

图10-17 应用【镜头模糊】滤镜

10.2.8 平均

【平均】滤镜可以找出图像或选区的平均颜色，然后用该颜色填充图像或选区以创建平滑的外观。应用示例如图10-18所示。

（a）使用滤镜前 　　　　　　　（b）使用滤镜后

图10-18　应用【平均】滤镜

10.2.9 特殊模糊

【特殊模糊】滤镜可以对图像进行精细的模糊，产生一种边界清晰的模糊效果。它只对有微弱颜色变化的区域进行模糊，不对图像轮廓边缘进行模糊，能使图像中原来较清晰的部分不变，较模糊的部分更加模糊。该滤镜的参数设置及应用示例如图10-19所示。

（a）参数设置 　　（b）使用滤镜前 　　（c）使用滤镜后

图10-19　应用【特殊模糊】滤镜

执行【滤镜】/【模糊】/【特殊模糊】命令，弹出【特殊模糊】对话框，该对话框中主要参数的用法介绍如下。

- 【半径】文本框：设置图像中不同像素模糊处理的范围，取值范围为0.1～100。
- 【阈值】文本框：设置像素具有多大差异后才会受到影响。在该文本框中设定一个数值，使用【特殊模糊】命令对图像模糊后，所有低于这个阈值的像素都会被模糊。
- 【品质】下拉列表：决定图像模糊后的质量，包括【低】【中】和【高】3个选项。
- 【模式】下拉列表：包含【正常】【仅限边缘】和【叠加边缘】3个选项，其中【仅限边缘】应用黑色边缘，【叠加边缘】应用白色边缘。

10.2.10 形状模糊

【形状模糊】滤镜可以使用指定的形状模糊图像。该滤镜的参数设置及应用示例如图10-20所示。

执行【滤镜】/【模糊】/【形状模糊】命令，弹出【形状模糊】对话框，该对话框中主要参数的用法介绍如下。

（a）参数设置　　　（b）使用滤镜前　　　（c）使用滤镜后

图10-20　应用【形状模糊】滤镜

- 【半径】文本框：设置模糊时形状的大小。
- 【形状】列表框：设置模糊时的形状。通过单击其右上角的 ⚙ 按钮，在弹出的下拉列表中选择相应的形状，可以载入不同的形状库。

10.3 【扭曲】滤镜

【扭曲】滤镜组中主要包括【波浪】【波纹】【极坐标】【挤压】【切变】【球面化】【水波】【旋转扭曲】和【置换】9种滤镜，介绍如下。

10.3.1 波浪

【波浪】滤镜可使图像产生强烈的波纹效果，并可以由用户对波长和波幅进行控制。

执行【滤镜】/【扭曲】/【波浪】命令，弹出【波浪】对话框，如图10-21所示，该对话框中主要参数的用法介绍如下。

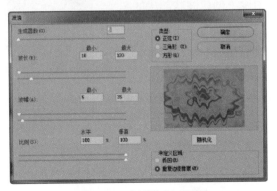

图10-21　【波浪】对话框

- 【生成器数】文本框：设置生成波纹的数量，取值范围为1~999。参数越大，产生的波动越大。
- 【波长】选项：设置相邻两个波峰间的水平距离，有【最大】和【最小】两个波长，最小波长不能超过最大波长。

- 【波幅】选项：设置波幅的大小，有【最大】和【最小】两个波幅，最小波幅不能超过最大波幅。
- 【比例】选项：设置生成的波纹在水平方向和垂直方向上的缩放比例。
- 【类型】分组框：设置生成波纹的类型，包括【正弦】【三角形】和【方形】3个选项。
- 随机化 按钮：单击此按钮，系统将随机生成一种波纹效果。
- 【未定义区域】分组框：设置图像移动后产生的空白区域以何种方式进行填充。选择【折回】单选项，可以将空白区域填入溢出的内容；选择【重复边缘像素】单选项，可以填入扭曲边缘的像素颜色。

【波浪】滤镜应用示例如图10-22所示。

 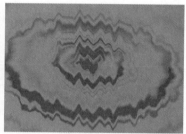

（a）使用滤镜前　　　　　　　　（b）使用滤镜后

图10-22　应用【波浪】滤镜

10.3.2　波纹

　　【波纹】滤镜可以在图像上创建波状起伏的图案，像水池表面的波纹。该滤镜的参数设置及应用示例如图10-23所示。

　　执行【滤镜】/【扭曲】/【波纹】命令，弹出【波纹】对话框，该对话框中主要参数的用法介绍如下。

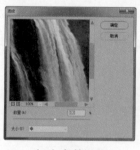  

（a）参数设置　　　　（b）使用滤镜前　　　　（c）使用滤镜后

图10-23　应用【波纹】滤镜

- 【数量】文本框：设置图像生成波纹的数量，取值范围为1～999。
- 【大小】下拉列表：设置图像生成波纹的大小，其中包括【小】【中】和【大】3个选项。

10.3.3 极坐标

【极坐标】滤镜可以根据指定的选项将图像从平面坐标转换到极坐标，或者从极坐标转换到平面坐标。该滤镜的参数设置及应用示例如图10-24所示。

（a）参数设置　　　（b）使用滤镜前　　　（c）使用滤镜后

图10-24　应用【极坐标】滤镜

执行【滤镜】/【扭曲】/【极坐标】命令，弹出【极坐标】对话框，该对话框中主要参数的用法介绍如下。

- 【平面坐标到极坐标】单选项：选择此单选项，可将直角坐标（平面坐标）转换成极坐标。
- 【极坐标到平面坐标】单选项：选择此单选项，可将极坐标转换成直角坐标。

10.3.4 挤压

【挤压】滤镜可以使图像产生向外或向内挤压的效果。该滤镜的参数设置及应用示例如图10-25所示。

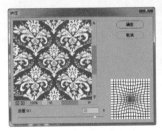  

（a）参数设置　　　（b）使用滤镜前　　　（c）使用滤镜后

图10-25　应用【挤压】滤镜

执行【滤镜】/【扭曲】/【挤压】命令，弹出【挤压】对话框，该对话框中的【数量】文本框用于设置图像挤压的程度。数值为负值时，图像向外挤压；数值为正值时，图像向内挤压。

10.3.5 切变

【切变】滤镜可以将图像沿设置的曲线进行扭曲。该滤镜的参数设置及应用示例如图10-26所示。

执行【滤镜】/【扭曲】/【切变】命令，弹出【切变】对话框，该对话框中主要参数的用法介绍如下。

- 左上角的栏中有一条垂直线，通过单击鼠标左键，可以在这条直线上添加节点，通过拖曳这些节点来调整线条的弯曲形态。如果想删除某一个节

（a）参数设置　　　　（b）使用滤镜前　　　　（c）使用滤镜后

图10-26　应用【切变】滤镜

点，只要用鼠标光标将此节点拖曳出矩形框外即可。

- 【折回】单选项：用图像的对边内容填充未定义的区域。
- 【重复边缘像素】单选项：按指定方向对图像的边缘像素进行扩展填充。

10.3.6　球面化

【球面化】滤镜通过将图像折成球形、扭曲图像及伸展图像以适合选中的曲线，使其具有3D效果。该滤镜的参数设置及应用示例如图10-27所示。

（a）参数设置　　　　（b）使用滤镜前　　　　（c）使用滤镜后

图10-27　应用【球面化】滤镜

执行【滤镜】/【扭曲】/【球面化】命令，弹出【球面化】对话框，该对话框中主要参数的用法介绍如下。

- 【数量】文本框：设置图像生成球面化的程度。此值为负值时，图像向内凹陷；数值为正值时，图像向外凸出。
- 【模式】下拉列表：设置图像挤压的方式。其中包括【正常】【水平优先】和【垂直优先】3个选项。当选择【水平优先】/【垂直优先】选项时，画面将产生相应的柱面效果。

10.3.7　水波

【水波】滤镜所生成的效果类似于投石入水的涟漪效果。该滤镜的参数设置及应用示例如图10-28所示。

在制作图10-28所示的水波时，要首先利用 ⊞ 工具在下方的水面区域绘制一个选区，然后再执行【滤镜】/【扭曲】/【水波】命令，即可在水面区域形成水波效果，否则会在整个图像的中心位置生成水波效果。

执行【滤镜】/【扭曲】/【水波】命令，弹出【水波】对话框，该对话框中主要参数的用法介绍如下。

（a）参数设置　　　　（b）使用滤镜前　　　（c）使用滤镜后

图10-28　应用【水波】滤镜

- 【数量】文本框：设置生成波纹的凸出或凹陷程度，取值范围为 − 100 ~ 100。参数为正值时，图像隆起；参数为负值时，图像向内凹陷。
- 【起伏】文本框：设置生成波纹的数量，取值范围为1 ~ 20。
- 【样式】下拉列表：设置波纹的样式，包括【围绕中心】【从中心向外】和【水池波纹】3个选项。

10.3.8　旋转扭曲

【旋转扭曲】滤镜可以使图像产生旋转扭曲的变形效果。该滤镜的参数设置及应用示例如图10-29所示。

执行【滤镜】/【扭曲】/【旋转扭曲】命令，弹出【旋转扭曲】对话框，该对话框中的【角度】选项用于设置图像旋转扭曲的程度与方向。参数为负值时，图像以逆时针方向进行旋转扭曲；参数为正值时，图像以顺时针方向进行旋转扭曲。

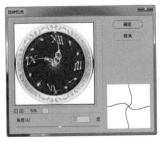  

（a）参数设置　　　　（b）使用滤镜前　　　（c）使用滤镜后

图10-29　应用【旋转扭曲】滤镜

10.3.9　置换

【置换】滤镜可以将图像根据另一张图像的像素进行置换，在置换时，需要找到用于置换的另一张PSD格式的图像。

打开一幅图像，执行【滤镜】/【扭曲】/【置换】命令，弹出图10-30所示的【置换】对话框，该对话框中主要参数的用法介绍如下。

图10-30　【置换】对话框

- 【水平比例】文本框：根据原图与置换图的相应关系决定图像在水平方向上缩放的尺度，取值范围为－999～999。

- 【垂直比例】文本框：设置图像在垂直方向上缩放的尺度，取值范围为－999～999。

- 【置换图】分组框：包括【伸展以适合】和【拼贴】两个单选项。若选择【伸展以适合】单选项，则置换图像进行缩放，使其与当前图像适配；若选择【拼贴】单选项，则置换图像在当前图像中重复排列。

- 【未定义区域】分组框：包括【折回】和【重复边缘像素】两个单选项。选择【折回】单选项，可以将画面一侧的像素移动到画面的另一侧；选择【重复边缘像素】单选项，可以自动利用附近的颜色填充图像移动后的空白区域。

单击　确定　按钮，在弹出的【选取一个置换图】对话框中选取提前存储的"水纹.psd"图像文件，然后单击　打开(O)　按钮，置换图像操作完成。

图10-31所示为置换前后的对比效果。

（a）置换素材（1）

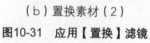
（b）置换素材（2）

（c）使用滤镜后的结果

图10-31　应用【置换】滤镜

10.4　【锐化】滤镜

【锐化】滤镜组中的滤镜可以通过增加图像中相邻像素的色彩对比度来聚焦模糊的图像，从而使图像变得清晰。

10.4.1 USM 锐化与锐化边缘

【USM锐化】和【锐化边缘】滤镜都可以查找图像中颜色发生显著变化的区域，然后将其锐化。只是【锐化边缘】滤镜只锐化图像的边缘，并保留总体的平滑度，而【USM锐化】滤镜可调整边缘细节的对比度，并在边缘的每侧生成一条亮线和一条暗线。【USM锐化】滤镜的参数设置及应用示例如图10-32所示。

（a）参数设置　　　　　（b）使用滤镜前　　　　　（c）使用滤镜后

图10-32　应用【USM锐化】滤镜

执行【滤镜】/【锐化】/【USM锐化】命令，弹出【USM锐化】对话框，该对话框中主要参数的用法介绍如下。

- 【数量】文本框：设置锐化效果的强度。参数设置越高，锐化的效果越明显。
- 【半径】文本框：设置锐化的范围。参数设置越大，锐化范围越大。
- 【阈值】文本框：设置相邻像素间的差值，达到该值所设定的范围时才会被锐化。该值越高，被锐化的像素就越少。

10.4.2 防抖

【防抖】滤镜能在一定程度上降低由于抖动产生的模糊效果。

执行【滤镜】/【锐化】/【防抖】命令，打开【防抖】对话框，如图10-33所示，该对话框中主要参数的用法介绍如下。

- 【模糊描摹设置】分组框：是整个处理过程中最基础的锐化，由它先勾出大体轮廓，再由其他参数辅助修正，取值范围为10～199。数值越大，锐

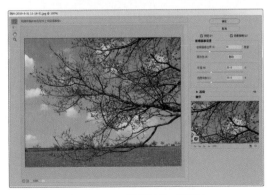

图10-33　【防抖】对话框

化效果越明显。当该参数取值较高时，图像边缘的对比会明显加深，并会产生一定的晕影，这是很明显的锐化效应。

- 【源杂色】下拉列表：是对原片质量的一个界定，通俗来讲就是原片中的杂色多少，有【自动】【低】【中】和【高】4个选项。对于普通用户来说，可以直接选择【自动】选项，实测中会发现自动的效果比较理想。
- 【平滑】和【伪像抑制】文本框：是对锐化效果的打磨和均衡。其中【平滑】选项有点像以前的全图去噪，取值范围在0%~100%，值越大，去杂色效果越好，但细节损失也大。【伪像抑制】选项则是专门用来处理锐化过度的问题，取值范围为0%~100%。

【防抖】滤镜使用前后效果对比如图10-34所示。

（a）使用滤镜前　　　　　（b）使用滤镜后

图10-34　应用【防抖】滤镜

10.4.3　锐化与进一步锐化

【锐化】滤镜和【进一步锐化】滤镜都可以增大图像像素之间的反差，从而使图像产生较为清晰的效果，只是【进一步锐化】滤镜比【锐化】滤镜对图像所产生的锐化效果更强，应用效果对比如图10-35所示。

（a）原图　　　　（b）应用【锐化】　　（c）应用【进一步锐化】
　　　　　　　　　　滤镜　　　　　　　　　滤镜

图10-35　应用【锐化】与【进一步锐化】滤镜

10.4.4　智能锐化

【智能锐化】滤镜可以通过设置锐化算法或控制阴影和高光中的锐化量来锐化图像。

执行【滤镜】/【锐化】/【智能锐化】命令，打开【智能锐化】对话框，如图10-36所示，该对话框中主要参数的用法介绍如下。

图10-36　【智能锐化】对话框

（1）基本选项

- 【预设】下拉列表：可从该下拉列表中选择保存了的锐化设置。
- 【数量】文本框：设置锐化的数量。较高的数值可以将对比度增大，使图像更加锐利。
- 【半径】文本框：设置边缘像素周围受锐化影响的像素数量。参数设置得越大，受影响的边缘就越宽，锐化的效果也就越明显。
- 【减少杂色】文本框：设置随机移去杂色颜色像素的多少。参数设置越大，减少的杂色越多。
- 【移去】下拉列表：设置用于对图像进行锐化的锐化算法，包含【高斯模糊】【镜头模糊】和【动感模糊】3个选项。

  【高斯模糊】：是【USM锐化】滤镜使用的方法。

  【镜头模糊】：将检测图像中的边缘和细节，可对细节进行更精细的锐化，并减少锐化光晕。

  【动感模糊】：将尝试减少由于相机或主体移动而导致的模糊效果，当选择该选项时，可在其右侧的【角度】文本框中设置模糊的运动方向。

（2）【阴影】和【高光】栏

- 【渐隐量】文本框：设置阴影或高光中的锐化量。
- 【色调宽度】文本框：设置阴影或高光中色调的修改范围。
- 【半径】文本框：设置每个像素周围的区域大小，以确定区域是在阴影还是在高光中。

【智能锐化】滤镜应用效果如图10-37所示。

（a）使用滤镜前　　　　　　　　（b）使用滤镜后

图10-37　应用【智能锐化】滤镜

10.5 【视频】滤镜

【视频】滤镜组中包括【NTSC颜色】和【逐行】两种滤镜。

10.5.1   NTSC 颜色

【NTSC颜色】滤镜可以将图像的色彩限制在电视机可接受的范围内，以防止发生颜色过度饱和而使电视机出现无法正确扫描的现象。应用示例如图10-38所示。

（a）使用滤镜前　　　　　　　　（b）使用滤镜后

图10-38　应用【NTSC颜色】滤镜

10.5.2   逐行

【逐行】滤镜可以通过移去视频图像中的奇数或偶数隔行线，使在视频上捕捉的运动图像变得平滑。该滤镜的参数设置及应用示例如图10-39所示。

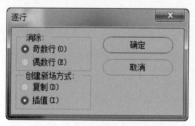  

（a）参数设置　　　　（b）使用滤镜前　（c）使用滤镜后

图10-39　应用【逐行】滤镜

执行【滤镜】/【视频】/【逐行】命令，打开【逐行】对话框，该对话框中主要参数的用法介绍如下。

- 【消除】分组框：包括【奇数行】和【偶数行】两个单选项。选择【奇数行】单选项，可以消除奇数行隔行线；选择【偶数行】单选项，可以消除偶数行隔行线。
- 【创建新场方式】分组框：用来选择删除扫描线后以何种方式填补空白区域。选择【复制】单选项时，可以复制被删除部分周围的像素来填充空白区域；选择【插值】单选项时，可以将被删除的部分以插值的方式进行填补。

10.6 【像素化】滤镜

【像素化】滤镜组中的滤镜可以通过使用颜色值相近的像素结成块来清晰地表现图像，包括【彩块化】【彩色半调】【点状化】【晶格化】【马赛克】【碎片】和【铜版雕刻】7种滤镜命令，介绍如下。

10.6.1 彩块化

【彩块化】滤镜可以将图像中的纯色或颜色相似的像素转化为像素块，从而生成具有手绘感觉的图像。该滤镜处理图像后的效果一般不太明显，需要将图像放大后才可以看出具体变化。应用示例如图10-40所示。

（a）使用滤镜前　　（b）使用滤镜后
图10-40　应用【彩块化】滤镜

10.6.2 彩色半调

【彩色半调】滤镜可以在图像的每个通道上模拟出放大的半调网屏效果。该滤镜的参数设置及应用示例如图10-41所示。

执行【滤镜】/

（a）参数设置　　　　（b）使用滤镜前　　（c）使用滤镜后
图10-41　应用【彩色半调】滤镜

【像素化】/【彩色半调】命令，打开【彩色半调】对话框，该对话框中主要参数的用法介绍如下。

- 【最大半径】文本框：设置图像中生成网点的半径，取值范围为4～127像素。
- 【网角（度）】栏：其中的参数值决定每个颜色通道的网屏角度。不同模式的图像使用的颜色通道也不同。对于灰度模式的图像，只能使用【通道1】，并且是黑色通道；对于RGB模式的图像，使用【通道1】【通道2】和【通道3】，分别对应红色、绿色和蓝色通道；对于CMYK模式的图像，使用【通道1】【通道2】【通道3】和【通道4】，分别对应青色、洋红、黄色和黑色通道。

10.6.3   点状化

【点状化】滤镜可以将图像中的颜色分解为随机分布的网点，如同绘画中的点彩派绘画效果，网点之间的画布区域以背景色填充。该滤镜的参数设置及应用示例如图10-42所示。

执行【滤镜】/【像素化】/【点状化】命令，打开【点状化】对话框，其中【单元格大小】文本框用于设置图像中生成网点的大小，取值范围为3～300。

（a）参数设置　　　　　（b）使用滤镜前　　　　　（c）使用滤镜后

图10-42　应用【点状化】滤镜

10.6.4   晶格化

【晶格化】滤镜可以使图像中的色彩像素结块，生成颜色单一的多边形晶格形状。该滤镜的参数设置及应用示例如图10-43所示。

（a）参数设置　　　　　（b）使用滤镜前　　　　（c）使用滤镜后

图10-43　应用【晶格化】滤镜

10.6.5   马赛克

【马赛克】滤镜可以将画面中的像素分解，将其转换成颜色单一的色块，从而生成马赛克效果。该滤镜的参数设置及应用示例如图10-44所示。

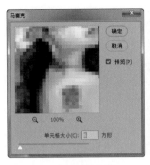

（a）参数设置　　　（b）使用滤镜前　　　（c）使用滤镜后

图10-44　应用【马赛克】滤镜

10.6.6　碎片

　　【碎片】滤镜可以将图像中的像素进行平移，使图像产生一种不聚焦的模糊效果，该滤镜没有对话框。应用示例如图10-45所示。

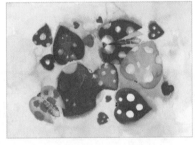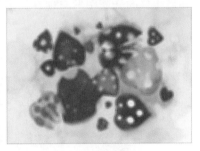

（a）使用滤镜前　　　　　　（b）使用滤镜后

图10-45　应用【碎片】滤镜

10.6.7　铜版雕刻

　　【铜版雕刻】滤镜可以将图像转换为黑白区域的随机图案或彩色图像中完全饱和颜色的随机图案。该滤镜的参数设置及应用示例如图10-46所示。

（a）参数设置　　　（b）使用滤镜前　　　（c）使用滤镜后

图10-46　应用【铜版雕刻】滤镜

执行【滤镜】/【像素化】/【铜版雕刻】命令，打开【铜版雕刻】对话框，其中【类型】下拉列表用于设置图像生成的网点图案。

10.7 【渲染】滤镜

【渲染】滤镜组中的滤镜可以在图像中创建云彩图案，创建纤维和光照等特殊效果，包括【分层云彩】【光照效果】【镜头光晕】【纤维】和【云彩】5种滤镜命令，介绍如下。

10.7.1 　分层云彩

【分层云彩】滤镜是在图像中按照介于前景色与背景色之间的值随机生成云彩效果，并将生成的云彩图案与现有的图像混合。

第一次选取该滤镜时，图像的某些部分被反相为云彩图案，多次应用此滤镜之后，会创建出与大理石纹理相似的叶脉图案。应用示例如图10-47所示。

 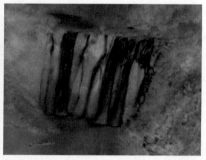

（a）使用滤镜前 　　　　　　　　（b）使用滤镜后

图10-47　应用【分层云彩】滤镜

10.7.2 　光照效果

【光照效果】滤镜可以在RGB图像上产生无数种光照效果，还可以使用灰度文件的纹理制作出类似三维图像的效果，并存储自己的样式以便在其他图像中使用。

执行【滤镜】/【渲染】/【光照效果】命令，弹出【光照效果】属性面板，如图10-48所示，同时在图像上显示灯光效果。

【光照效果】属性面板中主要参数的用法介绍如下。

- 【光照类型】下拉列表：设置光源的类型，包括【点光】【聚光灯】和【无限光】
  3种类型。

- 【颜色】文本框：单击其右侧的色块，可以在弹出的【拾色器（光照颜色）】对话框中设置光照的颜色。

- 【强度】文本框：设置光照强度。

- 【聚光】文本框：只有在【光照类型】下拉列表中选择【聚光灯】选项时，此命令才可用，它主要是设置图像中所使用灯光的光照范围。

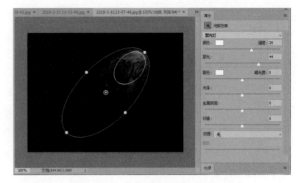

图10-48 　【光照效果】属性面板

- 【着色】选项：单击其右侧的色块，可以在弹出的【拾色器（环境色）】对话框中设置环境颜色。

- 【曝光度】文本框：设置图像光照强度。参数为正值时，将增加光照；参数为负值时，将减少光照；当参数为"0"时，则没有效果。

- 【光泽】文本框：设置图像表面反射光的多少。

- 【金属质感】文本框：设置光照或光照投射到的对象的反射强度。向左拖曳滑块（石膏效果），将反射光照颜色；向右拖曳滑块（金属质感），将反射对象的颜色。

- 【环境】文本框：设置添加的光照效果与室内其他光照效果（日光或荧光）的结合程度。

- 【纹理】下拉列表：设置用于产生立体效果的通道。

- 【高度】文本框：设置图像中立体凸起的高度。数值越大，凸起越明显。

原图与添加灯光后的效果对比如图10-49所示。

（a）原图

（b）使用滤镜效果（1）

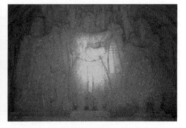
（c）使用滤镜效果（2）

图10-49　应用【光照效果】滤镜

10.7.3　镜头光晕

【镜头光晕】滤镜可以模拟亮光照射到相机镜头所产生的折射效果。该滤镜的参数设

置及应用示例如图
10-50所示。

执行【滤镜】/
【渲染】/【镜头光
晕】命令，打开【镜
头光晕】对话框，该
对话框中主要参数的
用法介绍如下。

（a）参数设置　　　　（b）使用滤镜前　　　（c）使用滤镜后

图10-50　应用【镜头光晕】滤镜

- 【光晕中心】
栏：在预览窗口中单击鼠标左键并拖曳鼠标光标，可设置光晕的中心位置。
- 【亮度】文本框：设置添加光晕的亮度，取值范围为0%~300%。
- 【镜头类型】分组框：包括【50-300毫米变焦】【35毫米聚焦】【105毫米聚焦】
和【电影镜头】4个单选项，用户可以根据不同的需要对其进行选择。

10.7.4　纤维

【纤维】滤镜可以使用前景色和背景色创建编织纤维效果。该滤镜的参数设置及应用
示例如图10-51所示。

执行【滤镜】/【渲染】/【纤维】命令，打开【纤维】对话框，该对话框中主要参数
的用法介绍如下。

- 【差异】文本框：设置颜色的变化方式。设置较低的参数，会产生较长的颜色条
纹；设置较高的参数，会产生非常短且颜色分布变化较大的纤维。
- 【强度】文本框：设置每根纤维的外观。设置较低的参数，会产生松散的织物；而
设置较高的参数，会产生短的绳状纤维。
- 随机化 按钮：单击此按钮，可更改图案的外观。可多次单击该按钮，直到出现喜欢
的图案为止。

（a）参数设置　　　　（b）使用滤镜前　　　　（c）使用滤镜后

图10-51　应用【纤维】滤镜

10.7.5　云彩

【云彩】滤镜可以使用介于前景色与背景色之间的随机值生成柔和的云彩图案。此滤镜命令没有对话框，每次使用此命令时所生成的画面效果都会有所不同。应用示例如图10-52所示。

（a）使用滤镜前　　　　　　（b）使用滤镜后

图10-52　应用【云彩】滤镜

10.8　【杂色】滤镜

【杂色】滤镜组中的滤镜可以添加、移去杂色或带有随机分布色阶的像素，以创建各种不同的纹理效果，它包括【减少杂色】【蒙尘与划痕】【去斑】【添加杂色】和【中间值】5种滤镜命令，分别介绍如下。

10.8.1　减少杂色

【减少杂色】滤镜可在保留各通道用户设置整体效果条件下在整个图像上减少杂色。执行【滤镜】/【杂色】/【减少杂色】命令，打开【减少杂色】对话框，如图10-53所示，该对话框中主要参数的用法介绍如下。

（1）【基本】单选项

- 【设置】下拉列表：可在该下拉列表中选择预设的参数。当没有预设参数时，可以选择【默认值】选

图10-53　【减少杂色】对话框

项；当保存了预设的参数后，可以直接单击 🔽 按钮并在其下拉列表中选择该数值；当需要删除参数时，单击 🗑 按钮即可。

- 【强度】文本框：设置所有图像通道亮度杂色的减少量。
- 【保留细节】文本框：设置图像边缘的细节保留程度。
- 【减少杂色】文本框：设置移去随机的颜色像素。参数设置越大，减少的杂色越多。

- 【锐化细节】文本框：设置对图像的锐化程度。
- 【移去JPEG不自然感】复选项：选择此复选项，可以去除由于使用低JPEG品质设置存储图像而导致的斑驳的图像伪像和光晕。

（2）【高级】单选项

选择【高级】单选项后，其下【整体】选项卡中的选项与选择【基本】单选项弹出的界面中的一样，只是多了一个【每通道】选项卡。【每通道】选项卡中的参数介绍如下。

- 【通道】下拉列表：设置对一个通道进行减少杂色的处理。
- 【强度】文本框：设置减少杂色的强度。
- 【保留细节】文本框：设置保留细节的程度。

【减少杂色】滤镜应用示例如图10-54所示。

（a）使用滤镜前　　　　　　　（b）使用滤镜后

图10-54　应用【减少杂色】滤镜

10.8.2　蒙尘与划痕

【蒙尘与划痕】滤镜可以通过更改图像中相异的像素来减少杂色，使图像在清晰化和隐藏的缺陷之间达到平衡。该滤镜的参数设置及应用示例如图10-55所示。

执行【滤镜】/【杂色】/【蒙尘与划痕】命令，打开【蒙尘与划痕】对话框，该对话框中主要参数的用法介绍如下。

- 【半径】文本框：设置清除缺陷的范围，取值范围为1～100。数值越大，画面越模糊。
- 【阈值】文本框：决定像素与周围像素有多大的亮度差值，取值范围为0～255。当该参数设置较高时，可以保护图像中的细节。

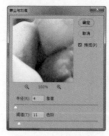

（a）参数设置　　　　　（b）使用滤镜前　　　　　（c）使用滤镜后

图10-55　应用【蒙尘与划痕】滤镜

10.8.3 去斑

　　【去斑】滤镜可以检测发生显著颜色变化的图像边缘，并模糊边缘外的所有图像。应用示例如图10-56所示。

　　执行【滤镜】/【杂色】/【去斑】命令，不会弹出对话框，系统将自动去除斑点，当图像窗口较小时，效果不会很明显。

（a）使用滤镜前　　　　（b）使用滤镜后

图10-56　应用【去斑】滤镜

10.8.4 添加杂色

　　【添加杂色】滤镜可以将一定数量的杂色以随机的方式添加到图像中，来模拟在高速胶片上拍照的效果。该滤镜的参数设置及应用示例如图10-57所示。

（a）参数设置　　　（b）使用滤镜前　　　（c）使用滤镜后

图10-57　应用【添加杂色】滤镜

　　执行【滤镜】/【杂色】/【添加杂色】命令，打开【添加杂色】对话框，该对话框中主要参数的用法介绍如下。

- 　【数量】文本框：设置图像中所产生杂色的多少，取值范围为1%～999%。
- 　【分布】分组框：设置添加杂色的分布方式，包括【平均分布】和【高斯分布】两个单选项。选择不同的单选项，添加杂色的方式也会不同。
- 　【单色】复选项：选择此复选项，添加的杂色只改变图像中的色调。

10.8.5 中间值

　　【中间值】滤镜可以通过混合图像中像素的亮度来减少杂色。它可以搜索像素选区中的半径范围以查找亮度相近的像素，然后将差异太大的像素去除。该滤镜的参数设置及应用示例如图10-58所示。

执行【滤镜】/
【杂色】/【中间值】
命令，打开【中间值】
对话框，其中【半径】
文本框用于设置平滑图
像的强弱程度，取值范
围为1~100。

（a）参数设置

（b）使用滤镜前

（c）使用滤镜后

图10-58　应用【中间值】滤镜

10.9 【其它】滤镜

利用【其它】滤镜组中的滤镜可以创建自己的滤镜、使用滤镜修改蒙版、在图像中使
选区发生位移和快速调整颜色，下面介绍其中一些常规滤镜的用法。

10.9.1　高反差保留

【高反差保留】滤
镜可以在图像中有强烈
颜色过渡的地方按指定
的半径保留边缘细节，
并且不显示图像的其余
部分。该滤镜的参数设
置及应用示例如图
10-59所示。

（a）参数设置

（b）使用滤镜前

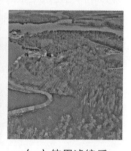
（c）使用滤镜后

图10-59　应用【高反差保留】滤镜

执行【滤镜】/【其它】/【高反差保留】命令，打开【高反差保留】对话框，其中
【半径】文本框用于设置图像中的高反差保留大小。参数设置越高，保留的像素就越多。

10.9.2　位移

【位移】滤镜可以将图像在水平位置或垂直位置上以指定的距离移动，而图像移动后
的原位置会变成背景色或图像的另一部分。该滤镜的参数设置及应用示例如图10-60
所示。

执行【滤镜】/【其它】/【位移】命令，打开【位移】对话框，该对话框中主要参数
的用法介绍如下。

- 【水平】文本框：设置图像在水平方向上偏移的位置。参数为负值时，图像向左偏移；参数为正值时，图像向右偏移。

（a）参数设置

（b）使用滤镜前

（c）使用滤镜后

图10-60　应用【位移】滤镜

- 【垂直】文本框：设置图像在垂直方向上偏移的位置。参数为负值时，图像向上偏移；参数为正值时，图像向下偏移。
- 【设置为背景】单选项：选择此单选项，偏移的空白区域将用背景色填充。
- 【重复边缘像素】单选项：选择此单选项，偏移的空白区域将用重复边缘像素填充。
- 【折回】单选项：选择此单选项，偏移的空白区域将用图像的折回部分填充。

10.9.3　自定

【自定】滤镜可以设计自己的滤镜，系统根据预定义的数学运算可以更改图像中每个像素的亮度值，此操作与通道的加、减计算类似。

执行【滤镜】/【其它】/【自定】命令，打开【自定】对话框，如图10-61所示，该对话框中主要参数的用法介绍如下。

图10-61　【自定】对话框

✦ 要点提示

在该对话框中有一组排列成5×5矩阵的文本框，中心位置文本框的数值表示要将当前像素的亮度值增加的倍数，与中心位置文本框临近的其他文本框中的数值表示相对的亮度关系。在Photoshop中，将中心像素的亮度值与文本框中的数值相乘即得到相应像素的亮度值。

- 【缩放】文本框：设置计算中包含的像素亮度值总和的除数值。
- 【位移】文本框：设置要与缩放计算结果相加的值。
- 存储(S)... 按钮：单击此按钮，可以将当前设置的自定滤镜进行保存。
- 载入(L)... 按钮：单击此按钮，可在当前图像中载入保存了的自定滤镜。

10.9.4 　　最大值

【最大值】滤镜可
以将图像中的白色区域
进行扩展，将黑色区域
进行收缩。该滤镜的参
数设置及应用示例如图
10-62所示。

　　执行【滤镜】/
【其它】/【最大值】

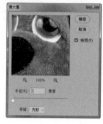
（a）参数设置

（b）使用滤镜前

（c）使用滤镜后

图10-62　应用【最大值】滤镜

命令，打开【最大值】对话框，该对话框中主要参数的用法介绍如下。

- 【半径】文本框：用于设置周围像素的最高亮度值以替换当前像素的亮度值。
- 【保留】下拉列表：可在该下拉列表中选择图像保留的样式，有【方形】和【圆度】两个选项。

10.9.5 　　最小值

【最小值】可以将图像中的黑色区域进行扩展，将白色区域进行收缩。该滤镜的参数
设置及应用示例如图10-63所示。

　　执行【滤镜】/【其它】/【最小值】命令，打开【最小值】对话框，其中的【半径】
文本框用于设置周围像素的最低亮度值以替换当前像素的亮度值。

（a）参数设置

（b）使用滤镜前

（c）使用滤镜后

图10-63　应用【最小值】滤镜

10.10 综合实例

下来结合综合实例来介绍滤镜组的用法。

10.10.1 · 制作下雨效果

扫一扫 看视频

本例将利用【滤镜】菜单中的【点状化】命令、【模糊】命令及【锐化】命令来制作下雨效果。

步骤解析

① 打开素材文件"素材/第10章/风景.jpg",如图10-64所示。

图10-64 打开的图像

要点提示

由于此照片光照较为明亮,与下雨的气氛不符,需要适当降低饱和度和明度,把照片调整成阴天的效果。

② 按 Ctrl + U 组合键,弹出【色相/饱和度】对话框,设置参数如图10-65所示,然后单击 确定 按钮,效果如图10-66所示。

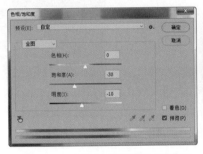

图10-65 【色相/饱和度】对话框

图10-66 调整后的效果

③ 执行【图像】/【调整】/【亮度/对比度】命令,弹出【亮度/对比度】对话框,设置参数如图10-67所示,完成后单击 确定 按钮,效果如图10-68所示。

图10-67 【亮度/对比度】对话框

图10-68 调整成阴天后的效果

④ 按 Ctrl + J 组合键，在【图层】面板中将"背景"层复制为"图层1"。

⑤ 执行【滤镜】/【像素化】/【点状化】命令，弹出【点状化】对话框，设置参数如图10-69所示，然后单击 确定 按钮，效果如图10-70所示。

图10-69 【点状化】对话框

图10-70 添加滤镜效果

⑥ 执行【图像】/【调整】/【阈值】命令，弹出【阈值】对话框，参数设置如图10-71所示，得到的效果如图10-72所示。

图10-71 【阈值】对话框

图10-72 调整阈值后的效果

⑦ 在【图层】面板中将"图层 1"层的【混合模式】设置为【滤色】，如图10-73所示，设计效果如图10-74所示。

图10-73 设置图层混合模式

图10-74 设计效果

⑧ 执行【滤镜】/【模糊】/【动感模糊】命令，打开【动感模糊】对话框，设置参数如图10-75所示，动感模糊后的效果如图10-76所示。

⑨ 执行【滤镜】/【锐化】/【USM锐化】命令，打开【USM锐化】对话框，设置滤

图10-75 【动感模糊】对话框

图10-76 动感模糊后的效果

镜参数如图10-77所示，锐化后的效果如图10-78所示。

> ✨ **要点提示**
>
> 　　至此，下雨效果已基本制作完成，但可以看见画面上边缘和下边缘位置的雨点较大，不够真实，下面利用裁切工具将边缘位置裁切掉。

　　⑩ 单击工具箱中的 🔲 按钮，在画面中绘制出裁切框，按 Enter 键确认，最终效果如图10-79所示。

　　⑪ 执行【文件】/【存储为】命令，将此文件命名为"下雨效果.psd"进行另存。

图10-77 【USM
锐化】对话框

图10-78 锐化后的画面效果

图10-79 绘制完成的下雨画面整体效果

10.10.2　制作玉佩效果

扫一扫　看视频

　　本例主要利用【滤镜】/【渲染】/【云彩】和【分层云彩】命令制作玉佩效果。

步骤解析

（1）绘制玉佩外形

① 新建一个文件，参数设置如图10-80所示。

② 执行【视图】/【新建参考线】命令，打开【新建参考线】对话框，按照图10-81所示设置参数，绘制一条水平中心线，结果如图10-82所示。

　　③ 再次执行【视图】/【新建参考线】命令，打开【新建参考线】对话框，按照图10-83所示设置参数，绘制一条竖直中心线，结果如图10-84所示。

图10-80 设置文件
参数

图10-81 【新建参考线】
对话框（1）

图10-82 绘制水平
中心线

④ 在【图层】面板中新建"图层1"。

⑤ 使用【椭圆选框工具】[○]，按住 Shift+Alt 组合键，将鼠标光标放置在参考线的交点位置处按下鼠标左键并拖曳，绘制以参考线交点为圆心的圆形选区，如图 10-85所示。

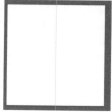

图10-83　【新建参考线】　图10-84　绘制竖直
对话框（2）　　　　中心线

⑥ 将工具箱中的前景色设置为深灰色（R：110，G：110，B：110），如图10-86所示。按 Alt+Delete 组合键，将设置的前景色填充至圆形选区中，结果如图10-87所示。

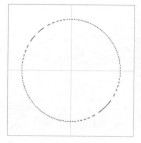

图10-85　绘制的圆形选区

图10-86　设置前景色

图10-87　填充效果

⑦ 执行【选择】/【变换选区】命令，按下属性栏中的【保持长宽比】按钮 ∞ ，再设置【W】的参数值为"40%"，选区等比例缩小后的形态如图10-88所示。

⑧ 单击属性栏中的 ✓ 按钮，确认选区的等比例缩小变形，然后按 Delete 键，删除选区中的图形，结果如图10-89所示。

⑨ 按 Ctrl+D 组合键去除选区，然后在【图层】面板中新建"图层2"，如图10-90所示。

⑩ 按 D 键，将工具箱中的前景色和背景色设置为默认的黑色和白色。

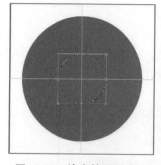

图10-88　缩小的圆形选区

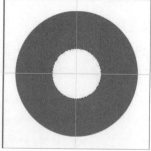

图10-89　删除后的选区

图10-90　新建图层

（2）添加滤镜制作玉佩

① 执行【滤镜】/【渲染】/【云彩】命令，为新建的图层添加前景色与背景色混合而成的云彩效果，如图10-91所示。

　　执行【云彩】命令可以使用介于前景色与背景色之间的随机颜色生成柔和的云彩效果。设置不同的前景色和背景色后再执行【云彩】命令，所产生的效果也各不相同。

　　② 执行【滤镜】/【渲染】/【分层云彩】命令，为添加云彩效果后的图层再添加分层云彩效果，如图10-92所示。

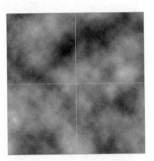
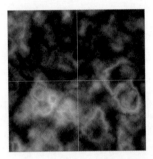

图10-91　生成的云彩效果　　　　图10-92　添加分层云彩后的效果

　　每次使用【云彩】和【分层云彩】命令所生成的效果都会有所不同，因为这两个命令是随机性的。如果此处读者制作出的效果与本例相差太大，可在执行每个命令时都执行多次，直至出现与本例画面相同或相仿的效果。

　　③ 执行【选择】/【色彩范围】命令，弹出【色彩范围】对话框，设置参数如图10-93所示，然后单击 确定 按钮，画面中生成的选区如图10-94所示。

　　④ 在【图层】面板中新建"图层3"。

　　⑤ 将工具箱中的前景色设置为深绿色（G：120，B：55），按 Alt + Delete 组合键，将设置的颜色填充至选区内。按 Ctrl + D 组合键去除选区。

　　⑥ 将"图层2"设置为当前工作层，选取【渐变工具】 ▣，确认属性栏中激活了 ▣ 按钮，将鼠标光标移动到画面中从左到右拖曳添加渐变色，生成的效果如图10-95所示。

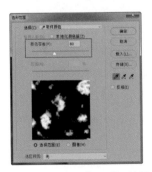
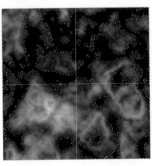
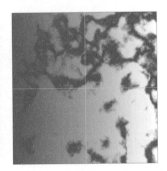

图10-93　【色彩范围】对话框　　图10-94　添加的选区　　图10-95　填充渐变色后的效果

⑦ 将"图层3"设置为工作层，按 Ctrl + E 组合键，将"图层3"合并到"图层2"中。

⑧ 按住 Ctrl 键，将鼠标光标放置在"图层 1"的图层缩览图位置单击鼠标左键，添加选区。

⑨ 按 Shift + Ctrl + I 组合键，将选区反选。

⑩ 选中"图层2"，按 Delete 键删除选区内的图像，生成的效果如图10-96所示。按 Ctrl + D 组合键，去除选区。

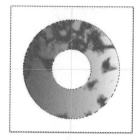

图10-96 删除图像后的效果

（3）调整玉佩参数

① 执行【图层】/【图层样式】/【混合选项】命令，弹出【图层样式】对话框。

② 设置【斜面和浮雕】参数如图10-97所示。

③ 设置【内阴影】参数如图10-98所示。

图10-97 设置【斜面和浮雕】参数

图10-98 设置【内阴影】参数

④ 设置【内发光】参数如图10-99所示。

⑤ 设置【光泽】参数如图10-100所示。

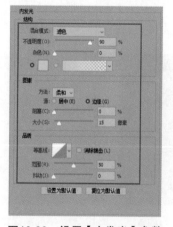

图10-99 设置【内发光】参数

图10-100 设置【光泽】参数

⑥ 设置【外发光】参数如图10-101所示。

⑦ 设置【投影】参数如图10-102所示。

图10-101　设置【外发光】参数　　　　图10-102　设置【投影】参数

　　添加的图层样式中【斜面和浮雕】的颜色为灰绿色（R：200，G：230，B：210）、【内阴影】的颜色为绿色（G：255，B：48）、【内发光】的颜色为浅绿色（R：210，G：255，B：200）、【光泽】的颜色为亮绿色（G：255，B：145）、【外发光】的颜色为草绿色（R：45，G：140）、【投影】的颜色为黑色。

⑧ 单击 确定 按钮，添加图层样式后的效果如图10-103所示。

⑨ 将"背景"层设置为工作层，然后为其填充黑色，即可完成玉佩的制作，最终效果如图10-104所示。

⑩ 按 Ctrl + S 组合键，将文件命名为"玉佩.psd"保存。

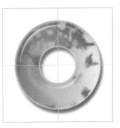 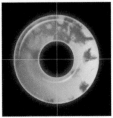

图10-103　添加图层　　图10-104　制作完成
样式后的效果　　　　的玉佩效果

⁺ 习题

① 练习使用【风格化】滤镜处理图像，总结该组滤镜的特点。

② 简要说明【模糊】滤镜的应用场合。

③ 【扭曲】滤镜能在图像上产生哪些变形？

④ 说明【锐化】滤镜的用途。

⑤ 【像素化】滤镜主要用在什么场合？